# 计算机网络安全研究

李 超 王 慧 叶 喜◎著

中国商务出版社
CHINA COMMERCE AND TRADE PRESS

**图书在版编目（CIP）数据**

计算机网络安全研究 / 李超，王慧，叶喜著. -- 北京：中国商务出版社,2021.7
ISBN 978-7-5103-3893-9

Ⅰ．①计… Ⅱ．①李… ②王… ③叶… Ⅲ．①计算机网络—网络安全—研究 Ⅳ．① TP393.08

中国版本图书馆 CIP 数据核字（2021）第 149957 号

计算机网络安全研究
JISUANJI WANGLUO ANQUAN YANJIU

李超　王慧　叶喜　著

出　　　版：中国商务出版社
地　　　址：北京市东城区安定门外大街东后巷 28 号　　邮编：100710
责任部门：教育事业部（010-64283818　　gmxhksb@163.com ）
责任编辑：刘姝辰
总 发 行：中国商务出版社发行部（010-64208388　64515150 ）
网购零售：中国商务出版社考培部（010-64286917）
网　　　址：http://www.cctpress.com
网　　　店：https://shop162373850.taobao.com/
邮　　　箱：cctp6@cctpress.com
印　　　刷：北京四海锦诚印刷技术有限公司
开　　　本：787 毫米 ×1092 毫米　1/16
印　　　张：15.75　　　　　　　字　　　数：330 千字
版　　　次：2022 年 8 月第 1 版　　印　　　次：2022 年 8 月第 1 次印刷
书　　　号：ISBN 978-7-5103-3893-9
定　　　价：56.00 元

# 前　言

　　网络安全是一门涉及计算机科学、网络技术、通信技术、密码技术、信息安全技术、应用数学、数论、信息论等多个学科的综合性学科。随着计算机网络的普及和发展，我们的生活和工作越来越依赖于网络，与此相关的网络安全问题也随之凸显出来，并逐渐成为网络应用所面临的主要问题。

　　网络发展的早期，人们更多地强调网络的方便性和可用性，而忽略了网络的安全性。当网络仅仅用来传送一般性信息的时候，当网络的覆盖面积仅限于一幢大楼、一所校园的时候，安全问题并没有突出地表现出来。但是，当在网络上运行关键性的信息（如银行业务等），当企业的主要业务运行在网络上，当政府部门的活动日益网络化时，计算机网络安全就成为一个不容忽视的问题。随着组织和部门对网络依赖性的增强，一个相对较小的网络也凸显出一定的安全问题，尤其是组织部门的网络，面对来自外部网络的各种安全威胁，即使是网络出于自身利益的考虑没有明确的安全要求，也可能由于被攻击者利用而带来不必要的法律纠纷。网络黑客的攻击、网络病毒的泛滥和各种网络业务的安全要求已经构成了对网络安全的迫切需求。

　　近几年来，有关计算机网络安全方面的著作不断涌现，这些著作各有特点，为各类型读者提供了宝贵的资料，也指导和帮助国内计算机网络安全技术的应用与研究。本书有以下两个方面的主要特点。

　　第一是通俗易懂。计算机网络安全的理论性、知识性、技术性较强，本书以清晰的思路、合理的体系、通俗的语言，向读者介绍计算机网络安全的理论知识和常用技术。

　　第二是注重实用。本书可使读者方便地掌握计算机网络安全的概念，掌握设计和维护网络及其应用系统安全的手段和方法，熟悉使用常见安全技术解决安全问题。在内容选取上，力求反映计算机网络安全的新问题、新技术和新应用，满足构造计算机网络安全的需要。

　　作者在向读者推荐本书的同时，也深感计算机网络安全技术的博大精深、日新月异，以编者现有水平很难在本书中给了全面、准确的反映，书中难免会有疏漏甚至错误，在此恳请读者和专家批评指正。

# 目 录

# 第一章 计算机网络安全

## 第一节 计算机网络安全的基本概念

### 一、网络安全的定义

计算机网络是指将地理位置不同的具有独立功能的多台计算机及其外部设备通过通信线路连接起来，在网络操作系统、网络管理软件及网络通信协议的管理和协调下，实现资源共享和信息传输的计算机系统。

从一般意义来看，安全是指没有危险和不出事故。计算机网络安全问题是指网络系统的硬件、软件及其系统中的数据受到保护，不遭到偶然的或者恶意的破坏、更改、泄露，系统连续、可靠、正常地运行，网络服务不中断。从广义上来说，凡是涉及网络上信息的保密性、完整性、可用性、真实性和可控性的相关技术和理论都是网络安全所要研究的领域。

计算机网络的安全实际上包括两方面的内容：一是网络系统安全，二是网络信息安全。计算机网络最重要的资源是它向用户提供的服务及其所拥有的信息，计算机网络安全可以定义为：保障网络服务的可用性和网络信息的完整性。前者要求网络向所有用户有选择地随时提供各自应得到的网络服务，后者则要求网络保证信息资源的保密性、完整性、可用性和准确性。可见，建立安全的网络系统要解决的根本问题是如何在保证网络的连通性、可用性的同时，对网络服务的种类、范围等进行适当程度的控制，从而保障系统的可用性和信息的完整性不受影响。

由此可见，网络安全涉及的内容既有技术方面的问题，也有管理方面的问题，二者相互补充、缺一不可。技术方面侧重于防范外部非法用户的攻击，管理方面则侧重于内部人为因素的管理。如何更有效地保护重要的信息数据、提高计算机网络系统的安全性已经成

为所有计算机网络应用必须考虑和解决的重要问题。

## 二、网络安全的特征

网络安全是一门涉及计算机科学、网络技术、通信技术、密码技术、信息安全技术、应用数学、数论、信息论等多种学科的综合性学科。

### （一）网络安全的特点

1. 保密性

保密性是指网络信息不被泄露的特性。保密性是保证网络信息安全的一个非常重要的手段。保密性可以保证即使信息泄露，非授权用户在有限的时间内也无法识别真正的信息内容。常用到的保密措施主要包括信息加密和物理保密、防辐射、防监听等。

2. 完整性

完整性是指网络信息未经授权不能进行改变的特性，即网络信息在存储和传输过程中不被删除、修改、伪造、乱序、重放和插入等操作改变，保持信息的原样。影响网络信息完整性的主要因素包括设备故障、误码、人为攻击以及计算机病毒等。

3. 可用性

可用性是指网络信息可被授权用户访问的特性，即网络信息服务在需要时能够保证授权用户使用。这里包含两个含义：当授权用户访问网络时不致被拒绝；授权用户访问网络时要进行身份识别与确认，并且对用户的访问权限加以限制。

4. 可控性

可控性是指可被授权实体访问并按需求使用的特性，即当需要时应能存取所需的信息。可控性要求能对信息的传播及内容具有控制能力。

5. 可靠性

可靠性是网络系统安全最基本的要求，主要是指网络系统硬件和软件无故障运行的性能。提高可靠性的具体措施主要包括提高设备质量，配备必要的冗余和备份，采取纠错、自愈和容错等措施，强化灾害恢复机制，合理分配负荷等。

6. 不可抵赖性

不可抵赖性也称作不可否认性，主要用于网络信息交换过程，保证信息交换的参与者都不能否认或抵赖曾进行的操作，类似于在发文或收文过程中的签名和签收的过程。

### （二）物理安全

物理安全是指用来保护计算机硬件和存储介质的装置和工作程序。物理安全包括多方面的内容。

#### 1. 防盗

像其他的物体一样，计算机也是偷窃者的目标，例如盗走硬盘、主板等。计算机偷窃行为所造成的损失可能远远超过计算机本身的价值，因此必须采取严格的防范措施，以确保计算机设备不会丢失。

#### 2. 防火

计算机机房发生火灾一般是电气原因、人为事故或外部火灾蔓延引起的。电气设备和线路因为短路、过载、接触不良、绝缘层破坏或静电等引起电打火而导致火灾。人为事故是指由于操作人员不慎、乱扔烟头等，使充满易燃物质（如纸片、磁带、胶片等）的机房起火，当然也不排除人为故意放火。外部火灾蔓延是指因外部房间或其他建筑物起火蔓延到机房而引起火灾。

#### 3. 防静电

静电是由物体间的相互摩擦、接触而产生的，计算机显示器也会产生很强的静电。静电产生后，由于未能释放而保留在物体内，会有很高的电位（能量不大），从而产生静电放电火花，造成火灾。还能使大规模集成电路损坏，这种损坏可能是不知不觉造成的。

#### 4. 防雷击

随着科学技术的发展，电子信息设备的广泛应用，对现代闪电保护技术提出了更高、更新的要求。利用传统的常规避雷针，不但不能满足微电子设备对安全的需求，而且还带来很多弊端。利用引雷机理的传统避雷针防雷，不但增加雷击概率，而且还产生感应雷，而感应雷是电子信息设备遭到损坏的主要杀手，也是易燃易爆品被引燃起爆的主要原因。

雷击防范的主要措施是：根据电气、微电子设备的不同功能及不同受保护程序和所属保护层确定防护要点做分类保护；根据雷电和操作瞬间过电压危害的可能通道从电源线到数据通信线路都应做多级层保护。

#### 5. 防电磁泄漏

电子计算机和其他电子设备一样，工作时要产生电磁发射。电磁发射包括辐射发射和传导发射。这两种电磁发射可被高灵敏度的接收设备接收并进行分析、还原，造成计算机的信息泄露。从20世纪80年代开始，美国出现了一种符合 TEMPEST 标准的军用通信设

备，并逐渐形成商品化、标准化生产。TEMPEST 是综合性的技术，包括泄露信息的分析、预测、接收、识别、复原、防护、测试、安全评估等项技术，涉及多个学科领域。

屏蔽是防电磁泄漏的有效措施，屏蔽主要有电屏蔽、磁屏蔽和电磁屏蔽三种类型。

### （三）逻辑安全

计算机的逻辑安全需要用口令字、文件许可、查账等方法来实现。防止计算机黑客的入侵主要依赖计算机的逻辑安全。

可以限制登录的次数或对试探操作加上时间限制；可以用软件来保护存储在计算机文件中的信息，限制其他人存取非自己所有的文件，直到该文件的所有者明确准许其他人可以存取该文件时为止；限制存取的另一种方式是通过硬件完成，在接收到存取要求后，先询问并校核口令，然后访问列于目录中的授权用户标识号。此外，有一些安全软件包也可以跟踪可疑的、未授权的存取企图，例如多次登录或请求别人的文件。

### （四）操作系统安全

操作系统是计算机中最基本、最重要的软件。同一计算机可以安装几种不同的操作系统。如果计算机系统可提供给许多人使用，操作系统必须能区分用户，以防止他们相互干扰。例如，多数多用户操作系统不会允许一个用户删除属于另一个用户的文件，除非第二个用户明确地给予允许。

一些安全性较高、功能较强的操作系统可以为计算机的每一位用户分配账户。通常一个用户一个账户，操作系统不允许一个用户修改由另一个账户产生的数据。

### （五）联网安全

联网的安全性只能通过以下两方面的安全服务来达到：

1. 访问控制服务

用来保护计算机和联网资源不被非授权使用。

2. 通信安全服务

用来认证数据机要性与完整性，以及各通信之间的可信赖性。例如，基于互联网或WWW 的电子商务就必须依赖并广泛采用通信安全服务。

## 三、网络安全层次结构

国际标准化组织提出了开放式系统互联参考模型，目的是使之成为计算机互相连接为网络的标准框架。但是，当前事实上的标准是 TCP/IP 参考模型，Internet 网络体系结构就以 TCP/IP 为核心。基于 TCP/IP 的参考模型将计算机网络体系结构分成四个层次，分别是：网络接口层，对应 OSI 参考模型中的物理层和数据链路层；网际互联层，对应 OSI 参考模型的网络层，主要解决主机到主机的通信问题；传输层，对应 OSI 参考模型的传输层，为应用层实体提供端到端的通信功能；应用层，对应 OSI 参考模型的高层，为用户提供所需要的各种服务。

从网络安全角度来看，参考模型的各层都能够采取一定的安全手段和措施，提供不同的安全服务。但是，单独一个层次无法提供全部的网络安全特性，每个层次都必须提供自己的安全服务，共同维护网络系统中信息的安全。

在物理层，可以在通信线路上采取电磁屏蔽、电磁干扰等技术防止通信系统以电磁（电磁辐射、电磁泄漏）的方式向外界泄露信息。

在数据链路层，对于点对点的链路，可以采用通信保密机进行加密，信息在离开一台机器进入点对点的链路传输之前可以进行加密，在进入另外一台机器时解密。所有细节全部由底层硬件实现，高层无法察觉。但是这种方案无法适应经过多个路由设备的通信链路，因为在每台路由设备上都要进行加/解密的操作，会形成安全隐患。

在网络层，使用防火墙技术处理经过网络边界的信息，确定来自哪些地址的信息可以或者禁止访问哪些目的地址的主机，以保护内部网免受非法用户的访问。

在传输层，可以采用端到端的加密（进程到进程的加密），以提供信息流动过程的安全性。

在应用层，主要是针对用户身份进行认证，并且可以建立安全的通信信道。

## 四、网络安全责任与目标

### （一）网络安全责任

从高级管理者到日常用户。都能在网络的安全建设中发挥作用，高级管理者负责推行安全策略，其准则是"依其言而行事，勿观其行而仿之"，但是源自高级管理者的策略和规则往往会被忽视。如果想让用户参与到安全维护的工作中，就必须让其相信管理者是非常认真严肃的。用户不仅要意识到安全的存在，而且要知道不遵守规则可能导致的后果。最好的方式是提供短期安全培训讲座，大家可以提问题并进行讨论。另一种好的做法是在来往频繁的公共场所和使用场所张贴安全警示（例如网吧或者机房）。

需要说明的是，各国政府在安全方面也扮演着重要的角色，针对无线和 IP 语音通信

等新兴技术制定了法规并且建立了一套法律体系，如美国政府就为安全决策建立了法律要求。

### （二）网络安全目标

网络安全的最终目标就是通过各种技术与管理手段实现网络信息系统的可靠性、保密性、完整性、有效性、可控性和拒绝否认性。可靠性是所有信息系统正常运行的基本前提，通常指信息系统能够在规定的条件与时间内完成规定功能的特性。可控性是指信息内容和传输具有控制能力的特性。拒绝否认性也称为不可抵赖性或不可否认性，是指通信双方不能抵赖或否认已完成的操作和承诺，利用数字签名能够防止通信双方否认曾经发送和接收信息的事实。在多数情况下，网络安全侧重强调网络信息的保密性、完整性和有效性，即 CIA。

1. 保密性

保密性是指信息系统防止信息非法泄露的特性。信息只限于授权用户使用，保密性主要通过信息加密、身份认证、访问控制、安全通信协议等技术实现。

信息加密是防止信息非法泄露的最基本手段。事实上，大多数网络安全防护系统都采用了基于密码的技术，密码一旦泄露，就意味着整个安全防护系统的全面崩溃。如果密码以明文形式传输，在网络上窃取密码是一件十分简单的事情。保护密码是防止信息泄露的关键，加密可以防止密码被盗。机密文件和重要电子邮件在 Internet 上传输也需要加密，加密后的文件和邮件如果被劫持，虽然多数加密算法是公开的，但由于没有正确密钥进行解密，劫持的密文仍然是不可读的。此外，机密文件即使不在网络上传输，也应该进行加密，否则窃取密码后就可以获得机密文件，而且对机密文件加密可以提供双重保护。

2. 完整性

完整性是指信息未经授权不能改变的特性。完整性与保密性强调的侧重点不同，保密性强调信息不能非法泄露，而完整性强调信息在存储和传输过程中不能被偶然或蓄意修改、删除、伪造、添加、破坏或丢失，在存储和传输过程中必须保持原样。信息完整性表明了信息的可靠性、正确性、有效性和一致性，只有完整的信息才是可信任的信息。影响信息完整性的因素主要有硬件故障、软件故障、网络故障、灾害事件、入侵攻击和计算机病毒等。保障信息完整性的技术主要有安全通信协议、密码校验和数字签名等。实际上，数据备份是防范信息完整性遭到破坏时最有效的恢复手段。

3. 有效性

有效性是指信息资源容许授权用户按需访问的特性，是信息系统面向用户服务的安全特性。信息系统只有持续有效，授权用户才能随时随地根据自己的需要访问信息系统提供的服务。有效性在强调面向用户服务的同时，还必须进行身份认证与访问控制，只有合法用户才能访问限定权限的信息资源。一般而言，如果网络信息系统能够满足保密性、完整性和有效性三个安全目标，在通常意义下就可认为信息系统是安全的。

网络管理的一个主要安全目标是衡量安全成本和获益。任何一个安全系统不可能绝对安全，而任何系统的安全保护也不可能不计代价。因此，如果要衡量保护某个实体需要多少费用，无论是存在于网络或计算机中的数据，还是组织的其他资产，都需要考虑进行风险评估。一般来说，组织的资产会面临多种风险，包括设备故障、失窃、误用、病毒、缺陷。

# 第二节 计算机网络面临的安全威胁

## 一、影响网络安全的因素

计算机网络的安全隐患多数是利用网络系统本身存在的安全弱点，而在网络的使用、管理过程中的不当行为会进一步加剧安全问题的严重性。影响网络安全的因素有很多，归纳起来主要包括三个方面：技术因素、管理因素和人为因素。

### （一）技术因素

从技术因素来看，主要包括硬件系统的安全缺陷、软件系统的安全漏洞和系统安全配置不当造成的其他安全漏洞三种情况。

1. 硬件系统的安全缺陷

由于理论或技术的局限性，必然会导致计算机及其硬件设备存在这样或那样的不足，进而在使用时可能产生各种各样的安全问题。

2. 软件系统的安全漏洞

在软件设计时期，人们为了能够方便不断改进和完善所涉及的系统软件和应用软件，开设了"后门"以便更新和修改软件的内容，这种后门一旦被攻击者掌握将成为影响系统安全的漏洞。同时，在软件开发过程中，由于结构设计的缺陷或编写过程的不规范也会导致安全漏洞的产生。

## 3. 系统安全配置不当造成的其他安全漏洞

通常在系统中都有一个默认配置，而默认配置的安全性通常较低。此外，在网络配置时出现错误，存在匿名 FTP、Telnet 的开放、密码文件缺乏适当的安全保护、命令的不合理使用等问题都会导致或多或少的安全漏洞。黑客就有可能利用这些漏洞攻击网络，影响网络的安全性。

### （二）管理因素

管理因素主要是指网络管理方面的漏洞。通常来说，很多机构在设计内部网络时，主要关注来自外部的威胁，对来自内部的攻击考虑较少，导致内部网络缺乏审计跟踪机制，网络管理员没有足够重视系统的日志和其他信息。另外，管理人员的素质较差、管理措施的完善程度不够以及用户的安全意识淡薄等都会导致网络安全问题。

### （三）人为因素

安全问题最终根源都是人的问题。前面提到的技术因素和管理因素均可以归结到人的问题。根据人的行为可以将网络安全问题分为人为的无意失误和人为的恶意攻击。

#### 1. 人为的无意失误

此类问题主要是由系统本身故障、操作失误或软件出错导致的。例如，管理员安全配置不当造成的安全漏洞、网络用户安全意识不强带来的安全威胁等。

#### 2. 人为的恶意攻击

此类问题是指利用系统中的漏洞而进行的攻击行为或直接破坏物理设备和设施的攻击行为。例如，病毒突破网络的安全防御入侵到网络主机上，造成网络系统的瘫痪等安全问题。

### （四）薄弱的认证环节

网络上的认证通常是使用口令来实现的，但口令有公认的薄弱性。网上口令可以通过许多方法破译，其中最常用的两种方法是把加密的口令解密和通过信道窃取口令。例如，UNIX 操作系统通常把加密的口令保存在一个文件中，而该文件普通用户即可读取。该口令文件可以通过简单的拷贝或其他方法得到。一旦口令文件被闯入者得到，他们就可以使用解密程序对口令进行解密，然后用它来获取对系统的访问权。

由于一些 TCP 或 UDP 服务只能对主机地址进行认证，而不能对指定的用户进行认证，所以，即使一个服务器的管理员只信任某一主机的一个特定用户，并希望给该用户访问

— 8 —

权，也只能给该主机上所有用户访问权。

## （五）　系统的易被监视性

用户使用 Telnet 或 FTP 连接他在远程主机上的账户，在网上传的口令是没有加密的。入侵者可以通过监视携带用户名和口令的 IP 包获取它们，然后使用这些用户名和口令通过正常渠道登录到系统。如果被截获的是管理员的口令，那么获取特权级访问就变得更容易了。成千上万的系统就是被这种方式侵入的。

## （六）　易欺骗性

TCP 或 UDP 服务相信主机的地址。如果使用"IP Source Routing"，那么攻击者的主机就可以冒充一个被信任的主机或客户。使用"IP Source Routing"，采用如下操作可把攻击者的系统假扮成某一特定服务器的可信任的客户：

第一，攻击者使用那个被信任的客户的 IP 地址取代自己的地址。

第二，攻击者构造一条要攻击的服务器和其主机间的直接路径，把被信任的客户作为通向服务器的路径的最后节点。

第三，攻击者用这条路径向服务器发出客户申请。

第四，服务器接受客户申请，就好像是从可信任客户直接发出的一样，然后给可信任客户返回响应。

第五，可信任客户使用这条路径将包向前传送给攻击者的主机。

许多 UNIX 主机接收到这种包后将继续把它们向指定的地方传送。许多路由器也是这样，但有些路由器可以配置以阻塞这种包。

一个更简单的方法是等客户系统关机后来模仿该系统。许多组织中 UNIX 主机作为局域网服务器使用，职员用个人计算机和 TCP/IP 网络软件来连接和使用它们。个人计算机一般使用 NFS 来对服务器的目录和文件进行访问（NFS 仅仅使用 IP 地址来验证客户）。一个攻击者几小时就可以设置好一台与别人使用相同名字和 IP 地址的个人计算机，然后与 UNIX 主机建立连接，就好像它是"真的"客户。这是非常容易实行的攻击手段，但应该是内部人员所为。网络的电子邮件是最容易被欺骗的，当 UNIX 主机发生电子邮件交换时，交换过程是通过一些有 ASCII 字符命令组成的协议进行的。闯入者可以用 Telnet 直接连到系统的 SMTP 端口上，手工键入这些命令。接收的主机相信发送的主机，那么有关邮件的来源就可以轻易地被欺骗，只需输入一个与真实地址不同的发送地址就可以做到这一点。这导致了任何没有特权的用户都可以伪造或欺骗电子邮件。

## （七） 有缺陷的局域网服务和相互信任的主机

主机的安全管理既困难又费时。为了降低管理要求并增强局域网，一些站点使用了诸如 NIS 和 NFS 之类的服务。这些服务通过允许一些数据库（如 VI 令文件）以分布式方式管理以及允许系统共享文件和数据，在很大程度上减轻了过多的管理工作量。但这些服务带来了不安全因素，可以被有经验闯入者利用以获得访问权。如果一个中央服务器遭受到损失，那么其他信任该系统的系统会更容易遭受损害。

一些系统（如 rlogin）处于方便用户并加强系统和设备共享的目的，允许主机相互"信任"。如果一个系统被侵入或欺骗，那么对于闯入者来说，获取那些信任其他系统的访问权就很简单了。如一个在多个系统上拥有账户的用户，可以将这些账户设置成相互信任的。这样就不需要在连入每个系统时都输入口令。当用户使用 rlogin 命令连接主机时，目标系统将不再询问口令或账户，而且将接受这个连接。这样做的好处是用户口令和账户不需在网络上传输，所以不会被监视和窃听，弊端在于一旦用户的账户被侵入，那么闯入者就可以轻易地使用 rlogin 命令侵入其他账户。

## （八） 复杂的设置和控制

主机系统的访问控制配置复杂且难于验证。因此偶然的配置错误可能会使闯入者获取访问权。一些主要的 UNIX 经销商仍然把 UNIX 配置成具有最大访问权的系统，这将导致未经许可的访问。

许多网上的安全事故是由于入侵者发现了弱点，目前大部分的 UNIX 系统都是从 BSD 获得网络的部分代码，而 BSD 的源代码又可以轻易获得，所以闯入者可以通过研究其中可利用的缺陷来侵入系统。存在缺陷的部分原因是软件的复杂性，而没有能力在各种环境中进行测试。有时候缺陷很容易被发现和修改，而另一些时候除了重写软件外几乎不能做什么。

## （九） 无法估计主机的安全性

主机系统的安全性无法很好地估计，随着一个站点主机数量的增加，而确保每台主机的安全性都处在高水平的能力却在下降，只用管理一台系统的能力来管理如此多的系统就容易犯错误。另一个因素是系统管理的作用经常变换并行动迟缓，导致一些系统的安全性比另一些要低，成为薄弱环节，最终将破坏这个安全链。

## 二、网络攻击类型

计算机网络的主要功能是传输信息，信息传输主要面临的威胁包括如下四类：①截获。攻击者从网络上窃听他人的通信内容。②中断。攻击者有意中断他人在网络上的通信。③篡改。攻击者故意篡改在网络上传输的报文。④伪造。攻击者伪造信息在网络上传输。

当前网络安全的威胁主要体现在以下几个方面。

①网络协议中的缺陷。例如 TCP/IP 协议的安全问题等。②窃取信息。例如通过物理搭线、监视信息流、接收辐射信号、会话劫持、冒名顶替等形式窃取通信信息。③非法访问。通过伪装、IP 欺骗、重放、破译密码等方法滥用或篡改网络信息。④恶意攻击。通过拒绝服务攻击、垃圾邮件、逻辑炸弹、木马工具等中断网络服务或破坏网络资源。⑤黑客行为。由于黑客的入侵或破坏，造成非法访问、拒绝服务、计算机病毒、网络钓鱼等。⑥计算机病毒。例如利用病毒破坏计算机功能或破坏数据，影响计算机使用或破坏网络。⑦电子间谍活动。例如信息流量分析、信息窃取等。⑧信息战：通过利用、破坏敌方和保护己方的信息系统而展开的一系列作战活动。⑨人为行为：例如使用不当、安全意识差等。

根据攻击者对网络中信息是否进行更改，网络攻击可分为被动攻击和主动攻击：①被动攻击。攻击者非法截获、窃取通信线路中的信息，使信息保密性遭到破坏，信息泄露却无法察觉，从而给用户带来巨大的损失。②主动攻击。攻击者通过网络线路将虚假信息或计算机病毒传入信息系统内部，破坏信息的真实性、完整性及系统服务的可用性，即通过中断、伪造、篡改和重排信息内容造成信息破坏，使系统无法正常运行。

## 三、网络安全机制

在网络上采用哪些机制才能维护网络的安全呢？

### （一）加密机制

加密是提供信息保密的核心方法。按照密钥的类型不同，加密算法可分为对称密钥算法和非对称密钥算法两种。按照密码体制的不同，又可以分为序列密码算法和分组密码算法两种。加密算法除了提供信息的保密性之外，它和其他技术结合，例如 Hash 函数，还能提供信息的完整性。

加密技术不仅应用于数据通信和存储，也应用于程序的运行，通过对程序的运行实行加密保护，防止软件被非法复制，防止软件的安全机制被破坏，这就是软件加密技术。

## （二） 访问控制机制

访问控制可以防止未经授权的用户非法使用系统资源，这种服务不仅可以提供给单个用户，也可以提供给用户组的所有用户。访问控制是通过对访问者的有关信息进行检查来限制或禁止访问者使用资源的技术，分为高层访问控制和低层访问控制。高层访问控制包括身份检查和权限确认，是通过对用户口令、用户权限、资源属性的检查和对比来实现的。低层访问控制是通过对通信协议中的某些特征信息的识别和判断，来禁止或允许用户访问的措施，如在路由器上设置过滤规则进行数据包过滤就属于低层访问控制。

## （三） 数据完整性机制

数据完整性包括数据单元的完整性和数据序列的完整性两个方面。

数据单元的完整性是指组成一个单元的一段数据不被破坏和增删篡改。通常是把包括有数字签名的文件用 Hash 函数产生一个标记，接收者在收到文件后也用相同的 Hash 函数处理一遍，看看产生的标记是否相同就可知道数据是否完整。

数据序列的完整性是指发出的数据分割为按序列号编排的许多单元，在接收时能按原来的序列把数据串联起来，而不会发生数据单元的丢失、重复、乱序、假冒等情况。

## （四） 数字签名机制

数字签名机制主要解决以下安全问题：①否认。事后发送者不承认文件是他发送的。②伪造。有人自己伪造了一份文件，却声称是某人发送的。③冒充。冒充别人的身份在网上发送文件。④篡改。接收者私自篡改文件的内容。

数字签名机制具有可证实性、不可否认性、不可伪造性和不可重用性。

## （五） 交换鉴别机制

交换鉴别机制是通过互相交换信息的方式来确定彼此的身份。用于交换鉴别的技术有：

1. 口令

由发送方给出自己的口令，以证明自己的身份，接收方则根据口令来判断对方的身份。

2. 密码技术

发送方和接收方各自掌握的密钥是成对的。接收方在收到已加密的信息时，通过自己掌握的密钥解密，能够确定信息的发送者是掌握了另一个密钥的那个人。在许多情况下，密码技术还和时间标记、同步时钟、双方或多方握手协议、数字签名、第三方公证等相结合，以提供更加完善的身份鉴别。

3. 特征实物

例如 IC 卡、指纹、声音频谱等。

### （六）公证机制

网络上鱼龙混杂，很难说相信谁不相信谁。同时，网络的有些故障和缺陷也可能导致信息的丢失或延误。为了避免事后说不清，可以找一个大家都信任的公证机构，各方交换的信息都通过公证机构来中转。公证机构从中转的信息里提取必要的证据，一旦发生纠纷，就可以据此做出仲裁。

### （七）流量填充机制

流量填充机制提供针对流量分析的保护。外部攻击者有时能够根据数据交换的出现、消失、数量或频率而提取出有用信息。数据交换量的突然改变也可能泄露有用信息。例如，当公司开始出售它在股票市场上的份额时，在消息公开以前的准备阶段中，公司可能与银行有大量通信，因此对该股票感兴趣的人就可以密切关注公司与银行之间的数据流量以了解是否可以购买。

流量填充机制能够保持流量基本恒定，因此观测者不能获取任何信息。流量填充的实现方法是随机生成数据并对其加密，再通过网络发送。

### （八）路由控制机制

路由控制机制是指可以指定通过网络发送数据的路径。这样，可以选择那些可信的网络节点，从而确保数据不会暴露在安全攻击之下。而且，如果数据进入某个没有正确安全标识的专用网络时，网络管理员可以选择拒绝该数据包。

## 四、建立主动防御体系

### （一）主动防御，应对下一代安全隐患

进入 21 世纪以来，随着各种企业业务对网络的依赖性日益增加，基于网络平台的 DoS 攻击由蠕虫、病毒木马程序相结合的混合攻击以及广泛出现的系统漏洞攻击、黑客攻

击和 Turbo 蠕虫等安全威胁日益泛滥，且传播速度以分钟计，原有的以人工防御为主的安全措施则逐步淘汰，取而代之的是以硬件防护产品为主的自动响应防护工具。虽然自动响应的安全防护措施能够基本满足当前的网络安全需求，但不难看到在近年来日趋频繁的针对基础设施漏洞的破坏性攻击、由大规模蠕虫和 DoS 攻击导致的瞬间网络威胁以及破坏有效负载的病毒和蠕虫，将成为下一代网络威胁的主体。安全威胁的传播速度也将提升到以秒计，对当前安全设备的自动响应能力将提出全新的挑战，正是在这样的趋势引导下，为应对即将到来的下一代网络安全隐患，有必要提前进行部署，将业务网络的安全防护由现在的自动响应升级为主动防御和阻挡，只有如此，网络安全防护才能在未来与安全威胁的时间赛跑中占据领先地位。

## （二）深度渗透打造综合防御

目前企业所面临的安全问题越来越复杂，安全威胁正在飞速增长，尤其混合威胁的风险极大地困扰着用户，给企业的网络造成严重的破坏。那么如何才能实现企业业务网络的最有效防护呢？首先需要打破传统的希望安全防护产品"一夫当关，万夫莫开"的理想化期待，未来的网络安全防护必然是深度融合在各个业务网络模块内协同工作的综合防御体系。一些业内专家指出经过数年的技术发展，基于专业 ASIC 芯片和 NP 技术的硬件防火墙虽然防护能力和过滤性能均有了大幅度的提升，但仅仅依靠防火墙来实现全网安全是不可行的。目前造成网络威胁的诱因有很多不能够为防火墙所识别。一方面，随着企业内部网络越来越庞大和复杂，越来越多的网络威胁可能来自企业内部，包括病毒的传播、非法流量甚至于恶意破坏都可能是在"门"里面进行的。那么"门"的隔离效果显然不能实现，而这些威胁足以让企业的网络面临瘫痪。另一方面，防火墙基本都是针对网络结构的 L3~L4 层的安全防护，而现在越来越多的威胁均来自应用层，即网络结构的 L7 层，相当于更多的安全威胁都会"调整体形"，然后以"门"所能接受的规格和尺寸顺利进入企业网络。由此可见防火墙固然必不可少，但是却远远不够。据相关数据统计，单独依靠防火墙仅能够抵御约 20% 的安全威胁。因此，需要对安全威胁进行更深层次的防护才能够确保安全。目前业内比较常见的包括 IDS（入侵检测系统）和 IPS（入侵防护系统）都是针对应用层威胁所采取的安全措施。IDS 相当于在室内安装了可以监视所有人员、物品的"摄像头"，一旦有安全隐患在室内发生，摄像头就会第一时间进行系统报警让管理人员进行及时处理。然而网络威胁的传播速度正在以分秒为单位快速蔓延，IDS 尽管能够在第一时间发现问题却无法直接处理这个时间差，往往造成企业的大量损失。IPS 的出现则恰恰弥补了 IDS 的不足，它就像一道"纱窗"安装在防火墙开辟的"窗口"上，有效地对出入企业的数据进行深层次的检测，并将非法流量和安全隐患在第一时间"拒之门外"。然而，面对越来越复杂的网络应用环境，要真正实现端到端的网络安全，只有将安全防护全面渗透进网络应用的各个环节，使之成为一张安全的网络，才能在未来安全与威胁的博弈中占得先机。不难看出主动防御和深度渗透的综合安全防护网络的时代正迎面走来。

### （三） 进入全面防御时代

当前的安全危机与形式的复杂度均超过了以往，用户的安全威胁是全方位的，传统上仅仅依靠简单产品就能确保安全的时代已经过去了，面对复杂的垃圾邮件、网络钓鱼和恶意欺诈，有效的应对之道将是全面防御，从网络和应用的各个层次入手，保持安全的上下可控。当前业界一致认为，如果要在这种混合攻击的前提下防御网络钓鱼、垃圾邮件，以及恶意软件欺诈等威胁，用户就必须从以下四点考虑安全建设的蓝图。

1. 保护 Web 数据流的安全

无疑，Web 环节已经成为企业威胁的入口，在此领域部署全面的 Web 安全网关（包括 HTTP 过滤网关）将是不可忽视的一环。需要注意的是，Web 安全网关并非传统的 URL 过滤。事实上，即使企业用户部署了 URL 过滤方案来对个人 Web 使用行为进行控制和报告，这些数据库也不足以避免恶意软件下载到企业的网络之中。URL 过滤器的安全分类保护在一个阶段内是静态的，无法提供全程实时的 Web 对象扫描。经验证明，依靠安全清单防御恶意软件，类似于使用静态的黑名单来防御垃圾邮件，效果非常有限。恶意软件分发者将其恶意代码插入遭到入侵的"合法"网站的技术越进步，URL 过滤保护就越无用。

2. 部署对电子邮件的预防性保护措施

随着一系列新型恶意木马、病毒的发展，"传统的"病毒分发途径（电子邮件）依旧需要先进的保护措施。对用户来说，可扩展的多核心垃圾防护设备是未来的发展方向。另外，一些安全厂商开始采用 IP 声誉系统来过滤垃圾邮件站点，这样在链路层拦截输入的攻击，降低了防垃圾邮件网关和网络总体数据流通的负担。

3. 预防企业数据丢失

此前深信服的安全专家邻迪在接受采访时表示，很多木马程序旨在扫描用户的硬盘，将重要信息（账号、密码等）发送回指挥控制中心。但是，没有感染木马也有可能丢失数据，其中主要是由于企业的员工失误造成的。因此他的看法是，防范外部威胁进入网络盗取重要信息至关重要。与此同时，针对可能的违反政策行为对输出的通信进行扫描或者延时审计也非常有必要。

4. 跟踪重要通信

对于企业防御系统来说，必须认识到，当前以垃圾邮件为载体的钓鱼和欺诈攻击数量在成倍增长。在这种情况下，企业需要对邮件系统进行控制与追踪。目前国内已经出现了可对电子邮件信息进行实时追踪的新技术，这种技术与物理包裹投递时所使用的技术类似。有安全专家表示，这种技术将为企业的法规遵从性建设提供帮助。

# 第三节　计算机网络安全模型与体系结构

## 一、网络安全模型

### （一）PPDR 模型

PPDR 模型是由美国国际 Internet 安全系统公司提出的一个可适应网络动态安全模型。PPDR 模型中包括四个非常重要的环节：策略、防护、检测和响应。防护、检测和响应组成了一个完整的、动态的安全循环，在策略的指导下保证网络系统的安全。

### （二）APPDRR 模型

虽然网络安全的动态性在 PPDR 模型中得到了一定程度的体现，但该模型不能描述网络安全的动态螺旋上升过程。为此，人们对 PPDR 模型进行了改进，在此基础上提出了 APPDRR 模型。APPDRR 模型认为网络安全由评估、策略、防护、检测、响应和恢复四个部分组成。

根据 APPDRR 模型，网络安全的第一个重要环节是对网络进行风险评估，掌握所面临的风险信息。策略是 APPDRR 模型的第二个重要环节，它起着承上启下的作用：一方面，安全策略应当随着风险评估的结果和安全需求的变化做相应的更新；另一方面，安全策略在整个网络安全工作中处于原则性的指导地位，其后的检测、响应诸环节都应在安全策略的基础上展开。防护是安全模型中的第三个环节，体现了网络安全的防护措施。接下来是动态检测、实时响应、灾难恢复三个环节，体现了安全动态防护与安全入侵、安全威胁进行对抗的特征。

APPDRR 模型将网络安全视为一个不断改进的过程，即通过风险评估、安全策略、系统防护、动态检测、实时响应和灾难恢复六个环节，使网络安全得以完善和提高。

## 二、ISO/OSI 安全体系结构

### （一）安全服务

OSI 安全体系结构将安全服务定义为通信开放系统协议层提供的服务，从而保证系统或数据传输有足够的安全性。RFC 2828 将安全服务定义为：一种由系统提供的对系统资源进行特殊保护的处理或通信服务；安全服务通过安全机制来实现安全策略。OSI 安全体系结构定义了 5 大类共 14 个安全服务。

1. 鉴别服务

鉴别服务与保证通信的真实性有关，提供对通信中对等实体和数据来源的鉴别。在单条消息的情况下，鉴别服务的功能是向接收方保证消息来自所声称的发送方，而不是假冒的非法用户。对于正在进行的交互，鉴别服务则涉及两个方面。首先，在连接的初始化阶段，鉴别服务保证两个实体是可信的，也就是说，每个实体都是他们所声称的实体，而不是假冒的。其次，鉴别服务必须保证该连接不受第三方的干扰，即第三方不能够伪装成两个合法实体中的一个进行非授权传输或接收。

（1）对等实体鉴别

该服务在数据交换连接建立时提供，识别一个或多个连接实体的身份，证实参与数据交换的对等实体确实是所需的实体，防止假冒。

（2）数据源鉴别

该服务对数据单元的来源提供确认，向接收方保证所接收到的数据单元来自所要求的源点。它不能防止重播或修改数据单元。

2. 访问控制服务

访问控制服务包括身份认证和权限验证，用于防止未授权用户非法使用或越权使用系统资源。该服务可应用于对资源的各种访问类型（如通信资源的使用，信息资源的读、写和删除，进程资源的执行）或对资源的所有访问。

3. 数据保密性服务

数据保密性服务用于防止网络各系统之间交换的数据被截获或被非法存取而泄密，提供加密保护。同时，对有可能通过观察信息流就能推导出信息的情况进行防范。保密性的作用是防止传输的数据遭到被动攻击，具体可分为以下几种。

（1）连接保密性

对一个连接中所有用户数据提供机密性保护。

（2）无连接保密性

为单个无连接的 N-SDU（N 层服务数据单元）中所有用户数据提供机密性保护。

（3）选择字段保密性

为一个连接上的用户数据或单个无连接的 N-SDU 内被选择的字段提供机密性保护。

（4）信息流保密性

提供对可根据观察信息流而分析出的有关信息的保护，从而防止通过观察通信业务流而推断出消息的源和宿、频率、长度或通信设施上的其他流量特征等信息。

4. 数据完整性服务

数据完整性服务用于防止非法实体对正常数据段进行变更，如修改、插入、延时和删除等，以及在数据交换过程中的数据丢失。数据完整性服务可分为以下五种情形，满足不同场合、不同用户对数据完整性的要求。

（1）带恢复的连接完整性

为连接上的所有用户数据保证其完整性。检测在整个 SDU 序列中任何数据的任何修改、插入、删除或重播，并予以恢复。

（2）不带恢复的连接完整性

与带恢复的连接完整性的差别仅在于不提供恢复功能。

（3）选择字段的连接完整性

保证一个连接上传输的用户数据内选择字段的完整性，并以某种形式确定该选择字段是否已被修改、插入、删除或重播。

（4）无连接完整性

提供单个无连接的 SDU 的完整性，并以某种形式确定接收到的 SDU 是否已被修改。此外，还可以在一定程度上提供对连接重放的检测。

（5）选择字段无连接完整性

提供在单个无连接 SDU 内选择字段的完整性，并以某种形式确定选择字段是否已被修改。

5. 不可否认服务

不可否认服务用于防止发送方在发送数据后否认自己发送过，以及接收方在收到数据后否认收到或伪造数据的行为。

（1）具有源点证明的不可否认

为数据接收者提供数据源证明，防止发送者以后任何企图否认发送数据或数据内容的行为。

（2）具有交付证明的不可否认

为数据发送者提供数据交付证明，防止接收者以后任何企图否认接收数据或数据内容的行为。

## （二） 安全机制

ISO/OSI 安全体系结构分为八大类安全机制，分别包括加密机制、数据签名机制、访问控制机制、数据完整性机制、认证机制、业务流填充机制、路由控制机制和公正机制。

1. 加密机制

是确保数据安全性的基本方法，在 ISO/OSI 安全体系结构中应根据加密所在的层次及加密对象的不同，而采用不同的加密方法。

2. 数字签名机制

是确保数据真实性的基本方法，利用数字签名技术可进行用户的身份认证和消息认证，它具有解决收、发双方纠纷的能力。

3. 访问控制机制

从计算机系统的处理能力方面对信息提供保护。访问控制按照事先确定的规则决定主体对客体的访问是否合法，当主体试图非法使用一个未经授权的客体时，访问控制机制将拒绝这一企图，给出报警并记录日志档案。

4. 数据完整性机制

破坏数据完整性的主要因素有数据在信道中传输时受信道干扰影响产生错误、数据在传输和存储过程中被非法入侵者篡改、计算机病毒对程序和数据的传染等。纠错编码和差错控制是对付信道干扰的有效方法。对付非法入侵者主动攻击的有效方法是保密认证，对付计算机病毒有各种病毒检测、杀毒和免疫方法。

5. 认证机制

在计算机网络中认证主要有用户认证、消息认证、站点认证和进程认证等，可用于认证的方法有已知信息、共享密钥、数字签名、生物特征等。

6. 业务流填充机制

攻击者通过分析网络中某一路径上的信息流量和流向来判断某些事件的发生，为了对付这种攻击，一些关键站点间在无正常信息传输时，持续传输一些随机数据，使攻击者不知道哪些数据是有用的，哪些数据是无用的，从而挫败攻击者的信息流分析。

### 7. 路由控制机制

在大型计算机网络中，从源点到目的地往往存在多条路径，其中有些路径是安全的，有些路径是不安全的，路由控制机制可根据信息发送者的申请选择安全路径，以确保数据安全。

### 8. 公正机制

在计算机网络中，并不是所有的用户都是诚实可信的，同时也可能由于设备故障等造成信息丢失、延迟等，用户之间很可能引起责任纠纷。为了解决这个问题，就需要有一个各方都信任的第三方提供公证仲裁，仲裁数字签名技术是这种公正机制的一种技术支持。

## （三）安全管理

ISO/OSI 安全体系结构的安全管理是实施一系列的安全政策，对系统和网络上的操作进行管理。它包括三部分内容：系统安全管理、安全服务管理和安全机制管理。

### 1. 系统安全管理

涉及整体 OSI 安全环境的管理，包括总体安全策略的管理、OSI 安全环境之间的安全信息交换、安全服务管理和安全机制管理的交互作用、安全事件的管理、安全审计管理和安全恢复管理。

### 2. 安全服务管理

涉及特定安全服务的管理，包括对某种安全服务定义其安全目标、指定安全服务可使用的安全机制、通过适当的安全机制管理及调动需要的安全机制、系统安全管理以及安全机制管理相互作用。

### 3. 安全机制管理

涉及特定的安全机制的管理，包括密钥管理、加密管理、数字签名管理、访问控制管理、数据完整性管理、鉴别管理、业务流填充管理等。

# 第四节　网络安全等级

美国早在 20 世纪 80 年代就针对国防部门的计算机安全保密开展了一系列有影响的工作，后来成立了国家计算机安全中心继续进行有关工作。是一个意思，《可信计算机系统评估准则》（TCSEC，Trusted Computer System Evaluation Criteria）计算机系统的可信程度划分为 D、C1、C2、B1、B2、B3 和 A1 这七个层次。

我国公安部组织制定了《计算机信息系统安全保护等级划分准则》国家标准，1999年9月13日由国家质量技术监督局审查通过并正式批准发布，已于2001年1月1日执行。按照《计算机信息系统安全保护等级划分准则》的规定，我国实行五级信息安全等级保护。

第一级：用户自主保护级。由用户来决定如何对资源进行保护，以及采用何种方式进行保护。

第二级：系统审计保护级。该级的安全保护机制支持用户具有更强的自主保护能力，特别是具有访问审记能力，即能创建、维护受保护对象的访问审计跟踪记录，记录与系统安全相关事件发生的日期、时间、用户和事件类型等信息。

第三级：安全标识保护级。具有第二级系统审计保护级的所有功能，并对访问者及其访问对象实施强制访问控制。通过对访问者和访问对象指定不同安全标识，限制访问者的权限。

第四级：结构化保护级。将前三级的安全保护能力扩展到所有访问者和访问对象，支持形式化的安全保护策略。其本身构造也是结构化的，使之具有相当的抗渗透能力。该级的安全保护机制能够使信息系统实施一种系统化的安全保护。

第五级：访问验证保护级。具备第四级的所有功能，还具有仲裁访问者能否访问某些对象的能力。因此，该级的安全保护机制不能被攻击或篡改，具有极强的抗渗透能力。

# 第二章 计算机网络安全问题研究

随着计算机网络的发展，网络中的安全问题也日趋严重。当网络的用户来自社会各个阶层与部门时，大量在网络中存储和传输的数据就需要保护。所以，本章对计算机网络安全问题的基本内容进行了初步的研究。

## 第一节 网络安全问题概述

### 一、计算机网络面临的安全性威胁

计算机网络的通信面临两大类威胁，即被动攻击和主动攻击。

被动攻击是指攻击者从网络上窃听他人的通信内容，通常把这类攻击称为截获。在被动攻击中，攻击者只是观察和分析某一个协议数据单元 PDU（这里使用 PDU 这一名词是考虑到所涉及的可能是不同的层次）而不干扰信息流。即使这些数据对攻击者来说是不易理解的，他也可通过观察 PDU 的协议控制信息部分，了解正在通信的协议实体的地址和身份，研究 PDU 的长度和传输的频度，从而了解所交换的数据的某种性质。这种被动攻击又称为流量分析。在战争时期，通过分析某处出现大量异常的通信量，往往可以发现敌方指挥所的位置。

主动攻击有如下几种最常见的方式。

#### （一）篡改攻击者

篡改攻击者故意篡改网络上传送的报文。这里也包括彻底中断传送的报文，甚至是把完全伪造的报文传送给接收方。这种攻击方式有时也称为更改报文流。

#### （二）恶意程序（Rogue Program）

这种攻击种类繁多，对网络安全威胁较大的主要有以下几种。

1. 计算机病毒（Computer Virus）

一种会传染其他程序的程序，传染是通过修改其他程序来把自身或自己的变种复制进去而完成的。

2. 计算机虫（Computer Worm）

一种通过网络的通信功能将自身从一个节点发送到另一个节点并自动启动运行的程序。

3. 特洛伊木马（Trojan Horse）

一种程序，它执行的功能并非其所声称的功能而是某种恶意功能。如一个编译程序除了执行编译任务以外，还把用户的源程序偷偷地复制下来，那么这种编译程序就是一种特洛伊木马。计算机病毒有时也以特洛伊木马的形式出现。

4. 逻辑炸弹（Logic Bomb）

一种当运行环境满足某种特定条件时执行其他特殊功能的程序。如一个编辑程序，平时运行得很好，但当系统时间为 13 日又为星期五时，它会删去系统中所有的文件，这种程序就是一种逻辑炸弹。

5. 后门入侵（Backdoor Knocking）

是指利用系统实现中的漏洞通过网络入侵系统。就像一个盗贼在夜晚试图闯入民宅，如果某家住户的房门有缺陷，盗贼就能乘虚而入。

6. 流氓软件

一种未经用户允许就在用户计算机上安装运行并损害用户利益的软件，其典型特征是强制安装、难以卸载、浏览器劫持、广告弹出、恶意收集用户信息、恶意卸载、恶意捆绑等。现在流氓软件的泛滥程度已超过了各种计算机病毒，成为互联网上最大的公害。流氓软件的名字一般都很吸引人，如某某卫士、某某搜霸等，因此要特别小心。

上面所说的计算机病毒是狭义的，也有人把所有的恶意程序泛称为计算机病毒。

## （三）拒绝服务 DoS（Denial of Service）

指攻击者向互联网上的某个服务器不停地发送大量分组，使该服务器无法提供正常服务，甚至完全瘫痪。

若从互联网上的成百上千个网站集中攻击一个网站，则称为分布式拒绝服务 DDoS（Distributed Denial of Service），有时也把这种攻击称为网络带宽攻击或连通性攻击。

除了以上几种，还有其他类似的网络安全问题。例如，在使用以太网交换机的网络中，攻击者向某个以太网交换机发送大量的伪造源 MAC 地址的帧。以太网交换机收到这样的帧，就把这个假的源 MAC 地址写入交换表（因为表中没有这个地址）。由于这种伪造的地址数量太大，因此很快就把交换表填满了，导致以太网交换机无法正常工作（称为交换机中毒）。

对于主动攻击，可以采取适当措施加以检测。但对于被动攻击，通常是检测不出来的。根据这些特点，可得出计算机网络通信安全的目标如下：①防止析出报文内容和流量分析。②防止恶意程序。③检测更改报文流和拒绝服务。

对付被动攻击可采用各种数据加密技术，而对付主动攻击，则须将加密技术与适当的鉴别技术相结合。

## 二、安全的计算机网络

人们一直希望能设计出一种安全的计算机网络，但不幸的是，网络的安全性是不可判定的。目前在安全协议的设计方面，主要是针对具体的攻击设计安全的通信协议。目前可以使用两种方法来证明所设计出的协议是安全的：一种是用形式化的方法，另一种是用经验来分析协议的安全性。形式化证明的方法较为简易，但一般意义上的协议安全性也是不可判定的，只能针对某种特定类型的攻击来确定其安全性。对于复杂的通信协议的安全性，形式化证明比较困难，所以主要采用人工分析的方法来找漏洞。对于简单的协议，可通过限制敌手的操作（假定敌手不会进行某种攻击）来对一些特定情况进行形式化的证明。当然，这种方法有很大的局限性。

一个安全的计算机网络应设法达到以下四个目标。

### （一）保密性

保密性就是只有信息的发送方和接收方才能懂得所发送信息的内容，而信息的截获者则看不懂所截获的信息。显然，保密性是网络安全通信最基本的要求，也是对付被动攻击所必须具备的功能。尽管计算机网络安全并不仅仅依靠保密性，但不能提供保密性的网络肯定是不安全的。为了使网络具有保密性，我们需要使用各种密码技术。

### （二）端点鉴别

安全的计算机网络必须能够鉴别信息的发送方和接收方的真实身份。网络通信和面对面的通信差别很大。现在频繁发生的网络诈骗，在许多情况下，就是由于在网络上不能鉴别出对方的真实身份。当我们进行网上购物时，首先需要知道卖家是真正有资质的商家还是犯罪分子假冒的商家，不能解决这个问题，就不能认为网络是安全的。端点鉴别在对付主动攻击时是非常重要的。

## （三）信息的完整性

即使能够确认发送方的身份是真实的，并且所发送的信息都是经过加密的，我们依然不能认为网络是安全的，还必须确认所收到的信息都是完整的，也就是信息的内容没有被人篡改过。保证信息的完整性在应对主动攻击时也是必不可少的。信息的完整性和保密性是两个不同的概念。例如，商家向公众发布的商品广告不需要保密，但如果广告在网络上传送时被人恶意删除或添加了一些内容，那么就可能对商家造成很大的损失。

实际上，信息的完整性与端点鉴别往往是不可分割的。假设你准确知道报文发送方的身份没有错（通过了端点鉴别），但收到的报文却已被人篡改过（信息不完整），那么这样的报文显然是没有用处的。因此，在谈到鉴别时，有时是同时包含了端点鉴别和报文的完整性。也就是说，既鉴别发送方的身份，又鉴别报文的完整性。

## （四）运行的安全性

现在的机构与计算机网络的关系越密切，就越要重视计算机网络运行的安全性。恶意程序和拒绝服务的攻击，即使没有窃取到任何有用的信息，也能够使受到攻击的计算机网络不能正常运行，甚至完全瘫痪。因此，确保计算机系统运行的安全性是非常重要的工作。对于一些重要机密部门，确保安全尤为重要。

访问控制对计算机系统的安全性非常重要。必须对访问网络的权限加以控制，并规定每个用户的访问权限。由于网络是个非常复杂的系统，其访问控制机制比操作系统的访问控制机制更复杂（尽管网络的访问控制机制是建立在操作系统的访问控制机制之上的），尤其在安全要求更高的多级安全情况下更是如此。

# 第二节 两类密码体制

## 一、对称密钥密码体制

所谓"对称密钥密码体制"，即加密密钥与解密密钥是使用相同的密码体制。

数据加密标准 DES 属于对称密钥密码体制，它由 IBM 公司研制，于 1977 年被美国定为联邦信息标准后，在国际上引起了极大的重视。ISO 曾将 DES 作为数据加密标准。

DES 是一种分组密码。在加密前，先对整个的明文进行分组。每一个组为 64 位长的二进制数据。然后对每一个 64 位二进制数据进行加密处理，产生一组 64 位密文数据。最后将各组密文串接起来，即得出整个的密文。使用的密钥占 64 位（实际密钥长度为 56 位，外加 8 位用于奇偶校验）。

DES 的保密性仅取决于对密钥的保密，而算法是公开的。DES 的问题是它的密钥长度。56 位长的密钥意味着共有两种可能的密钥，也就是说，共有约 $76×10$ 种密钥。假设一台计算机一秒可执行一次 DES 加密，同时假定平均只需搜索密钥空间的一半即可找到密钥，那么破译 DES 要超过 1000 年。

但现在已经设计出搜索 DES 密钥的专用芯片。在 1999 年有一批在互联网上合作的人借助一台不到 25 万美元的专用计算机，用 22 小时左右的时间就破译了 56 位密钥的 DES。若用价格为 100 万美元或 1000 万美元的机器，则预期的搜索时间分别为 35 小时或 21 分钟。现在对于 56 位 DES 密钥的搜索已成常态，56 位 DES 已不再被认为是安全的。

但换一个角度来思考，20 世纪 70 年代设计的 DES，经过世界上无数优秀学者 20 多年的密码分析，除了密钥长度以外，没有发现任何大的设计缺陷（最为有效的是"线性分析"，需要用到近 247 个明文密文对）。

对于 DES 56 位密钥的问题，学者们提出了三重 DES（Triple DES 或记为 3DES）的方案，把一个 64 位明文用一个密钥加密，再用另一个密钥解密，然后再使用第一个密钥加密，即

$$Y = DES_{K_1} \{ DES_{K_2}^{-1} [ DES_{K_1}(X) ] \}$$

这里 $X$ 是明文，$P$ 是密文，$K_1$ 和 $K_2$ 分别是第一个和第二个密钥，$DES_{K_1}$ 表示用密钥 $K_1$ 进行 DES 加密，而 $DES_{K_2}^{-1}$ 即表示用密钥 $K_2$ 进行 DES 解密。

三重 DES 广泛应用于网络、金融、信用卡等系统。

## 二、公钥密码体制

公钥密码体制（又称为公开密钥密码体制）的概念是由斯坦福大学的研究人员迪菲（Diffie）与赫尔曼（Hellman）于 1976 年提出的。公钥密码体制使用不同的加密密钥与解密密钥。

公钥密码体制的产生主要有两个方面的原因：一是对称密钥密码体制的密钥分配问题；二是对数字签名的需求。

在对称密钥密码体制中，加/解密的双方使用的是相同的密钥，但怎样才能做到这一点呢？一种方法是事先约定，另一种方法是用信使来传送。在高度自动化的大型计算机网络中，用信使来传送密钥显然是不合适的。如果事先约定密钥，就会给密钥的管理和更换带来极大的不便。若使用高度安全的密钥分配中心 KDC（Key Distribution Center），也会使得网络成本增加。

对数字签名的强烈需要也是产生公钥密码体制的一个原因。在许多应用中，人们需要对纯数字的电子信息进行签名，表明该信息确实是某个特定的人产生的。

公钥密码体制提出不久，人们就找到了三种公钥密码体制。目前最著名的是由美国三位科学家维斯特（Rivest）、沙米尔（Shamir）和阿德曼（Adleman）于 1976 年提出并在 1978 年正式发表的 RSA 体制，它是一种基于数论中的大数分解问题的体制。

在公钥密码体制中，加密密钥 PK（Public Key，即公钥）是向公众公开的，而解密密钥 SK（Secret Key，即私钥或秘钥）则是需要保密的。加密算法 E 和解密算法 D 也都是公开的。

公钥密码体制的加密和解密过程有如下特点。

（1）密钥对产生器产生出接收者 B 的一对密钥：加密密钥 $PK_B$ 和解密密钥 $SK$。发送者 A 所用的加密密钥 $PK_B$ 就是接收者 B 的公钥，它向公众公开。而 B 所用的解密密钥 $SK_B$ 就是接收者 B 的私钥，对其他人都保密。

（2）发送者 A 用 B 的公钥 $PK_B$ 通过 E 运算对明文 X 加密，得出密文 Y，发送给 B。

$$Y = E_{PK_B}(X)$$

B 用自己的私钥 $SK_B$ 通过 D 运算进行解密，恢复出明文，即：

$$D_{SK_B}(Y) = D_{SK_B}[E_{PK_B}(X)] = X$$

（3）虽然在计算机上可以容易地产生成对的 $PK_B$ 和 $SK_B$，但从已知的 $PK_B$ 实际上不可能推导出 $SK_B$，即从 $PK_B$ 到 $SK_B$ 是"计算上不可能的"。

（4）虽然公钥可用来加密，但却不能用来解密，即：

$$D_{PK_B}[E_{PK_B}(X)] \neq X$$

（5）先后对 X 进行 D 运算和 E 运算或进行 E 运算和 D 运算，结果都是一样的。

$$E_{PK_B}[D_{SK_B}(X)] = D_{sk_B}\{[E_{PK_B}(X)]\} = X$$

请注意，通常都是先加密然后再解密。但仅从运算的角度看，D 运算和 E 运算的先后顺序则可以是任意的。对某个报文进行 D 运算，并不表明是要对其解密。

公开密钥与对称密钥在使用通信信道方面有很大的不同。在使用对称密钥时，由于双方使用同样的密钥，因此在通信信道上可以进行一对一的双向保密通信，每一方既可用此密钥加密明文，并发送给对方，也可接收密文，用同一密钥对密文解密。这种保密通信仅限于持有此密钥的双方（如再有第三方就不保密了）。但在使用公开密钥时，在通信信道上可以是多对一的单向保密通信。

任何加密方法的安全性都取决于密钥的长度，以及攻破密文所需的计算量，而不是简单地取决于加密的体制（公钥密码体制或传统加密体制）。公钥密码体制并没有使传统密码体制被弃用，因为目前公钥加密算法的开销较大，在将来还不会放弃传统加密方法。

计算机网络安全研究

# 第三节　数字签名

书信或文件是根据亲笔签名或印章来证明其真实性的。但在计算机网络中，传送的文电又如何盖章呢？这就要使用数字签名。数字签名必须保证能够实现以下三点功能。

（1）接收者能够核实发送者对报文的签名。也就是说，接收者能够确信该报文的确是发送者发送的，其他人无法伪造对报文的签名。这叫作报文鉴别。

（2）接收者确信所收到的数据和发送者发送的完全一样，而没有被篡改过。这叫作报文的完整性。

（3）发送者事后不能抵赖对报文的签名。这叫作不可否认。

现在，已有多种实现数字签名的方法。但采用公钥算法要比采用对称密钥算法更容易实现。下面就来介绍这种数字签名。

为了进行签名，$A$ 用其私钥 $SK_A$ 对报文 $X$ 进行 $D$ 运算。$D$ 运算本来叫作解密运算。可是，还没有加密怎么就进行解密呢？这并没有关系。因为 $D$ 运算只是得到了某种不可读的密文。我们写为" $D$ 运算"而不是"解密运算"，就是为了避免产生这种误解。$A$ 把经过 $D$ 运算得到的密文传送给 $B$ 为了核实签名，用 $A$ 的公钥进行 $E$ 运算，还原出明文 $X$。请注意，任何人用 $A$ 的公钥 $PK_A$ 进行 $E$ 运算后都可以得出 $A$ 发送的明文。

下面讨论一下数字签名为什么具有上述的三点功能。

因为除 $A$ 外没有别人持有 $A$ 的私钥 $SK_A$，所以除 $A$ 外没有别人能产生密文 $D_{SKA}(X)$。这样，$B$ 就相信报文 $X$ 是 $A$ 签名发送的。这就是报文鉴别的功能。同理，其他人如果篡改过报文，但由于无法得到 $A$ 的私钥 $SK_A$ 来对 $X$ 进行加密，那么 $B$ 对篡改过的报文进行解密后，将会得出不可读的明文，就知道收到的报文被篡改过，这样就可以保证报文的完整性。若 $A$ 要抵赖曾发送报文给 $B$，$B$ 可把 $X$ 及 $D_{SKA}(X)$ 出示给进行公证的第三者。第三者很容易用 $PK_A$ 去证实 $A$ 确实发送 $X$ 给 $B$，这就是不可否认的功能。这三项功能的关键都在于，没有其他人能够持有 $A$ 的私钥 $SK_A$。

但上述过程仅对报文进行了签名，对报文 $X$ 本身却未保密。因为截获到密文 $D_{SKA}(X)$ 并知道发送者身份的任何人，通过查阅手册即可获得发送者的公钥 $PK_A$，因而能知道报文的内容。

# 第四节 鉴 别

在网络应用中，鉴别（Authentication）是网络安全中一个很重要的问题。鉴别和加密是不相同的概念。鉴别是要验证通信的对方的确是自己所要通信的对象，而不是其他的冒充者，并且所传送的报文是完整的，没有被他人篡改过。

鉴别与授权（Authorization）也是不同的概念。授权涉及的问题是：所进行的过程是否被允许（如是否可以对某文件进行读或写）。

鉴别可细分为两种。一种是报文鉴别，即鉴别所收到的报文的确是报文的发送者所发送的，而不是其他人伪造或篡改的，这就包含了端点鉴别和报文完整性的鉴别。另一种则是实体鉴别，即仅仅鉴别发送报文的实体。实体可以是一个人，也可以是一个进程（客户或服务器），这就是端点鉴别。

下面分别讨论报文鉴别与实体鉴别的特点。

## 一、报文鉴别

### （一）密码散列函数

理论上讲，使用数字签名就能够实现对报文的鉴别。然而这种方法有个很大的缺点，就是对较长的报文（这是很常见的）进行数字签名会给计算机增加非常大的负担，因为这需要花费较多的时间来进行运算。因此，我们需要找出一种相对简单的方法对报文进行鉴别，这种方法就是使用密码散列函数（Cryptographic Hash Function）。

实际上，检验和就是散列函数的一种应用，用于发现数据在传输过程中的比特差错。

散列函数具有以下两个特点：①散列函数的输入长度可以很长，但其输出长度是固定的，并且较短。散列函数的输出叫作散列值，或更简单些，称为散列。②不同的散列值肯定对应不同的输入，但不同的输入却可能得出相同的散列值。这就是说，散列函数的输入和输出并非一一对应，而是多对一的。

在密码学中使用的散列函数称为密码散列函数，其最重要的特点就是：要找到两个不同的报文，它们具有同样的密码散列函数输出，在计算上是不可行的。也就是说，密码散列函数实际上是一种单向函数。

（二） 实用的密码散列函数 MD5 和 SHA-1

通过许多学者的不断努力，目前已经设计出一些实用的密码散列函数（或称为散列算法），其中最出名的就是 MD5 和 SHA-1。MD 就是 Message Digest 的缩写，意思是报文摘要。MD5 是报文摘要的第 5 个版本。

报文摘要算法 MD5 公布于 RFC 1321，并获得了非常广泛的应用。MD5 的设计者维斯特曾提出一个猜想，即根据给定的 MD5 报文摘要代码，要找出一个与原来报文有相同报文摘要的另一报文，其难度在计算上几乎是不可能的。"密码散列函数的逆向变换是不可能的"这一传统概念现在已受到了颠覆性的动摇。随后，又有许多学者开发了对 MD5 实际的攻击。于是，MD5 最终被另一种叫作安全散列算法 SHA（Secure Hash Algorithm）的标准所取代。

下面仍以 MD5 为例来介绍报文摘要。这主要是考虑到目前新的散列函数（如 SHA）都是从 MD5 发展而来的。对于有兴趣研究散列函数的读者，MD5 是个很好的出发点。

MD5 算法的大致过程如下。

（1） 先把计算出原文长度对 512 求余的结果，追加在报文的后面。

（2） 在报文和余数之间填充 1~512 位，使得填充后的总长度是 512 的整数倍。填充的首位是 1，后面都是 0。

（3） 把追加和填充后的报文分割为一个个 512 位的数据块，每个 512 位的报文数据再分成四个 128 位的数据块依次送到不同的散列函数进行四轮计算。每一轮又都按 32 位的小数据块进行复杂的运算。一直到最后计算出 MD5 报文摘要代码（128 位）。

这样得出的 MD5 报文摘要代码中的每一位都与原来报文中的每一位有关。由此可见，像 MD5 这样的密码散列函数实际上已是个相当复杂的算法，而不是简单的函数了。

SHA 是由美国标准与技术协会 NIST 提出的一个散列算法系列。SHA 和 MD5 相似，但码长为 160 位（比 MD5 的 128 位多了 25%）。SHA 也是用 512 位长的数据块经过复杂运算得出的。SHA 比 MD5 更安全，但计算起来却比 MD5 要慢些。新版本 SHA-1 在安全性方面有了很大的改进，但后来 SHA-1 也被证明其实际安全性并未达到设计要求，并且也曾被王小云教授的研究团队攻破。虽然现在 SHA-1 仍在使用，但很快会被另外的两个版本 SHA-2 和 SHA-3 所替代。微软选择弃用 SHA-1 的计划，并于 2017 年 1 月 1 日起停止支持 SHA-1 证书，而以前签发的 SHA-1 证书也必须更换为 SHA-2 证书。谷歌也宣布将在 Chrome 浏览器中逐渐降低 SHA-1 证书的安全指示。

### （三）报文鉴别码

本部分内容进一步讨论在报文鉴别中怎样使用散列函数。

下面给出的三个简单步骤，看起来似乎可以作为报文鉴别之用。

（1）用户 A 首先根据自己的明文 X 计算出散列 $H(X)$（例如使用 MD5）。为方便起见，我们把得出的散列 $H(X)$ 记为 $H$。

（2）用户 A 把散列 $H$ 拼接在明文 X 的后面，生成了扩展的报文（$X$，$H$），然后发送给 B。

（3）用户 B 收到了这个扩展的报文（$X$，$H$）。因为散列的长度 $H$ 是早已知道的固定值，因此可以把收到的散列 $H$ 和明文 X 分开。B 通过散列函数的运算，计算出收到的明文 X 的散列 $H(X)$。若 $H(X) = H$，则 B 似乎可以相信所收到的明文是 A 发送过来的。

上面列举的做法在实际生活中是不可行的。设想某个入侵者创建了一个伪造的报文 $M$，然后也同样地计算出其散列 $HM$，并且冒充 A 把拼接有散列的扩展报文发送给 B。B 收到扩展的报文 [ $M$，$H(X)$ ] 后，按照上面步骤（3）的方法进行验证，发现一切都是正常的，就会误认为所收到的伪造报文就是 A 发送的。

因此，必须设法对上述的攻击进行防范。解决的办法并不复杂，就是对散列进行一次加密。

## 二、实体鉴别

实体鉴别和报文鉴别不同。报文鉴别是对每一个收到的报文都要鉴别报文的发送者，而实体鉴别是在系统接入的全部持续时间内对和自己通信的对方实体只需验证一次。

最简单的实体鉴别过程如图 2-1 所示。A 向远端的 B 发送带有自己身份 A（例如 A 的姓名）和口令的报文，并且使用双方约定好的共享对称密钥 K 进行加密。B 收到此报文后，用共享对称密钥 KAB 进行解密，从而鉴别了实体 A 的身份。

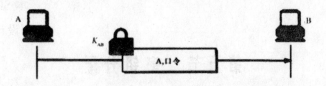

**图 2-1　仅使用对称密钥传送鉴别实体身份的报文**

然而，这种简单的鉴别方法具有明显的漏洞。例如，入侵者 C 可以从网络上截获 A 发给 B 的报文，C 并不需要破译这个报文（因为这可能得花很长时间），而是直接把这个由 A 加密的报文发送给 B，使 B 误认为 C 就是 A；然后 B 就向伪装成 A 的 C 发送许多本来应当发给 A 的报文。这就叫作重放攻击。C 甚至还可以截获 A 的 IP 地址，然后用自己的 IP 地址冒充 A 的 IP 地址（这叫作 IP 欺骗），使 B 更加容易受骗。

为了对付重放攻击，可以使用不重数。不重数就是一个不重复使用的大随机数，即 "一次一数"。在鉴别过程中，不重数可以使 B 能够把重复的鉴别请求和新的鉴别请求区分开。图 2-2 给出了这个过程。

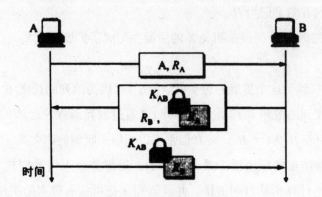

图 2-2    使用不重数进行鉴别

图 2-2 中，A 首先用明文发送其身份 A 和一个不重数 RA 给 B。接着，B 响应 A 的查问，用共享的密钥 KAB 对 RA 加密后发回给 A，同时也给出了自己的不重数 RB。最后，A 再响应 B 的查问，用共享的密钥 KB 对 RA 加密后发回给 B。这里很重要的一点是，A 和 B 对不同的会话必须使用不同的不重数集。由于不重数不能重复使用，所以 C 在进行重放攻击时无法重复使用所截获的不重数。

在使用公钥密码体制时，可以对不重数进行签名鉴别。例如在图 2-2 中，B 用其私钥对不重数 RA 进行签名后发回给 A。A 用 B 的公钥核实签名，如能得出自己原来发送的不重数 R，就核实了和自己通信的对方的确是 B。同样，A 也用自己的私钥对不重数 RB 进行签名后发给 B。B 用 A 的公钥核实签名，鉴别了 A 的身份。

公钥密码体制虽然不必在互相通信的用户之间秘密地分配共享密钥，但仍有受到攻击的可能。

# 第五节    密钥分配

密钥管理是数据加密技术中的重要一环，密钥管理的根本意图在于提高系统的安全保密程度。一个良好的密钥管理系统，除在生成与分发过程中尽量减少人力直接干预外，还应做到以下几点：第一，密钥难以被非法窃取；第二，在一定条件下，即使被窃取了也无用；第三，密钥分发和更换的过程，对用户是透明的，用户不一定非要掌握密钥。

密钥是加密运算和解密运算的关键，也是密码系统的关键。密码系统的安全取决于密钥的安全，而不是密钥算法或保密装置本身的安全。即使公开了密码体制，或者丢失了密码设备，同一型号的加密设备也可以继续使用；但若密钥一旦丢失或出错，就会被非法用户窃取信息。将密钥泄露给他人意味着加密文档还不如使用明文，因此密钥管理在计算机的安全保密系统的设计中极为重要。密钥管理综合了密钥的产生、分发、存储、组织、使用、销毁等一系列技术问题，同时也对行政管理和人员素质提出了要求。

## 一、密钥的分类和作用

在同一密码系统中，为保证信息和系统安全，常常需要多种密钥，每种密钥担负相应的任务。下面介绍几种常用的密钥。

### （一）初级密钥

一般把保护数据（加密和解密）的密钥叫作初级密钥（K），初级密钥又叫数据加密（数据解密）密钥。当初级密钥直接用于提供通信安全时，叫作初级通信密钥（KC）。在通信会话期间用于保护数据的初级通信密钥叫作会话密钥。在初级密钥用于直接提供文件安全时，叫作初级文件密钥（KF）。

### （二）钥加密钥

对密钥进行保护的密钥称为钥加密钥，保护初级密钥的密钥叫作二级密钥（KN），同样可以分为二级通信密钥（KNC）和二级文件密钥（KNF）。

### （三）主机密钥

一个大型的网络系统可能有上千个节点或端用户，若要实现全网互通，每个节点就要保存用于与其他节点或端用户进行通信的二级密钥和初级密钥，这些密钥要形成一张表保存在节点（或端节点的保密装置）内，若以明文的形式保存，有可能会被窃取。为保证它的安全，通常还需要有一个密钥对密钥表进行加密保护，此密钥称为主机密钥或主控密钥。

### （四）其他密钥

在一个系统中，除了上述密钥外，还可能有组播密钥、共享密钥等，它们也有各自的用途。

## 二、密钥的产生技术

### （一）密钥的随机性要求

密钥是数据保密的关键，应有足够的方法来产生密钥。作为密钥的一个基本要求是要具有良好的随机性。在普通的非密码应用场合，人们只要求所产生出来的随机数呈现平衡的、等概率的分布，而不要求它的不可预测性。而在密码技术中，特别是在密钥产生技术中，不可预测性成为随机性的一个最基本要求，因为那些虽然能经受随机统计检验但很容易预测的序列肯定是容易被攻破的。

### （二）产生密钥的方法

现代通信技术中需要产生大量的密钥，以分配给系统中的各个节点和实体，依靠人工产生密钥的方式很难适应大量密钥需求，因此实现密钥产生的自动化，不仅可以减轻人工产生密钥的工作负担，还可以消除人为因素引起的泄密。

1. 密钥产生的硬件技术

噪声源技术是密钥产生的常用方法，因为噪声源的功能就是产生二进制的随机序列或与之对应的随机数，它是密钥产生设备的核心部件。噪声源的另一个功能是在物理层加密的环境下进行信息填充，使网络能够防止流量分析。噪声源技术还被用于某些身份验证技术中。噪声源输出的随机数序列按照产生的方法可以分为以下三种。

（1）伪随机序列

伪随机序列也称作伪码，具有近似随机序列（噪声）的性质，又能按照一定规律（周期）产生和复制的序列。

因为真正的随机序列是只能产生而不能复制的，所以称其为伪随机序列，通常用数学方法和少量的种子密钥来产生。伪随机序列一般都有良好的、能经受理论检验的随机统计特性。常用的伪随机序列有 m 序列、M 序列和 RS 序列。

（2）物理随机序列

它指用热噪声等方法产生的随机序列。实际的物理噪声往往要受到温度、电源、电路特性等因素的制约，其统计特性常常带有一定的偏向性。

（3）准随机序列

用数学方法和物理方法相结合产生的随机序列，它可以克服两者的缺点。

2. 密钥产生的软件技术

X9. 17 标准产生密钥的算法是三重 DES，算法的目的并不是产生容易记忆的密钥，而是在系统中产生一个会话密钥或是伪随机数。X9. 17 标准定义了一种产生密钥的方法，假设 $E_k(x)$ 表示用密钥 $K$ 对比特串 $x$ 进行的三重 DES 加密，$K$ 是为密钥发生器保留的一个特殊密钥。$V_i$ 是一个秘密的 64 位种子，$T$ 是一个时间标记。欲产生的随机密钥 $R_i$ 可以通过下面的两个算式来计算：

$$R_i = E_k[E_k(T_i)V_i]$$

$$V_i = E_k[E_k(T_i)R_i]$$

对于 128 bit 或 192 bit 密钥，可以通过以上方法生成几个 64 bit 的密钥后，串接起来便可。

3. 针对不同密钥类型的产生方法

（1）主机主密钥的产生

这类密钥通常要用诸如掷硬币、骰子、从随机数表中选数等随机方式产生，以保证密钥的随机性，避免可预测性。而任何机器和算法所产生的密钥都有被预测的危险，主机主密钥是控制产生其他加密密钥的密钥，而且长时间保持不变，因此它的安全性是至关重要的。

（2）加密密钥的产生

加密密钥可以由机器自动产生，也可以由密钥操作员选定。加密密钥构成的密钥表存储在主机中的辅助存储器中，只有密钥产生器才能对此表进行增加、修改、删除和更换密钥，其副本则以秘密方式送给相应的终端或主机。一个有 $n$ 个终端用户的通信网，若要求任一对用户之间彼此能进行保密通信，则需要 $n(n-1)/2$ 个密钥加密密钥。当 $n$ 较大时，难免有一个或数个被他方掌握。因此，密钥产生算法应当能够保证其他用户的加密密钥仍有足够的安全性。可用随机比特产生器（如噪声二极管振荡器等）或伪随机数产生器生成这类密钥，也可用主密钥控制下的某种算法来产生。

（3）会话密钥的产生

会话密钥可在密钥加密密钥作用下通过某种加密算法动态地产生，如用初始密钥控制非线性移位寄存器或用密钥加密密钥控制 DES 算法产生。初始密钥可用产生密钥加密密钥或主机主密钥的方法生成。

## 三、密钥的组织结构

一个密钥系统可能有若干种不同的组成部分，按照它们之间的控制关系，可以将各个部分划分为一级密钥、二级密钥、……、$n$ 级密钥，组成一个 $n$ 级密钥系统。其中，一级密钥用算法保护二级密钥，二级密钥用算法 $f_2$ 保护三级密钥，依此类推，直到最后的 $n$ 级密钥用算法 $f_2$ 保护明文数据。随着加密过程的进行，各层密钥的内容发生动态变化，而这种变化的规则由相应层次的密钥协议控制。其中每一层密钥又可以划分为若干种不同功能的成分, 有的成分必须以密文的方式存在, 有的则允许以明文的方式存在。以上结构的基本思想就是使用密钥来保护密钥。$f_i$ 层密钥由 $K_i$ 保护, $f_i + 1$ 层密钥由 $K_i + 1$ 保护, 同时它本身还受到 $f_i - 1$ 层密钥 $K_i - 1$ 的保护。最低层的密钥 $K_n$ 也叫作工作密钥, 用于直接加/解密数据, 而所有上层的密钥均叫作密钥加密密钥。为保证密钥的安全, 一般情况下工作密钥平时并不放在加密装置里保存, 而是在需要进行加/解密时由上层的密钥临时产生, 使用完毕就立即清除。最高层的密钥 $K_1$ 也叫作主密钥, 一般来说, 主密钥是整个密钥管理系统中最核心、最重要的部分, 应采用最保险的手段严格保护。多层密钥体制的优点是安全性大大提高, 主要体现在下层的密钥被破译不会影响到上层密钥的安全, 给密钥管理自动化带来了方便。

## 四、密钥的分发

密钥管理需解决的另一个基本问题是密钥的定期更换问题。任何密钥都应有规定的使用期限, 制定使用期限的依据不是取决于在这段时间内密码能否被破译, 而是从概率的意义上看密钥机密是否有可能被泄露出去。从密码技术的现状来看, 现在完全可以做到使加密设备里的密钥几年内不更换, 甚至在整个加密设备的有效期内保持不变。但是, 加密设备里的密钥在使用一段时间后就有可能被窃取或被泄露, 这个问题超出了数学的能力之外。比如, 一个花 100 万美元也难以破译的密码系统有可能只需 1 万美元就能买通密钥管理人员。显然, 密钥应当尽可能地经常更换, 更换密钥时应尽量减少人工干预, 必要时一些核心密钥对操作人员也要保密, 这就涉及密钥分发技术问题。密钥分发技术中最成熟的方案是采用密钥分发中心 (Key Distribution Center, KDC), 这是当今密钥管理的一个主流。

每个节点或用户只需保管与 KDC 之间使用的密钥加密密钥, 这样的密钥配置实现了以密钥分发中心 KDC 为中心的星型通信网。

当两个用户需要相互通信时, 只需向密钥分发中心申请, 密钥分发中心就把加密过的工作密钥分别发送给主叫用户和被叫用户, 这样对于每个用户来说就不需要保存大量的密钥了, 而且真正用于加密明文的工作密钥是一报一换的, 可以做到随用随申请随清除。

为保证密钥分发中心正常, 还应考虑非法的第三者不能插入伪造的服务而取代密钥分发中心, 这种验证身份的工作也是密钥分发中心的工作。

### (一) 对称密钥的分发

对称密码体制的主要特点是加/解密双方在加/解密过程中要使用完全相同的一个密钥。

对称密钥密码体制存在的最主要问题是，由于加/解密双方都要使用相同的密钥，因此在发送、接收数据之前，必须完成密钥的分发。所以，密钥的分发便成了该加密体系中的最薄弱也是风险最大的环节。由于公钥加密的安全性高，所以对称密钥密码体制多采用公钥加密的方法。发送方用接收方的公钥将要传递的密钥加密，接收方用自己的私钥解密传递过来的密钥，而其他人由于没有接收方的私钥，所以不可能得到传递的密钥，这样，对称密钥密码体制的密钥在传递过程中被破解的可能性就大大降低了。

我们可以用一个实例来说明对称密钥密码体制的密钥分发存在的问题。设有 $n$ 方参与通信，若 $n$ 方都采用同一个对称密钥，这样密钥管理和传递容易，可是一旦密钥被破解，整个体系就会崩溃。若采用不同的对称密钥则需 $n(n-1)$ 个密钥，密钥数与参与通信人数的平方数成正比，假设在某机构中有 100 个人，如果任何两个人之间需要不同的密钥，则总共需要 4950 个密钥，而且每个人应记住 99 个密钥。如果机构的人数是 1000 人、10000 人或更多，管理密钥将是一件可怕的事情。为能在互联网上提供一个实用的解决方案，Kerberos 建立了一个安全的、可信任的密钥分发中心，每个用户只要知道一个和 KDC 进行会话的密钥就可以了，而不需要知道成百上千个不同的密钥。假设用户甲想要和用户乙进行秘密通信，则甲先和 KDC 通信，用只有用户甲和 KDC 知道的密钥进行加密，用户甲告诉 KDC 他想和用户乙进行通信，KDC 会为用户甲和用户乙之间的会话随机选择一个会话密钥，并生成一个标签，这个标签用 KDC 和用户乙之间的密钥进行加密，并在用户甲启动和用户乙对话时，把这个标签交给用户乙。这个标签的作用是让用户甲确信和他交谈的是用户乙，而不是冒充者。因为这个标签是由只有用户乙和 KDC 知道的密钥进行加密的，所以即使冒充者得到用户甲发出的标签也不可能进行解密，只有用户乙收到后才能够进行解密，从而确定了与用户甲对话的人就是用户乙。当 KDC 生成标签和随机会话密码后，就会把它们用只有用户甲和 KDC 知道的密钥进行加密，然后把标签和会话密钥传给用户甲，加密的结果确保只有用户甲能得到这个信息，只有用户甲能利用这个会话密钥和用户乙进行通话。同理，KDC 会把会话密码用只有 KDC 和用户乙知道的密钥加密，并把会话密钥给用户乙。用户甲会启动一个和用户乙的会话，并用得到的会话密钥加密自己和用户乙的会话，还要把 KDC 传给他的标签传给用户乙以确定用户乙的身份，然后用户甲和用户乙之间就可以用会话密钥进行安全会话了。为了保证安全，这个会话密钥是一次性的，这样黑客就更难进行破解了。同时，由于密钥是一次性由系统自动产生的，则用户不必记那么多密钥，方便了人们的通信。

## （二）公钥的分发

非对称密钥密码体制，即公开密钥密码体制能够验证信息发送人与接收人的真实身份，对所发出/接收信息在事后具有不可抵赖性，能够保障数据的完整性。这里有一个前提就是要保证公钥和公钥持有人之间的对应关系。因为任何人都可以通过多种不同的方式公布自己的公钥，如个人主页、电子邮件和其他一些公用服务器等，由于其他人无法确认他所公布的公钥是否就是他自己的，所以也就无法认可他的数字签名。如果得到了一个虚假的公钥，如想传给 A 一个文件，于是开始查找 A 的公钥，但是这时 B 从中捣乱，他把自己的公钥替换成了 A 的公钥，让 A 错误地认为 B 的公钥就是 A 的公钥，导致最终使用 B 的公钥加密文件，结果 A 无法打开文件，而 B 可以打开文件，这样 B 实现了对保密信息的窃取行为。因此，就算是采用非对称密码技术，仍旧无法完全保证保密性，那么如何才能准确地得到别人的公钥呢？这时就需要一个仲裁机构，或者说是一个权威机构，它能准确无误地提供他人的公钥，这就是 CA（Certification Authority，认证机构或认证中心）。

这实际上也是应用公钥技术的关键，即如何确认某个人真正拥有公钥（以及对应的私钥）。为确保用户的身份及其所持有密钥的正确匹配，公开密钥系统需要一个值得信赖而且独立的第三方机构充当认证中心，来确认公钥拥有人的真实身份。认证中心发放一个叫作"公钥证书"的身份证明，公钥证书通常简称为证书，是一种数字签名的声明，它将公钥的值绑定到持有对应私钥的个人、设备或服务的标识上，像公安局对身份证盖章一样，认证中心利用其本身的私钥为数字证书加上数字签名，任何想发放自己公钥的用户，都可以去认证中心申请自己的证书。认证中心在核实真实身份后，颁发包含用户公钥的数字证书。其他用户只要能验证证书是真实的，并且信任颁发证书的认证中心，就可以确认用户的公钥。有了大家信任的认证中心，用户才能放心、方便地使用公钥技术带来的安全服务。

## 五、密钥的保护

密钥保护技术涉及密钥的装入、存储、使用、更换、销毁等多个方面，以下简要讨论密钥保护中的几个基本问题。

### （一）密钥的装入

加密设备里的最高层密钥（主密钥或一级密钥）通常都需要以人工的方式装入。把密钥装入加密设备经常采用的方式有键盘输入、软盘输入、专用的密钥装入设备（密钥枪）输入等。密钥除了正在进行加密操作的情况以外，应当一律以加密保护的形式存放。密钥的装入过程应有一个封闭的工作环境，所有接近密钥装入工作的人员应当是绝对安全的，不存在可被窃听装置接收的电磁波或其他辐射。采用密钥枪或密钥软盘应与键盘输入的口令相结合，只有在输入了合法的加密操作口令后才能激活密钥枪或软盘里的密钥信息，应建立一定的接口规范。在密钥装入过程完成后，不允许存在任何可能导出密钥的残留信息，如应将内存中使用过的存储区清零。当使用密钥装入设备用于远距离传递密钥时，装入设备本身应设计成封闭式的物理、逻辑单元。

在可能的条件下，重要的密钥可采取由多人、多批次分开完成装入，这种方式的代价较高，但提供了多密钥的加密环境，密钥装入的内容应不能被显示出来。为了掌握密钥装入的过程，所有的密钥应按照编号进行管理，而这些编号是公开的、可显示的。

### （二）密钥的存储

在密钥装入以后，所有存储在加密设备里的密钥都应以加密的形式存放，而对这些密钥解密的操作口令应该由密码操作人员掌握。这样即使装有密钥的加密设备被破译者拿到也可以保证密钥系统的安全。

①加密设备应有一定的物理保护措施。最重要的密钥信息应采用掉电保护措施，使得在任何情况下只要一拆开加密设备，这部分密钥就会自动丢失。②如果采用软件加密的形式，应有一定的软件保护措施。③重要的加密设备应有紧急情况下清除密钥的设计。④在可能的情况下，应有对加密设备进行非法使用的审计的设计，把非法口令输入等事件的产生时间等内容记录下来。⑤高级的专用加密装置应做到无论通过直观的、电子的或其他方法（X射线、电子显微镜）都不可能从加密设备中读出信息。⑥对当前使用的密钥应有密钥的合法性验证措施，以防止被篡改。

### （三）密钥的使用

密钥不能无限期地使用，密钥的使用时间越长，泄露的机会就越大。不同的密钥应有不同的有效期，如电话就是把通话时间作为密钥有效期，当再次通话时就启动新的密钥。密钥加密密钥无须频繁更换，因为它们只是偶尔进行密钥交换。而用来加密保存数据文件的加密密钥不能经常地交换，因为文件可以加密储藏在磁盘上数月或数年。公开密钥中私人密钥的有效期根据应用的不同而变化，用于数字签名和身份识别的私人密钥必须持续数年甚至终身。

### （四）密钥的更换

一旦密钥有效期到期，必须清除原密钥存储区，或者用随机产生的噪声重写。但为了保证加密设备能连续工作，也可以设计成新密钥生效后，旧密钥还继续使用一段时间，以防止在更换密钥期间不能解密。密钥更换可以采用批密钥的方式，即一次性装入多个密钥，在更换密钥时可按照一个密钥生效，另一个密钥废除的形式进行，替代的次序可采用

密钥的序号。如果批密钥的生效与废除是按顺序的，那么序数低于正在使用的密钥的所有密钥都已过期，相应的存储区应清零。当为了跳过一个密钥而强制密钥更换，由于被跳过的密钥不再使用，也应执行清零。

### （五）密钥的销毁

在密钥定期更换后，旧密钥就必须销毁。旧密钥是有价值的，即使不再使用，有了它攻击者就能读到由它加密的一些旧消息。要安全地销毁存储在磁盘上的密钥，应多次对磁盘存储的实际位置进行写覆盖或将磁盘切碎，用一个特殊的删除程序查看所有磁盘，寻找在未用存储区上的密钥副本，并将它们删除。

# 第六节　互联网使用的安全协议

## 一、网络层安全协议

### （一）IPsec 协议族概述

IPsec 并不是一个单一协议，而是能够在 IP 层提供互联网通信安全的协议族（不太严格的名词"IPsec 协议"也常见到）。IPsec 并没有限定用户必须使用何种特定的加密和鉴别算法。实际上，IPsec 是个框架，它允许通信双方选择合适的算法和参数（例如密钥长度）。为保证互操作性，IPsec 还包含了一套加密算法，所有 IPsec 的实现都必须使用。

IPsec 就是"IP 安全（Security）"的缩写。很多 RFC 文档中已给出了详细的描述。在这些文档中，最重要的就是描述 IP 安全体系结构的 RFC 4301（目前是建议标准）和提供 IPsec 协议族概述的 RFC 6071。

IPsec 协议族中的协议可划分为以下三个部分。

（1）IP 安全数据报格式的两个协议：鉴别首部 AH（Authentication Header）协议和封装安全有效载荷 ESP（Encapsulation Security Payload）协议。

（2）有关加密算法的三个协议（在此不讨论）。

（3）互联网密钥交换 IKE（Internet Key Exchange）协议。

后面我们要重点介绍 IP 安全数据报的格式，以便了解 IPsec 怎样提供网络层的安全通信。AH 协议提供源点鉴别和数据完整性，但不能保密。而 ESP 协议比 AH 协议复杂得多，它提供源点鉴别、数据完整性和保密。IPsec 支持 IPv4 和 IPv6。在 IPv6 中，AH 和 ESP 都是扩展首部的一部分。AH 协议的功能都已包含在 ESP 协议中，因此使用 ESP 协议就可以不使用 AH 协议。下面我们将不再讨论 AH 协议，而只介绍 ESP 协议的要点。

使用 ESP 或 AH 协议的 IP 数据报称为 IP 安全数据报（或 IPsec 数据报），它可以在两台主机之间、两个路由器之间或一台主机和一个路由器之间发送。

IP 安全数据报有以下两种不同的工作方式。

第一种工作方式是运输方式（Transport Mode）。运输方式是在整个运输层报文段的前后分别添加若干控制信息，再加上 IP 首部，构成 IP 安全数据报。

第二种工作方式是隧道方式（Tunnel Mode）。隧道方式是在原始的 IP 数据报的前后分别添加若干控制信息，再加上新的 P 首部，构成一个 IP 安全数据报。

无论使用哪种方式，最后得出的 IP 安全数据报的 IP 首部都是不加密的。只有使用不加密的 IP 首部，互联网中的各个路由器才能识别 IP 首部中的有关信息，把 IP 安全数据报在不安全的互联网中进行转发，从源点安全地转发到终点。所谓"安全数据报"，是指数据报的数据部分是经过加密的，并能够被鉴别的。通常把数据报的数据部分称为数据报的有效载荷（Payload）。

由于目前使用最多的就是隧道方式，因此下面的讨论只限于隧道方式。

### （二）安全关联

在发送 IP 安全数据报之前，在源实体和目的实体之间必须创建一条网络层的逻辑连接，即安全关联 SA（Security Association）。这样，传统的互联网中无连接的网络层就变为具有逻辑连接的一个层。安全关联是从源点到终点的单向连接，它能够提供安全服务。如要进行双向安全通信，则两个方向都需要建立安全关联。假定某公司有一个公司总部和一个在外地的分公司，总部需要和这个分公司以及在各地出差的 $n$ 个员工进行双向安全通信。在这种情况下，一共需要创建（$2+2n$）条安全关联 SA。在这些安全关联 SA 上，传送的就是 IP 安全数据报。

### （三）IP 安全数据报的格式

下面以隧道方式为例，结合各字段的作用，讨论一下 IP 安全数据报是怎样构成的。图中的数字①至⑥表示 IP 安全数据报构成的先后顺序。

①首先在原始的 IP 数据报（也就是 ESP 的有效载荷）后面添加 ESP 尾部。ESP 尾部有三个字段。第一个字段是填充字段，用全 0 填充。第二个字段是填充长度（8 位），指出填充字段的字节数。为什么要进行填充呢？这是因为在进行数据加密时，通常都要求数据块长度是若干字节（例如 4 字节）的整数倍。当 IP 数据报长度不满足此条件时，就必

须用 0 进行填充。每个 0 为一字节长。虽然填充长度（8 位）的最大值是 255，但实际上，填充很少会用到这个最大值。ESP 尾部最后一个字段是"下一个首部"（8 位），现在的值为 4。这个字段的值指明，在接收端，ESP 的有效载荷应交给什么样的协议来处理。

②按照安全关联 SA 指明的加密算法和密钥，对"ESP 的有效载荷（原始的 IP 数据报）+ESP 尾部"进行加密。

③对加密的部分完成加密后，就添加 ESP 首部。ESP 首部有两个 32 位字段。第一个字段存放安全参数索引 SPI。通过同一个 SA 的所有 IP 安全数据报都使用同样的 SPI 值。第二个字段是序号，鉴别要用到这个序号，它用来防止重放攻击。请注意，当分组重传时，序号并不重复。

④按照 SA 指明的算法和密钥，对"ESP 首部+加密的部分"生成报文鉴别码 MAC。

⑤把所生成的报文鉴别码 MAC 添加在 ESP 尾部的后面，与 ESP 首部、ESP 的有效载荷、ESP 尾部一起，构成 IP 安全数据报的有效载荷。

⑥生成新的 IP 首部，通常为 20 字节长，和普通的 IP 数据报的首部的格式是一样的。需要注意的是，首部中的协议字段的值是 50，表明在接收端，首部后面的有效载荷应交给 ESP 协议来处理。

当分公司的路由器 $R_1$ 收到 IP 安全数据报后，先检查首部中的目的地址。发现目的地址就是 $R_2$，于是路由器 $R_1$ 就继续处理这个 IP 安全数据报。

路由器 $R_2$ 找到 IP 首部的协议字段值（现在是 50），就把 IP 首部后面的所有字段（IP 安全数据报的有效载荷）都用 ESP 协议进行处理。先检查 ESP 首部中的安全参数索引 SPI，以确定收到的数据报属于哪一个安全关联 SA（因为路由器 $R_2$ 可能有多个安全关联）。路由器 $R_2$ 接着计算报文鉴别码 MAC，看是否和 ESP 尾部后面添加的报文鉴别码 MAC 相符。如是，即知收到的数据报的确是来自路由器 R，再检验 ESP 首部中的序号，以确定没有被入侵者实施重放攻击。接着要用和这个安全关联 SA 对应的加密算法和密钥，对已加密的部分进行解密。再根据 ESP 尾部中的填充长度，去除发送端填充的所有 0，还原出加密前的 ESP 有效载荷，也就是发送的原始 IP 数据报。

根据解密后得到的 ESP 尾部中"下一个首部"的值（现在是 4），把 ESP 的有效载荷交给 IP 来处理。当找到原始的 IP 首部中的目的地址是主机 $H_2$ 的 IP 地址时，就把整个的 IP 数据报传送给主机 $H_2$。整个 IP 数据报的传送过程到此结束。

## 二、运输层安全协议

当万维网能够提供网上购物时，安全问题就马上被提到桌面上来了。例如，当顾客在网上购物时，他会要求得到下列安全服务。

（1）顾客需要确保服务器属于真正的销售商，而不是属于一位冒充者，因为顾客不希望把他的银行卡号交给一位冒充者。同样，销售商也可能需要对顾客进行鉴别。

（2）顾客与销售商需要确保报文的内容（例如账单）在传输过程中没有被更改。

（3）顾客与销售商需要确保诸如银行卡号之类的敏感信息不被冒充者窃听。

### 三、应用层安全协议

电子邮件在传送过程中可能要经过许多路由器，其中的任何一个路由器都有可能对转发的邮件进行阅读。从这个意义上讲，电子邮件是没有什么隐私可言的。

电子邮件这种网络应用也有其很特殊的地方，这就是发送电子邮件是即时的行为。这种行为在本质上与我们前两节所讨论的不同。当我们使用 IPSec 或 SSL 时，假设双方在相互之间建立起一个会话并双向地交换数据，而在电子邮件中没有会话存在，当 A 向 B 发送一个电子邮件时，A 和 B 并不会为此而建立任何会话。而在此后的某个时间，如果 B 读取了该邮件，他有可能会也有可能不会回复这个邮件。可见，我们所讨论的是单向报文的安全问题。

如果说电子邮件是即时的行为，那么发送方与接收方如何才能就用于电子邮件安全的加密算法达成一致意见呢？如果双方之间不存在会话，不存在协商加/解密所使用的算法，那么接收方如何知道发送方选择了哪种算法呢？

要解决这个问题，电子邮件的安全协议就应当为每种加密操作定义相应的算法，以便用户在其系统中使用。A 必须要把使用的算法的名称（或标识）包含在电子邮件中。例如，A 可以选择用 AES 进行加/解密，并选择用 SHA-1 作为报文摘要算法。当 A 向 B 发送电子邮件时，就在自己的邮件中包含与 AES 和 SHA-1 相对应的标识。B 在接收到该邮件后，首先要提取这些标识，然后就能知道在解密和报文摘要运算时应当分别使用哪种算法了。

加密算法在使用加密密钥时也存在同样的问题。如果没有协商过程，通信的双方如何在彼此之间知道所使用的密钥？目前的电子邮件安全协议要求使用对称密钥算法进行加密和解密，并且这个一次性的密钥要跟随报文一起发送。发信人 A 可以生成一个密钥并把它与报文一起发送给 B。为了保护密钥不被外人截获，这个密钥需要用收信人 B 的公钥进行加密。总之，这个密钥本身也要被加密。

还有一个问题也需要考虑。那就是：要实现电子邮件的安全，就必须使用某些公钥算法。例如，我们需要对密钥加密或者对邮件签名。为了对密钥进行加密，发信人 A 就需要收信人 B 的公钥，同样为了验证被签名的报文，收信人 B 也需要发信人 A 的公钥。因此，为了发送一个具有鉴别和保密的报文，就需要用到两个公钥。但是 A 如何才能确认 B 的公

钥，B 又如何才能确认 A 的公钥呢？不同的电子邮件安全协议有不同的方法来验证密钥。

# 第七节　未来的发展方向

本章主要介绍了网络安全的概念。网络安全是一个很大的领域，无法在这里进行深入的探讨。对于有志于这一领域的读者，可在下面几个方向做进一步的研究。

（1）椭圆曲线密码（Elliptic Curve Crptography，ECC）。该密码与 AES 这一系统现在已经广泛应用于电子护照中，也是下一代金融系统使用的加密系统。

（2）移动安全（Mobile Security）。移动通信带来的广泛应用（如移动支付，Mobile Payment）向网络安全提出了更高的要求。

（3）量子密码（Quantum Cryptography）。量子计算机的到来将使得目前许多使用中的密码技术无效化，后量子密码学（Post-Quantum Cryptography）的研究方兴未艾。

# 第三章 计算机病毒

## 第一节 计算机病毒概述

### 一、计算机病毒的基本概念

#### （一）计算机病毒的简介

随着 Internet 迅猛发展，网络应用变得日益广泛与深入，除了操作系统和 Web 程序的大量漏洞之外，现在几乎所有的软件都成为病毒的攻击目标。同时，病毒的数量和破坏力越来越大，而且病毒的"工业化"入侵及"流程化"攻击等特点越发明显。现在，黑客和病毒制造者为获取经济利益，分工明确，通过集团化、产业化运作，批量制造计算机病毒，寻找计算机网络的各种漏洞，并设计入侵、攻击流程，盗取用户信息。

随着计算机病毒的增加，计算机病毒的防护也越来越重要。为了做好计算机病毒的防护，首先需要知道什么是计算机病毒。

#### （二）计算机病毒的定义

一般来说，凡是能够引起计算机故障、破坏计算机数据的程序或指令集合统称为计算机病毒（Computer Virus）。依据此定义，逻辑炸弹、蠕虫等均可称为计算机病毒。

《中华人民共和国计算机信息系统安全保护条例》第二十八条明确指出："计算机病毒，是指编制或者在计算机程序中插入的破坏计算机功能或者毁坏数据，影响计算机使用，并能自我复制的一组计算机指令或者程序代码。"

这个定义明确地指出了计算机病毒的程序、指令的特征及对计算机的破坏性。随着移动通信的迅猛发展，手机和 Pad 等手持移动设备已经成为人们生活中必不可少的一部分，现在已经有了针对手持移动设备攻击的病毒。

随着这些手持终端处理能力的增强，其病毒的破坏性也与日俱增。随着未来网络家电的使用和普及，病毒也会蔓延到此领域。这些病毒是由计算机程序编写而成的，也属于计算机病毒的范畴，所以计算机病毒的定义不单指对计算机的破坏。

## 二、计算机病毒的产生

### （一）理论基础

计算机病毒并非最近才出现的新产物。早在 1949 年，计算机的先驱者约翰·冯·诺依曼（John von Neumann）在他所写的一篇论文《复杂自动装置的理论及组织的行为》中就提出一种会自我繁殖的程序，现在称为病毒。

### （二）磁芯大战

在约翰·冯·诺依曼发表《复杂自动装置的理论及组织的行为》一文 10 年之后，在美国电话电报公司（AT&T）的贝尔（Bel）实验室中，这些概念在一种很奇怪的电子游戏中成形了。这种电子游戏叫作磁芯大战（Core War），它是当时贝尔实验室中三个年轻工程师制作完成的。

Core War 的进行过程如下：双方各编写一套程序，并输入同一台计算机中；这两套程序在计算机内存中运行，相互追杀；有时会放下一些关卡，有时会停下来修复被对方破坏的指令；被困时，可以自己复制自己，逃离险境。因为这些程序都在计算机的内存（以前是用磁芯做内存的）游走，因此称为 Core War。这就是计算机病毒的雏形。

### （三）计算机病毒的出现

杰出计算机奖得奖人科·汤普森（Ken Thompson）在颁奖典礼上做了一个演讲，不但公开地证实了计算机病毒的存在，而且告诉听众怎样去写病毒程序。弗雷德·科恩（Fred Cohen）在南加州大学读研究生期间，研制出一种可以在运行过程中复制自身的破坏性程序，制造了第一个病毒，虽然之前有人曾经编写过一些具有潜在破坏力的恶性程序，但是他是第一个在公众面前展示有效样本的人。在他的论文中，将病毒定义为"一个可以通过修改其他程序来复制自己并感染它们的程序"。伦·艾德勒曼（Len Adleman）将其命名为计算机病毒，并在每周一次的计算机安全讨论会上正式提出，八小时后专家们在 VAX11/750 计算机系统上运行，第一个病毒实验成功，一周后专家团队又获准进行五个实验的演示，从而在实验上验证了计算机病毒的存在。

### （四）　我国计算机病毒的出现

我国的计算机病毒最早发现于 1989 年，是来自西南铝加工厂的病毒"小球"病毒。此后，国内各地陆续报告发现该病毒。在不到三年的时间，我国又出现了"黑色星期五""雨点""磁盘杀手""音乐"等数百种不同传染和发作类型的病毒。1989 年 7 月，公安部计算机管理监察局监察处病毒研究小组针对国内出现的病毒，迅速编写了反病毒软件 KILL 6.0，这是国内第一个反病毒软件。

# 第二节　计算机病毒的特征

计算机病毒是人为编制的一组程序或指令集合。这段程序代码一旦进入计算机并得以执行，就会对计算机的某些资源进行破坏，再搜寻其他符合其传染条件的程序或存储介质达到自我繁殖的目的。计算机病毒具有以下一些特征。

## 一、传染性

传染性是计算机病毒最重要的特性。计算机病毒的传染性是指病毒具有把自身复制到其他程序中的特性，会通过各种渠道从已被感染的计算机扩散到未被感染的计算机。只要一台计算机感染病毒，与其他计算机通过存储介质或者网络进行数据交换时，病毒就会继续进行传播。传染性是判断一段程序代码是否为计算机病毒的根本依据。

## 二、破坏性

任何计算机病毒只要侵入系统，就会对系统及应用程序产生不同程度的影响。轻者会降低计算机工作效率，占用系统资源（如占用内存空间、占用磁盘存储空间等），有的只显示一些画面或音乐、无聊的语句，或者根本没有任何破坏性动作。例如，"欢乐时光"病毒的特征是超级解霸不断地运行，系统资源占用率非常高。"圣诞节"病毒藏在电子邮件的附件中，计算机一旦感染上，就会自动重复转发，造成更大范围的传播，桌面会弹出一个对话框。重者可使系统不能正常使用，破坏数据，泄露个人信息，导致系统崩溃等。有的对数据造成不可挽回的破坏，如"米开朗琪罗"病毒。当米氏病毒发作时，硬盘的前 17 个扇区将被彻底破坏，使整个硬盘上的数据无法恢复，造成的损失是无法挽回的。又如"CIH"病毒，不仅破坏硬盘的引导区和分区表，还破坏计算机系统 Flash BIOS 芯片中的系统程序。

### 三、潜伏性及可触发性

大部分病毒在感染了系统之后不会马上发作，而是悄悄地隐藏起来，然后在用户没有察觉的情况下进行传染。病毒的潜伏性越好，在系统中存在的时间就越长，病毒传染的范围越广，其危害性越大。

计算机病毒的可触发性是指，满足其触发条件或者激活病毒的传染机制，使之进行传染，或者激活病毒的表现部分或破坏部分。

计算机病毒的可触发性与潜伏性是联系在一起的，潜伏下来的病毒只有具有了可触发性，其破坏性才成立，才能真正称为"病毒"。如果设想一个病毒永远不会运行，就像死火山一样，那它对网络安全就不构成威胁。触发的实质是一种条件的控制，病毒程序可以依据设计者的要求，在一定条件下实施攻击。有以下一些触发条件：①敲入特定字符。例如"AIDS"病毒，一旦敲入 A、I、D、S 就会触发该病毒。②使用特定文件。③某个特定日期或特定时刻。例如，"PETER-2"在每年 2 月 27 日会提三个问题，用户答错后它会将硬盘加密；著名的"黑色星期五"在逢 13 日的星期五发作；还有 26 日发作的"CIH"。④病毒内置的计数器达到一定次数。例如"2708"病毒，当系统启动次数达到 32 次后即破坏串、并口地址。

### 四、非授权性

一般正常的程序由用户调用，再由系统分配资源，最后完成用户交给的任务，其目的对用户是可见的、透明的。而病毒具有正常程序的一切特性，隐藏在正常程序中，当用户调用正常程序时窃取到系统的控制权，先于正常程序执行，病毒的动作、目的对用户是未知的，是未经用户允许的，即具有非授权性。

### 五、隐蔽性

计算机病毒具有隐蔽性，其不被用户发现及躲避反病毒软件的检验。因此，系统感染病毒后，一般情况下，用户感觉不到病毒的存在，只有在其发作、系统出现不正常反应时用户才知道。

为了更好地隐藏，病毒的代码设计得非常短小，一般只有几百字节或 1 KB。以现在计算机的运行速度，病毒转瞬之间便可将短短的几百字节附着到正常程序之中，使人很难察觉。病毒隐蔽的方法很多，我们举例如下。

①隐藏在引导区，如"小球"病毒。②附加在某些正常文件后面。③隐藏在某些文件空闲字节里。例如，"CIH"病毒使用大量的诡计来隐藏自己，把自己分裂成几个部分，

隐藏在某些文件的空闲字节里，而不会改变文件长度。④隐藏在邮件附件或者网页里。

## 六、不可预见性

从对病毒的检测来看，病毒还有不可预见性。不同种类的病毒，其代码千差万别，但有些操作是共有的（如驻内存、改中断）。有些人利用病毒的这种共性，制作了声称可查所有病毒的程序。这种程序的确可以查出一些新病毒，但是由于目前的软件种类极其丰富，并且某些正常程序也使用了类似病毒的操作，甚至借鉴了某些病毒的技术，所以使用这种方法对病毒进行检测势必造成较多的误报情况出现。病毒的制作技术也在不断提高，病毒对反病毒软件来说永远是超前的。

# 第三节　计算机病毒的分类

## 一、按照计算机病毒依附的操作系统分类

（1）基于 DoS 的病毒。基于 DoS 的病毒是一种只能在 DoS 环境下运行、传染的计算机病毒，是最早出现的计算机病毒。例如，"米开朗琪罗"病毒、"黑色星期五"病毒等均属于此类病毒。DoS 下的病毒一般又分为引导型病毒、文件型病毒、混合型病毒等。

（2）基于 Windows 系统的病毒。由于 Windows 的图形用户界面（Graphical User Interface，GUI）和多任务操作系统深受用户的欢迎，尤其是在 PC 中几乎都使用 Windows 操作系统，从而成为病毒攻击的主要对象。目前大部分病毒都是基于 Windows 操作系统的，就是安全性最高的 Windows Vista 也有漏洞，而且该漏洞已经被黑客利用，产生了能感染 Windows Vista 系统的"威金"病毒、盗号木马等病毒。

（3）基于 UNIX/Linux 系统的病毒。现在 UNIX/Linux 系统应用非常广泛，并且许多大型服务器均采用 UNIX/Linux 操作系统，或者基于 UNIX/Linux 开发的操作系统。

（4）基于嵌入式操作系统的病毒。嵌入式操作系统是一种用途广泛的系统软件，过去主要应用于工业控制和国防系统领域。随着 Internet 技术的发展、信息家电的普及应用及嵌入式操作系统的微型化和专业化，嵌入式操作系统的应用也越来越广泛，如应用到手机操作系统中。现在，Android、Apple IOS 是主要的手机操作系统。目前发现了多种手机病毒，手机病毒也是一种计算机程序，和其他计算机病毒（程序）一样具有传染性、破坏性。手机病毒可利用发送短信、彩信，发送电子邮件，浏览网站，下载铃声等方式进行传播。手机病毒可能会导致用户手机死机、关机、资料被删、向外发送垃圾邮件、拨打电话

等，甚至还会损毁 SIM 卡、芯片等硬件。

## 二、按照计算机病毒的传播媒介分类

网络的发展也导致了病毒制造技术和传播途径的不断发展和更新。近几年，病毒所造成的破坏非常巨大。一系列的事实证明，在所有网络的安全问题中，病毒已经成为信息安全的第一威胁。由于病毒具有自我复制和传播的特点，所以，研究病毒的传播途径对病毒的防范具有极为重要的意义。从计算机病毒的传播机理分析可知，只要是能够进行数据交换的介质，都可能成为计算机病毒的传播途径。

在 DoS 病毒时代，最常见的传播途径就是从光盘、软盘传入硬盘，感染系统，再传染其他软盘，进而传染其他系统。随着 USB 接口的普及，使用闪存盘、移动硬盘的用户越来越多，这成为病毒传播的新途径。

## 三、按照计算机病毒的宿主分类

### （一）引导型病毒

引导扇区是大部分系统启动或引导指令所保存的地方，而且对所有的磁盘来讲，不管是否可以引导，都有一个引导扇区。引导型病毒感染的主要方式是计算机通过已被感染的引导盘（常见的如一个软盘）引导时发生的。

引导型病毒隐藏在 ROM BIOS 之中，先于操作系统，依托的环境是 BIOS（Basic Input Output System，基本输入输出系统）中断服务程序。引导型病毒利用操作系统的引导模块放在某个固定的位置，并且控制权的转交方式是以物理地址为依据，而不是以操作系统引导区的内容为依据。因此，病毒占据该物理位置即可获得控制权，而将真正的引导区内容转移或替换，待病毒程序被执行后，将控制权交给真正的引导区内容，使这个带病毒的系统看似正常运转，但病毒却已隐藏在系统中伺机传染、发作。

引导型病毒按其所在的引导区又可分为两类，即 MBR（主引导区）病毒、BR（引导区）病毒。MBR 病毒将病毒寄生在硬盘分区主引导程序所占据的硬盘 0 头 0 柱面第 1 个扇区中。典型的病毒有"大麻"（Stoned）、"2708"等。BR 病毒是将病毒寄生在硬盘逻辑 0 扇区或软盘逻辑 0 扇区（0 面 0 道第 1 个扇区），典型的病毒有"Brain""小球"病毒等。

引导型病毒几乎都会常驻在内存中，差别只在于内存中的位置。所谓"常驻"，是指应用程序把要执行的部分在内存中驻留一份，这样就不必在每次要执行时都到硬盘中搜寻，以提高效率。

引导区感染了病毒，用格式化程序（Format）可清除病毒。如果主引导区感染了病毒，用格式化程序是不能清除该病毒的，可以用 FDISK/MBR 清除该病毒。

## （二） 文件型病毒

文件型病毒以可执行程序为宿主，一般感染文件扩展名为"．com""．exe"和"．bat"等可执行程序。文件型病毒通常隐藏在宿主程序中，执行宿主程序时，将会先执行病毒程序再执行宿主程序，看起来仿佛一切都很正常，但是，病毒驻留内存，伺机传染其他文件或直接传染其他文件。

文件型病毒的特点是附着于正常程序文件，成为程序文件的一个外壳或部件。文件型病毒的安装必须借助于病毒的载体程序，即要运行病毒的载体程序，才能引入内存。"黑色星期五""CIH"等就是典型的文件型病毒。根据文件型病毒寄生在文件中的方式，可以分为覆盖型文件病毒、依附型文件病毒、伴随型文件病毒。

1. 覆盖型文件病毒

此类计算机病毒的特征是覆盖所感染文件中的数据。也就是说，一旦某个文件感染了此类计算机病毒，即使将带病毒文件中的恶意代码清除，文件中被其覆盖的那部分内容也不能恢复。对于覆盖型的文件，则只能将其彻底删除。

2. 依附型文件病毒

依附型病毒会把自己的代码复制到宿主文件的开头或结尾处，并不改变其攻击目标（该病毒的宿主程序），相当于给宿主程序加了一个"外壳"。然后依附病毒常常是移动文件指针到文件末尾，写入病毒体，并修改文件的前两三个字节为一个跳转语句（JMP/EB），略过源文件代码而跳到病毒体。病毒体尾部保存了源文件中三字节的数据，于是病毒执行完毕之后恢复数据并把控制权交回源文件。

3. 伴随型文件病毒

伴随型病毒并不改变文件本身，它根据算法产生 EXE 文件的伴随体：具有同样的名字和不同的扩展名。例如，"Xcopy．exe"的伴随体是"xcopy．com"。病毒把自身写入 COM 文件并不改变 EXE 文件，当 DoS 加载文件时，伴随体优先被执行，再由伴随体加载执行原来的 EXE 文件。

## （三） 宏病毒

宏是 Microsoft 公司为其 Office 软件包设计的特殊功能，软件设计者为了让人们在使用软件进行工作时避免一再地重复相同的动作而设计出来的一种工具。利用简单的语法，把常用的动作写成宏，在工作时，可以直接利用事先编好的宏自动运行，完成某项特定的任务，而不必再重复相同的动作，目的是让用户文档中的一些任务自动化。

宏病毒是一种以 Microsoft Office 的 "宏" 为宿主，寄存在文档或模板的宏中的计算机病毒。用户一旦打开这样的文档，其中的宏就会被执行，于是宏病毒就会被激活，并能通过 DOC 文档及 DOT 模板进行自我复制及传播。

## 四、蠕虫病毒

### （一）蠕虫病毒的概念

蠕虫（Worm）病毒是一种常见的计算机病毒，通过网络复制和传播，具有病毒的一些共性，如传播性、隐蔽性、破坏性等，同时具有自己的一些特征，如不利用文件寄生（有的只存在于内存中）。蠕虫病毒是自包含的程序（或是一套程序），能传播自身功能的拷贝或自身某些部分到其他的计算机系统中（通常是经过网络连接）。与一般病毒不同，蠕虫病毒不需要将其自身附着到宿主程序。

蠕虫病毒的传播方式有通过操作系统漏洞传播、通过电子邮件传播、通过网络攻击传播、通过移动设备进行传播、通过即时通信等社交网络传播。

在产生的破坏性上，蠕虫病毒也不是普通病毒所能比拟的。网络的发展，使蠕虫可以在短时间内蔓延整个网络，造成网络瘫痪。根据使用者情况，将蠕虫病毒分为两类。一类是针对企业用户和局域网的，这类病毒利用系统漏洞，主动进行攻击，可以对整个 Internet 造成瘫痪性的后果，如 "尼姆达" "SQL 蠕虫王"。另一类是针对个人用户的，通过网络（主要是电子邮件、恶意网页形式）迅速传播，以 "爱虫" 病毒、"求职信" 病毒为代表。在这两类蠕虫中，第一类具有很大的主动攻击性，而且爆发也有一定的突然性；第二类病毒的传播方式比较复杂、多样，少数利用了 Microsoft 应用程序的漏洞，更多的是利用社会工程学对用户进行欺骗和诱使，这样的病毒造成的损失是非常大的，同时也是很难根除的。

### （二）蠕虫病毒与传统病毒的区别

蠕虫病毒一般不采取利用 PE 格式插入文件的方法，而是通过复制自身在 Internet 环境下进行传播。传统病毒的传染目标主要是针对计算机内的文件系统，而蠕虫病毒的传染目标是 Internet 内的所有计算机，局域网条件下的共享文件夹、电子邮件、网络中的恶意网页、大量存在着漏洞的服务器等，都成为蠕虫传播的良好途径。网络的发展也使蠕虫病毒可以在几小时内蔓延全球，而且蠕虫病毒的主动攻击性和爆发性将使人们手足无措。

# 第四节　计算机病毒的防治

众所周知，对于一个计算机系统，要知道其有无感染病毒，首先要进行检测，然后才是防治。具体的检测方法不外乎两种：自动检测和人工检测。

自动检测是由成熟的检测软件（杀毒软件）来自动工作，无须多少人工干预。但是由于现在新病毒出现快、变种多，有时候没办法及时更新病毒库，所以需要自己能够根据计算机出现的异常情况进行检测，即人工检测的方法。感染病毒的计算机系统内部会发生某些变化，并在一定的条件下表现出来，因而可以通过直接观察来判断系统是否感染病毒。

## 一、计算机病毒引起的异常现象

用户可以通过对计算机所发现的异常现象进行分析，大致判断系统是否被传染病毒。系统感染病毒后会有一些现象，如下所述。

### （一）运行速度缓慢，CPU 使用率异常高

1. 开机运行缓慢

如果开机以后，系统运行缓慢，无法关闭应用软件，可以用任务管理器查看 CPU 的使用率。如果使用率突然增高，超过正常值，一般就是系统出现异常，进而需要再找到可疑进程。

2. 查找可疑进程

发现系统异常，首先排查的就是进程。开机后，不启动任何应用服务，而是进行以下操作：①直接打开任务管理器，查看有没有可疑的进程，不认识的进程可用 Google 或者百度查看一下。②打开冰刃等软件，先查看有没有隐藏进程（冰刃中如果有会以红色标出），然后查看系统进程的路径是否正确。

### （二）蓝屏

有时候病毒文件会让 Windows 内核模式的设备驱动程序或者子系统引发一个非法异常，引起蓝屏现象。

### （三）浏览器出现异常

当浏览器出现异常时，例如莫名地被关闭、主页篡改、强行刷新或跳转网页、频繁弹

出广告等，有可能是系统感染病毒。

### （四）应用程序图标被篡改或空白

程序快捷方式图标或程序目录的主 EXE 文件的图标被篡改或为空白，那么很有可能这个软件的 EXE 程序被病毒或木马感染。

出现上述系统异常情况，也可能是由误操作或软硬件故障引起的。在系统出现异常情况后，及时更新病毒库，使用杀毒软件进行全盘扫描，可以准确确定程序是否感染了病毒，并能及时清除。

## 二、计算机病毒程序一般构成

计算机病毒程序通常由三个单元和一个标志构成：引导模块、感染模块、破坏表现模块和感染标志。

### （一）感染标志

计算机病毒在感染前，需要先通过识别感染标志判断计算机系统是否被感染。若判断没有被感染，则将病毒程序的主体设法引导安装在计算机系统，为其感染模块和破坏表现模块的引入、运行和实施做好准备。

### （二）引导模块

引导模块实现将计算机病毒程序引入计算机内存，并使得感染和破坏表现模块处于活动状态。它需要提供自我保护功能，避免在内存中的自身代码被覆盖或清除。计算机病毒程序引入内存后，为传染模块和破坏表现模块设置相应的启动条件，以便在适当的时候或者合适的条件下激活传染模块或者触发破坏表现模块。

### （三）感染模块

1. 感染条件判断子模块

依据引导模块设置的感染条件，判断当前系统环境是否满足感染条件。

2. 感染功能实现子模块

如果感染条件满足，则启动感染功能，将计算机病毒程序附加在其他宿主程序上。

### （四）破坏表现模块

病毒的破坏表现模块主要包括两部分：一是激发控制，当病毒满足一个条件，病毒就会发作；二是破坏操作，不同病毒有不同的操作方法，典型的恶性病毒是疯狂拷贝、删除文件等。

## 三、计算机病毒诊断技术

不同的计算机病毒诊断技术依据的原理不同，实现时所需的开销不同，检测范围也不同，各有所长。常用的计算机病毒诊断技术有以下几种。

### （一）特征代码法

特征代码法是现在大多数反病毒软件静态扫描所采用的方法，是检测已知病毒最简单、开销最小的方法。

当防毒软件公司收集到一种新的病毒时，就会从这个病毒程序中截取一小段独一无二而且足以表示这种病毒的二进制代码（Binary Code），来当作扫描程序辨认此病毒的依据，而这段独一无二的二进制代码，就是所谓的病毒特征代码。分析出病毒的特征代码后，集中存放于病毒代码库文件中，在扫描的时候将扫描对象与特征代码库比较，如果吻合，则判断为感染上病毒。特征代码法实现起来简单，对于查杀传统的文件型病毒特别有效，而且由于已知特征代码，清除病毒十分安全和彻底。使用特征代码法需要实现一些补充功能，如近些年的压缩可执行文件自动查杀技术。特征代码法的特点如下。

1. 特征代码法的优点

检测准确，可识别病毒名称，误报警率低，依据检测结果可做杀毒处理。

2. 特征代码法的缺点

主要表现在以下几个方面：①速度慢。检索病毒时，必须对每种病毒特征代码逐一检查，随着病毒种类的增多，特征代码也增多，检索时间就会变长。②不能检查多形性病毒。③不能对付隐蔽性病毒。隐蔽性病毒如果先进驻内存，然后运行病毒检测工具，隐蔽性病毒就能先于检测工具，将被查文件中的病毒代码剥去，检测工具就只是在检查一个虚假的"好文件"，而不会报警，被隐蔽性病毒所蒙骗。④不能检查未知病毒。对于从未见过的新病毒，病毒特征代码法自然无法知道其特征代码，因而无法检测这些新病毒。

### （二）校验和法

病毒在感染程序时，大多会使被感染的程序大小增加或者日期改变，校验和法就是根据病毒的这种行为来进行判断。首先把硬盘中的某些文件（如计算磁盘中的实际文件或系统扇区的 CRC 检验和）的资料汇总并记录下来。在以后的检测过程中重复此项动作，并与前次记录进行比较，借此来判断这些文件是否被病毒感染。校验和法的特点如下。

1. 校验和法的优点

方法简单，能发现未知病毒，被查文件的细微变化也能被发现。

2. 校验和法的缺点

主要体现在以下几方面：①由于病毒感染并非文件改变的唯一原因，文件的改变常常是正常程序引起的，如常见的正常操作（如版本更新、修改参数等），所以校验和法误报率较高。②效率较低。③不能识别病毒名称。④不能对付隐蔽性病毒。

## （三）行为监测法

病毒感染文件时，常常有一些不同于正常程序的行为，利用病毒的特有行为和特性监测病毒的方法称为行为监测法。通过对病毒多年的观察、研究，我们发现有一些行为是病毒的共同行为，而且比较特殊，而在正常程序中，这些行为比较罕见。当程序运行时，监视其行为，如果发现了病毒行为，立即报警。

行为监测法就是引入一些人工智能技术，通过分析检查对象的逻辑结构，将其分为多个模块，分别引入虚拟机中执行并监测，从而查出使用特定触发条件的病毒。

行为监测法的优点在于：它不仅可以发现已知病毒，而且可以相当准确地预报未知的多数病毒。但行为监测法也有其短处，即可能误报警和不能识别病毒名称，而且实现起来有一定的难度。

## （四）虚拟机技术

多态性病毒每次感染病毒代码都发生变化，对于这种病毒，特征代码法失效，因为多态性病毒代码实施密码化，而且每次所用密钥不同，把染毒的病毒代码相互比较，也无法找出相同的可能作为特征的稳定代码。虽然行为监测法可以检测多态性病毒，但是在检测出病毒后，因为不知病毒的种类，难以进行杀毒处理。

为了检测多态性病毒和一些未知的病毒，可应用新的检测方法。虚拟机技术（软件模拟法）是在计算机中创造一个虚拟系统，虚拟系统通过生成现有操作系统的全新虚拟镜像，使其具有和真实系统完全一样的功能。进入虚拟系统后，所有操作都是在这个全新的、独立的虚拟系统里面进行，可以独立安装运行软件，保存数据，不会对真正的系统产生任何影响。将病毒在虚拟环境中激活，从而观察病毒的执行过程，根据其行为特征，从而判断是否为病毒。这个技术主要对加壳和加密的病毒非常有效，因为这两类病毒在执行时最终还是要"自身脱壳"和解密的，这样杀毒软件就可以在其"现出原形"之后通过特征代码查毒法对其进行查杀。

虚拟机技术是一种软件分析器，用软件方法来模拟和分析程序的运行。虚拟机技术一般结合特征代码法和行为监测法使用。

Sandboxie（又叫沙箱、沙盘）是一种虚拟系统。在隔离沙箱内运行程序完全隔离，任何操作都不对真实系统产生危害，就如同一面镜子，病毒所影响的是镜子中的影子系统而已。

在反病毒软件中引入虚拟机是由于综合分析了大多数已知病毒的共性，并基本可以认为在今后一段时间内的病毒大多会沿袭这些共性。由此可见，虚拟机技术是离不开传统病毒特征代码技术的。

总的来说，特征代码法查杀已知病毒比较安全彻底，实现起来简单，常用于静态扫描模块；其他几种方法适合于查杀未知病毒和变形病毒，但误报率高，实现难度大，在常驻内存的动态监测模块中发挥重要作用。综合利用上述几种技术，互补不足，并不断发展改进，才是反病毒软件的必然趋势。

# 第五节　防病毒软件

## 一、常用的单机杀毒软件

随着计算机技术的不断发展，病毒不断涌现出来，杀毒软件也层出不穷，各个品牌的杀毒软件也不断更新换代，功能也更加完善。在我国最流行、最常用的杀毒软件有 360 杀毒、金山毒霸、瑞星、Kapersky、NOD32、Norton Anti-Rirus、McAfee VirusScan、Kv3000、KILL 等。

虽然各个品牌的杀毒软件各有特色，但是基本功能大同小异。从群体统计来看，国内个人计算机防病毒使用 360 杀毒的占绝大多数。

## 二、网络防病毒方案

目前，Internet 已经成为病毒传播的最大来源，电子邮件和网络信息传递为病毒传播打开了高速通道。病毒感染、传播能力和途径也由原来的单一、简单变得复杂、隐蔽，造成的危害越来越大，几乎到了令人防不胜防的地步。这对防病毒产品提出了新的要求。

很多企业、学校都建立了一个完整的网络平台，急需相对应的网络防病毒体系。尤其是学校这样的网络环境，网络规模大，计算机数量多，学生使用计算机流动性强，很难全网一起杀毒，更需要建立整体防病毒方案。

我们以国内著名的瑞星杀毒软件网络版为例介绍网络防病毒的体系结构。瑞星杀毒软

件网络版采用分布式的体系结构，整个防病毒体系由四个相互关联的子系统组成：系统中心、服务器端、客户端、管理员控制台。各个子系统协同工作，共同完成对整个网络的病毒防护工作，为企业级用户的网络系统提供全方位防病毒解决方案。

### （一）系统中心

系统中心是整个瑞星杀毒软件网络版网络防病毒体系的信息管理和病毒防护的自动控制核心，其实时地记录防护体系内每台计算机上的病毒监控、检测和清除信息，同时根据管理员控制台的设置，实现对整个防护系统的自动控制。

### （二）服务器端/客户端

服务器端/客户端是分别针对网络服务器/网络工作站（客户机）设计的，承担着对当前服务器/工作站上病毒的实时监控、检测和清除，自动向系统中心报告病毒监测情况，以及自动进行升级的任务。

### （三）管理员控制台

管理员控制台是为网络管理员专门设计的，是整个瑞星杀毒软件网络版网络防病毒系统设置、管理和控制的操作平台。它集中管理网络上所有已安装了瑞星杀毒软件网络版的计算机，同时实现对系统中心的管理。它可以安装到任何一台安装了瑞星杀毒软件网络版的计算机上，实现移动式管理。

瑞星杀毒软件网络版采用分布式体系，结构清晰明了，管理维护方便。管理员只要拥有管理员账号和口令，就能在网络上任何一台安装了瑞星管理员控制台的计算机上，实现对整个网络上所有计算机的集中管理。

另外，校园网、企业网络面临的威胁已经由传统的病毒威胁转化为包括蠕虫、木马间谍软件、广告软件和恶意代码等与传统病毒截然不同的新类型威胁。这些新类型的威胁在业界称为混合型威胁。混合型病毒将传统病毒原理和黑客攻击原理巧妙地结合在一起，将病毒复制、蠕虫蔓延、漏洞扫描、漏洞攻击、DoS 攻击、遗留后门等攻击技术综合在一起，其传播速度非常快，造成的破坏程度要比以前的计算机病毒所造成的破坏大得多。混合型病毒的出现使人们意识到必须设计一个有效的主动式保护战略，在病毒爆发之前进行遏制。

### 三、选择防病毒软件的标准

#### （一）病毒查杀能力

病毒查杀能力是衡量网络版杀毒软件性能的重要因素。用户在选择软件的时候，不仅要考虑它可查杀病毒的种类数量，更应该注重其对流行病毒的查杀能力。很多厂商都以拥有大病毒库而自豪，其实很多恶意攻击都是针对政府、金融机构、门户网站的，并不对普通用户的计算机构成危害。过于庞大的病毒库会降低杀毒软件的工作效率，同时也会增大误报、误杀的可能性。

#### （二）对新病毒的反应能力

对新病毒的反应能力也是考察防病毒软件查杀病毒能力的一个重要方面。通常，防病毒软件供应商都会在全国甚至全世界建立一个病毒信息收集、分析和预测的网络，使其软件能更加及时、有效地查杀出新的病毒。这一网络体现了软件商对新病毒的反应能力。

#### （三）病毒实时监测能力

对网络驱动器的实时监控是网络版杀毒软件的一个重要功能。在很多单位特别是网吧、学校、机关中，有一些老式机器因为资源、系统等问题不能安装杀毒软件，就需要使用这种功能进行实时监控。同时，实时监控还应识别尽可能多的邮件格式，具备对网页的监控和从端口进行拦截病毒邮件的功能。

#### （四）快速、方便的升级能力

只有不断更新病毒数据库，才能保证防病毒软件对新病毒的查杀能力。升级的方式应该多样化，防病毒软件厂商必须提供多种升级方式，特别是对于公安、医院、金融等不能连接到 Internet 的用户，必须要求厂商提供除 Internet 以外的本地服务器、本机等升级方式。自动升级的设置也应该多样。

#### （五）智能安装、远程识别

对于中小企业用户，由于网络结构相对简单，网络管理员可以手动安装相应软件，只需要明确各种设备的防护需求即可。对于计算机网络应用复杂的用户（跨国机构、国内连锁机构、大型企业等）在选择软件时，应该考虑到各种情况，要求能提供多种安装方式，如域用户的安装、普通用户的安装、未联网用户的安装和移动客户的安装等。

## （六）管理方便，易于操作

系统的可管理性是系统管理员尤其需要注意的问题，对于那些多数员工对计算机知识不是很了解的单位，应该限制客户端对软件参数的修改权限；对于软件开发、系统集成等科技企业，根据员工对网络安全知识的了解情况及工作需要，可适当开放部分参数设置的权限，但必须做到可集中控制管理。对于网络管理技术薄弱的企业，可以考虑采用远程管理的措施，把企业用户的防病毒管理交给专业防病毒厂商的控制中心专门管理，从而降低用户企业的管理难度。

## （七）对资源的占用情况

防病毒程序进行实时监控要占用部分系统资源，这就不可避免地使系统性能降低。一些单位上网速度太慢，有一部分原因是防病毒程序对文件过滤带来的影响。企业应该根据自身网络的特点，灵活地配置企业版防病毒软件的相关设置。

## （八）系统兼容性与可融合性

系统兼容性是选购防病毒软件时需要考虑的因素。防病毒软件的一部分常驻程序如果与其他软件不兼容，将会带来很多问题，比如引起某些第三方控件无法使用，影响系统的运行。防病毒软件在选购安装时，应该经过严密的测试，以免影响系统的正常运行。对于机器操作系统千差万别的企业，还应该要求企业版防病毒能适应不同的操作系统平台。

# 第四章 网络防火墙技术探究

## 第一节 网络防火墙概述

### 一、网络防火墙基本概念

防火墙是什么？防火墙的原意是指在容易发生火灾的区域与要保护的区域之间设置的一堵墙，将火灾隔离在保护区以外，保证保护区内的安全。网络防火墙是指在两个网络之间加强访问控制的一整套装置，即网络防火墙是构造在一个可信网络（一般指内部网）和不可信网络（一般指外部网）之间的保护装置，强制所有的访问和连接都必须经过这个保护层，并在此进行连接和安全检查。只有合法的流量才能通过此保护层，从而保护内部网资源免遭非法入侵。

下面说明与防火墙有关的概念。

主机：与网络系统相连的计算机系统。

堡垒主机：指一个计算机系统，它对外部网络暴露，同时又是内部网络用户的主要连接点，所以很容易被侵入，故此主机必须严加保护。

双宿主主机：又称双宿主机或双穴主机，是具有两个网络接口的计算机系统。

包：在互联网上进行通信的基本信息单位。

包过滤：设备对进出网络的数据流（包）进行有选择的控制与操作。通常是对从外部网络到内部网络的包进行过滤。用户可设定一系列的规则，指定容许（或拒绝）哪些类型的数据包流入（或流出）内部网络。

参数网络：为了增加一层安全控制，在内部网与外部网之间增加的一个网络，有时也称为"非军事区"，即 DMZ（Demilitarized Zone）。

代理服务器：代表内部网络用户与外部网络服务器进行信息交换的计算机（软件）系统，它将已认可的内部用户的请求送到外部服务器，同时将外部网络服务器的响应回送给

用户。

## 二、网络防火墙的目的与作用

构建网络防火墙的主要目的如下：①限制访问者进入一个被严格控制的点。②防止攻击者接近防御设备。③限制访问者离开一个被严格控制的点。④检查、筛选、过滤和屏蔽信息流中的有害服务，防止对计算机系统进行蓄意破坏。

网络防火墙的主要作用如下：①有效地收集和记录 Internet 上活动和网络误用情况。②能有效隔离网络中的多个网段，防止一个网段的问题传播到其他网段。③防火墙作为一个安全检查站，能有效地过滤、筛选和屏蔽有害的信息和服务。④防火墙作为一个防止不良现象发生的"警察"，能执行和强化网络的安全策略。

# 第二节　防火墙的分类

从所采用的技术上看，防火墙有五种基本类型：包过滤型、代理服务器型、电路层网关、混合型防火墙、自适应代理技术等。

## 一、包过滤型防火墙

包过滤型防火墙（Packet Filter Firewall）中的包过滤器一般安装在路由器上，工作在网络层。它基于单个包实施网络控制，根据所收到的数据包的源地址、目的地址、源端口号及目的端口号、包出入接口、协议类型和数据包中的各种标识位等参数，与用户预定的访问控制列表进行比较，决定数据是否符合预先制定的安全策略，决定数据包的转发或丢弃，即实施信息过滤。实际上，它一般容许网络内部的主机直接访问外部网络，而外部网络上的主机对内部网络的访问则要受到限制。

在互联网上提供某些特定服务的服务器一般都使用相对固定的端口号。因此路由器在设置包过滤规则时指定：对于某些端口号允许数据包与该端口交换，或者阻断数据包与它们的连接。

这种防火墙的优点是简单、方便、速度快、透明性好，对网络性能影响不大，但它缺乏用户日志（Log）和审计信息（Audit），缺乏用户认证（CA）机制，不具备审核管理，且过滤规则的完备性难以得到检验，复杂过滤规则的管理也比较困难。因此，包过滤性防火墙的安全性较差。

## 二、IP 级包过滤型防火墙也是包过滤型

IP 级包过滤型防火墙（IP Packet Filter Firewall）可看作一个多端口的交换设备，它对每一个到来的报文根据其报头进行过滤，按一组预定义的规则来判断该报文是否可以继续转发，不考虑报文之间的上下文关系。这些过滤规则称为 Packet Profile。在具体的产品中，过滤规则定义在转发控制列表中，报文遵循自上向下的次序依次运用每一条规则，直到遇到与其相匹配的规则为止。对报文可采取的操作有转发（Forwarding）、丢弃（Dropping）、报错（Sending a Failure Response）、备忘（Logging For Exception Tracking）等。根据不同的实现方式，报文过滤可以在进入防火墙时进行，也可以在离开防火墙时进行。

## 三、代理服务器型防火墙

代理服务器型防火墙（Proxy Service Firewall）通过在主机上运行代理的服务程序，直接面对特定的应用层服务，因此也称为应用型防火墙或应用层网关。其核心是运行于防火墙主机上的代理服务进程，该进程代理用户完成 TCP/IP 功能，实际上是为特定网络应用而连接两个网络的网关。对每种不同的应用（如 E-mail、FTP、Telnet、WWW 等）都应用一个相应的代理服务。外部网络与内部网络之间想要建立连接，首先必须通过代理服务器的中间转换，内部网络只接收代理服务器提出的要求，拒绝外部网络的直接请求。代理服务可以实施用户认证、详细日志、审计跟踪和数据加密等功能和对具体协议及应用的过滤，如阻塞 Java 或 JavaScript 等。

代理服务器有两个部件：代理服务器和代理客户。代理服务器是一个运行代理服务程序的双宿主主机，而代理客户是普通客户程序（如一个 Telnet 或 FTP 客户）的特别版本，它与代理服务器交互而并不与真正的外部服务器相连。普通客户按照一定的步骤提出服务请求，代理服务器依据一定的安全规则来评测代理客户的网络服务请求，然后决定是支持还是否决该请求。如果代理服务器支持该请求，代理服务器就代表客户与真正的服务器相连，并将服务器的响应传送给代理客户。更精细的代理服务可以对不同的主机执行不同的安全规则，而不是对所有主机执行同一个标准。

目前，市场上已经有一些优秀的代理服务软件。SOCKS 就是一个可以建立代理的工具，这个软件可以很方便地将现有的客户机/服务器应用系统转换成代理方式下的具有相同结构的应用系统。而在 TIS FWTK（Trusted Information System Internet Firewall Toolkit）里包括了能满足一般常用的互联网协议的代理服务器（如 Telnet、FTP、HTTP、Rlogin、X.11），这些代理服务器是为与客户端的用户程序相连而设计的。

许多标准的客户与服务器程序，不管它们是商品软件还是免费软件，本身都具有代理

功能，或者支持使用像 SOCKS 这样的系统。

这种防火墙能完全控制网络信息的交换，控制会话过程，具有灵活性和安全性，但可能影响网络的性能，对用户不透明，且对每一种服务器都要设计一个代理模块，建立对应的网关层，实现起来比较复杂。

### 四、其他类型的防火墙

#### （一）电路层网关

电路层网关（Circuit Gateway）在网络的传输层上实施访问控制策略，在内、外网络主机之间建立一个虚拟电路进行通信，相当于在防火墙上直接开了个口子进行传输，不像应用层防火墙那样能严密地控制应用层的信息。

#### （二）混合型防火墙

混合型防火墙（Hybrid Firewall）把包过滤和代理服务等功能结合起来，形成新的防火墙结构，所用主机称为堡垒主机，负责代理服务。各种类型的防火墙，各有其优缺点。当前的防火墙产品，已不是单一的包过滤型或代理服务器型防火墙，而是将各种安全技术结合起来，形成一个混合的、多级的防火墙系统，以提高防火墙的灵活性和安全性。

#### （三）自适应代理技术

自适应代理技术（Self-Adaptive Agent Technology）是一种新颖的防火墙技术，在一定程度上反映了防火墙目前的发展动态。该技术可以根据用户定义的安全策略，动态适应传送中的分组流量。如果安全要求较高，则安全检查应在应用层完成，以保证代理防火墙的最大安全性；一旦代理明确了会话的所有细节，其后的数据包就可以直接到达速度快得多的网络层。该技术兼备了代理技术的安全性和其他技术的高效率。

## 第三节　网络防火墙的设计与实现

### 一、网络防火墙设计的安全要求与基本准则

#### （一）安全要求

从网络的安全角度看，防火墙必须满足以下要求。

①防火墙应由多个构件组成，形成一个有一定冗余度的安全系统，避免成为网络的单失效点。②防火墙应能抵抗网络黑客的攻击，并可对网络通信进行监控和审计。这样的网络节点称为阻塞点。③防火墙一旦失效、重启动或崩溃，则应完全阻断内、外部网络节点的连接，以免闯入者进入。这种安全模式的控制方法由防火墙安全机制来控制网络的接口的启动，称这种防火墙的失效模式是"失效–安全"模式。④防火墙应提供强制认证服务，外部网络节点对内部网络的访问应经过防火墙的认证检查，包括对网络用户和数据源的认证。它应支持 E-mail、FTP、Telnet 和 WWW 等应用。⑤防火墙对内部网络应起到屏蔽作用，隐藏内部网站的地址和内部网络的拓扑结构。

（二）基本准则

在防火墙的设计中，安全策略是防火墙的灵魂和基础。通常，防火墙采用的安全策略有如下两个基本准则。

1. 切未被允许的访问就都是禁止的

基于该原则，防火墙要封锁所有的信息流，然后对希望开放的服务逐步开放，这是一种非常实用的方法，可以形成一种十分安全的环境，但其安全性是以牺牲用户使用的方便性为代价的，用户所能使用的服务范围受到较大的限制。

2. 一切未被禁止的访问就是允许的

基于该准则，防火墙开放所有的信息流，然后逐项屏蔽有害的服务。这种方法构成了一种灵活的应用环境，但很难提供可靠的安全保护，特别是当保护的网络范围增大时。

建立防火墙是在对网络的服务功能和拓扑结构仔细分析的基础上，在被保护的网络周边，通过专用硬件、软件及管理措施，对跨越网络边界的信息，提供监测、控制甚至修改的手段。

## 二、网络防火墙的实现

（一）决定防火墙的类型和拓扑结构

针对防火墙所保护的系统的安全级别做出定性和定量的评估，从系统的成本、安全保护实现的难易程度以及升级、改造和维护的难易程度，决定该防火墙的类型和拓扑结构。

（二）制定安全策略

在实现过程中，没有被允许的服务都是被禁止的（默认拒绝），没有被禁止的服务都是允许的（默认允许）。这样，网络安全的第一个策略是拒绝一切未许可的服务，防火墙

应先封锁所有信息流，然后再逐一完成每一项许可的服务；第二个策略是允许一切没有被禁止的服务，防火墙转发所有的信息，逐项删除被禁止的服务。在此策略的指导下，再针对系统制定各项具体策略。

### （三）确定包过滤规则

一般以处理 IP 数据包包头信息为基础，包括过滤规则序号、过滤方式、源端口号和目的端口号及协议类型等，它决定了算法执行时的顺序，因此正确的排列至关重要。过滤方式包括允许和禁止。

### （四）设计代理服务器

代理服务器接收外部网络节点提出的服务请求，如服务请求被接收、代理服务器再建立与实现服务器的连接。由于它作用于应用层，故可利用各种安全技术，如身份验证、日志登录、审计跟踪、密码技术等来加强网络安全性，解决包过滤所不能解决的问题。

### （五）严格定义功能模块并分散实现

防火墙由各种功能模块组成，如包过滤器、代理服务器、认证服务器、域名服务器、通信监控器等。这些功能模块最好由路由器和单独的主机实现。功能分散减少了实现的难度，增加了系统的可靠程度。

### （六）防火墙维护和管理方案的考虑

防火墙的日常维护是对访问记录进行审计，发现入侵和非法访问情况，据此对防火墙的安全性进行评价，需要时进行适当改进。管理工作要根据网络拓扑结构的改变或安全策略的变化，对防火墙进行硬件和软件的修改和升级。通过维护和管理进一步优化其性能，以保证网络及其信息的安全性。

## 三、防火墙安全体系结构

网络防火墙的安全体系结构基本上分为五种：包过滤路由器结构、双宿主主机结构、主机过滤结构、子网过滤结构等。

### （一）包过滤路由器型防火墙结构

在传统的路由器中增加包过滤功能就能形成这种最简单的防火墙。这种防火墙的好处是完全透明，但由于在单机上实现，形成了网络中的"单失效点"。由于路由器的基本功能是转发数据包，一旦过滤机能失效，就会形成网络直通状态，任何非法访问都可以进入内部网络。因此这种防火墙的失效模式不是"失效–安全"型，也违反了阻塞点原理。因此，人们认为这种防火墙尚不能提供有效的安全功能，仅在早期的 Internet 中应用。

### （二）双宿主主机型防火墙结构

该结构至少由具有两个接口（两块网卡）的双宿主主机构成。双宿主主机一个接口接内部网络，另一个接口接外部网络，这种主机还可以充当与这台主机相连的网络之间的路由器，它能将一个网络的 IP 数据包在无安全控制的情况下传递给另一个网络。但是在将一台主机安装到防火墙结构中时，首先要使双宿主主机的这种路由功能失效。从一个外部网络（如互联网）来的 IP 数据包不能无条件地传给另一个网络（如内部网络）。只有双宿主主机之间支持内、外网络，并与堡垒主机进行通信，而内、外网络之间不能直接通信。双宿主主机可以提供很高程度的网络控制。如果安全规则不允许包在内、外部网络之间直传，而发现内部网络的包有一个对应的外部数据源，这就说明系统安全机制有问题。在有些情况下，当一个申请的数据类型与外部网络提供的某种服务不相符时，双宿主主机否决申请者要求与外部网的连接。同样情况下，用包过滤系统要做到这种控制是非常困难的。当然，要充分地利用双宿主主机其他潜在的优点，其开发工作量还是很大的。

双宿主主机只有用代理服务的方式或者使用用户直接注册到双宿主主机上的方式，才能提供安全控制服务。另外，这种结构要求用户每次都必须在双宿主主机上注册，这样就会使用户感到使用不方便。

使用时，一般要求用户先注册，再通过双宿主主机访问另一个网络，但代理服务器简化了用户的访问过程，可以做到对用户透明，属于"失效–安全"型。由于该防火墙仍是由单机组成的，没有安全冗余机制，仍是网络的"单失效点"，因此这种防火墙还是不完善的，但在现在的 Internet 中仍有应用。

### （三）主机过滤型防火墙结构

这种防火墙由过滤路由器和运行网关软件的堡垒主机构成。该结构提供安全保护的堡垒主机仅与内部网络相连，而过滤路由器位于内部网络和外部网络之间。

该主机可完成多种代理，如 FTP、Telnet、WWW，还可以完成认证和交互作用，能提供完善的 Internet 访问控制。这种防火墙中的堡垒主机是网络的"单失效点"，也是网络黑客集中攻击的目标，安全保障仍不够理想。一般来讲，主机过滤结构比双宿主主机结构能提供更好的安全保护，同时也具有更高的可操作性，而且这种防火墙投资少，安全功能实现和扩充容易，因而目前应用比较广泛。

### （四）子网过滤型防火墙结构

该防火墙是在主机过滤结构中再增加一层参数网络的安全机制，使得内部网络和外部网络之间有两层隔断。由参数网络的内、外部路由器分别连接内部网络与外部网络。

用参数网络（DMZ）来隔离堡垒主机与内部网，就能减轻入侵者冲开堡垒主机后而对内部网络的破坏力。入侵者即使冲过堡垒主机也不能对内部网络进行任意操作，而只可进行部分操作。

在最简单的子网过滤结构中，有两台与参数网络相连的过滤路由器，一台位于参数网络与内部网络之间，而另一台位于参数网络与外部网络之间。在这种结构下，入侵者要攻击到内部网络必须通过两台路由器的安全控制。即使入侵者通过了堡垒主机，它还必须通过内部网络路由器才能抵达内部网。这样，整个网络安全机制就不会因一点被攻击而全部瘫痪。

有些站点还可用多层参数网络加以保护，低可靠性的保护由外层参数网络提供，高可靠性的保护由内部网络提供。这样，入侵者撞开外部路由器，到达堡垒主机后，必须再破坏更为精致的内部路由器才可以到达内部网络。但是，如果在多层参数网络结构中的每层之间使用的包过滤系统允许相同的信息通过任意一层，那么另外的参数网络也就不会起作用了。

**1. 参数网络**

参数网络是在内、外部网络之间另加的一层安全保护网络。如果入侵者成功地闯过外层保护网络到达防火墙，参数网络就能在入侵者与内部网络之间再提供一层保护。

在许多诸如以太网、令牌网、FDDI 网等结构中，网络上的任意一台机器都可以观察到网络上其他机器的信息出入情况。

如果入侵者仅仅侵入参数网络的堡垒主机，那么他只能基本看到这层网络（参数网络）的信息流，而看不到内部网络的信息流。这些网络的信息流仅从参数网络往来于外部网络，或者从参数网络往来于堡垒主机。因为没有纯粹的内部主机间互传的重要和敏感的信息在参数网络中流动，所以即使堡垒主机受到损害，也不会让入侵者伤及内部网络的信息流。显而易见，往来于堡垒主机和外部网络的信息流还是可见的。因此，设计防火墙的目的就是确保上述信息流的暴露不会牵连到整个内部网络的安全。

**2. 堡垒主机**

在子网过滤结构中，人们将堡垒主机与参数网络相连，而这台主机是外部网络服务于内部网络的主节点。它为内部网络服务的主要功能如下：①接收外来的 E-mail，再分发给相应的站点。②接收外来的 FTP，并将它连接到内部网络的匿名 FTP 服务器。③接收外来的有关内部站点的域名服务。

这台主机外向（由内部网络的客户向外部服务器）的服务功能可用以下方法施加：①在内、外部服务器上建立包过滤，以便内部网络用户可直接操作外部服务器。②在主机上建立代理服务，在内部网络的用户与外部网络的服务器之间建立间接的连接，也可以在设置包过滤后，允许在内部网络的用户与主机的代理服务间进行交互，但禁止内部网络用户与外部网络进行直接的通信。

堡垒主机在任何类型的服务请求下，根据用户的安全机制完成代理。不管是在为某些协议（如 FTP 或 HTTP）运行特定的代理服务软件，还是为自代理协议（如 STMP）运行标准服务软件，堡垒主机做的主要工作还是为内、外部服务请求进行代理。

3. 内部路由器

内部路由器（有时也称为阻断路由器）的主要功能是保护内部网络免受来自外部网络与参数网络的侵扰。

内部路由器完成防火墙的大部分过滤工作，允许包过滤系统认为符合安全规则的服务在内、外部网络之间的互传（各站点对各类服务的安全确认规则可以是不同的）。根据各站点的需要和安全规则，可允许的服务是这些外向服务中的若干种，如 Telnet、FTP、WAIS、Archive、Gopher 或者其他服务。限制一些服务在内部网络与堡垒主机之间互传的目的是减轻内部网络在堡垒主机被入侵后而受到入侵的程度。通常应根据实际需要来限制堡垒主机与内部站点之间可互传的服务数目，如 SMTP、DNS 等，还能限定它们只在提供某些特定服务的主机与内部网络的站点之间互传。例如，对于 SMTP 可以限定站点只能与堡垒主机或内部网络的邮件服务器通信，对其余的服务，则可以从堡垒主机上申请连接到的主机的加密保护，因为这些主机是入侵者撞开堡垒主机的保护后首先能攻击到的主机。

4. 外部路由器

外部路由器也称为接触路由器，既保护参数网络又保护内部网络。实际上，在外部路由器上仅做一小部分包过滤，它允许几乎所有的通过参数网络的外向请求，而外部路由器与内部路由器的包过滤规则基本相同。也就是说，如果安全规则上存在疏忽，那么入侵者基本可以用同样的方法通过内、外部路由器。

由于外部路由器一般是由外界（如 ISP）提供的，所以用户对外部路由器可做的工作是有限的。ISP 一般仅在该路由器上设置一些普通的过滤，而不会专为用户设置特别的包过滤，或为用户更换包过滤系统。因此，对于安全保障而言，用户不能过多地依赖外部路由器。

外部路由器的包过滤主要是为参数网络上的主机提供保护。另外，用户还能将内部路由器的安全规则加到外部路由器的安全规则中。这些规则可以防止不安全的信息流在内部网络与外部网络之间互传。为了支持代理服务，只要是内部站点与堡垒主机间的交互协议，内部路由器就准许通过；同样，只要协议是来自堡垒主机的，外部路由器就准许它通过并抵达外部网络。虽然外部路由器的这些规则相当于加了一层安全机制，但这一层安全机制能阻断的包在理论上并不存在，因为它们早已被内部路由器阻断了。若存在这样的包，则说明不是内部路由器出了故障，就是已有未知的机器侵入了参数网络。因此，外部路由器真正有效的安全保护任务之一，就是阻断来自外部网络并具有伪源地址的内向数据包。这些数据包的特征显示它来自内部网络，而实际上它来自外部网络。

这种防火墙把前一种主机的通信功能分散到多个主机组成的网络中，有的作为 FTP 服务器，有的作为 E-mail 服务器，有的作为 WWW 服务器，有的作为 Telnet 服务器，而堡垒主机则作为代理服务器和认证服务器置于周边网络中，以维护 Internet 与内部网络的连接。这种网络防火墙容易配置，也减少了入侵者闯入破坏的机会，是一种比较理想的安全防范模式。

这种防火墙与子网过滤型防火墙结构的区别是，作为代理服务器和认证服务器的网关主机位于周边网络中。这样，代理服务器和认证服务器是内部网络的第一道防线，而内部路由器是内部网络的第二道防线，而把 Internet 的公共服务（如 FTP 服务器、Telnet 服务器、WWW 服务器及 E-mail 服务器等）置于周边网络中，也减少了内部网络的安全风险。这种结构正符合人们提出的五点要求，应是最安全的防范模式。

实践表明，包过滤路由器型防火墙是最简单的安全防范措施，双宿主主机型防火墙居中，主机过滤型防火墙和子网过滤型防火墙安全措施比较理想，而吊带式防火墙安全防范措施最好，但一般在中小型企业网络中应用不广泛。

## 四、组合式防火墙安全体系结构

现实意义上的防火墙往往是将多种安全技术（包过滤路由器、代理服务器、密码技术、审计认证）相结合，以满足各种不同级别、不同环境的安全要求。

实际构造防火墙安全系统时，一般很少采用单一的技术，通常是多种可以解决不同问题的技术的组合。这种组合主要取决于网络向用户提供什么样的服务以及网络能接受什么等级的风险。采用哪种技术主要取决于投资的大小或技术人员的技术、时间等因素，一般有以下几种形式：使用多堡垒主机；合并内、外部路由器；合并堡垒主机与外部路由器；合并堡垒主机与内部路由器；使用多台内部路由器；使用多台外部路由器；使用多个周边网络；使用双宿主主机与屏蔽子网；使用多参数网络结构；使用多种安全技术的防火墙结构。

下面讨论其中的几种。

## （一）使用多堡垒主机结构

前面讨论的是单堡垒主机结构，还可以在防火墙结构中配置多台堡垒主机，以提高系统效能，增加系统冗余，分离数据和程序；也可以让一台堡垒主机处理一些对用户比较重要的任务，如 SMTP 服务、代理服务等，而让另一台堡垒主机处理一些由内部网络向外部网络提供的服务，如匿名 FTP 服务。这样，外部用户对内部网络的操作就不会影响内部网络用户的操作，同样，使用多台堡垒主机（也可以使用多台堡垒主机来提供相同的服务）可加快系统的响应速度。

## （二）合并内、外部路由器结构

当路由器具有足够的功能和性能时，可将内、外部路由器合并到一台路由器上。

如果使用内、外部路由器合并的防火墙结构，则需要参数网络与路由器的一个端口相连，而该路由器的另一端口与内部网络相连。凡符合路由器安全规则的包都可以在内、外部网络之间互传。

这种结构因只有一台路由器，因此像主机过滤型防火墙结构一样，安全机制比较脆弱。在一般情况下，要更重视对主机、路由器的保护。

## （三）合并堡垒主机与外部路由器结构

在防火墙结构中，也可以采用堡垒主机与外部路由器合并的结构，但这种结构将使堡垒主机对外部网络更加暴露，而且主机只能由它上面的包过滤加以保护，因此要慎重地设置这层保护。

## （四）使用多台外部路由器结构

在有些情况下，对一个参数网络使用多台外部路由器与外界相连也是一个好的方案。如系统与外部网络之间有多个连接，或系统与互联网络之间有一个连接，同时与其他网络还有连接。在这些情况下，可以考虑使用多外部路由器。

## （五）使用多参数网络结构

如上面讨论的那样，要符合某些安全要求，就要使用多参数网络。用两个参数网络分别通过独立的内、外部路由器将内、外部网络连接；可以增加内、外部连接的可靠性。也可以建立一个参数网络作为内部专用，以便在这个参数网络上传递机密信息，在内部网络与互联网络连接时，使用另一个参数网络，在此情况下，可将两个网络同一台内部路由器

与内部网络连接。

### （六）使用多种安全技术的防火墙结构

防火墙由两个包过滤路由器和一个堡垒主机构成，支持应用层和网络层的安全功能。它把代理服务器（WWW、Telnet、FTP 和 E-mail）、身份认证系统、日志登录系统、审计系统和加密系统加在堡垒主机中。堡垒主机位于外部网络和内部网络之间，其中，路由器、堡垒主机和包过滤、代理服务、加密技术、身份验证和日志登录审计系统构成了屏蔽子网。

# 第四节　防火墙的管理与维护

用户完成了一个满足用户安全需要的防火墙系统，安全工作只是一个开始，更重要的是防火墙的管理与维护，充分发挥网络防火墙的作用，并不断更新。

## 一、网络防火墙的日常管理与系统监控

### （一）日常管理

日常管理是经常性的琐碎工作，除保持防火墙设备的清洁和安全外，还有以下三项工作需要经常去做。

1. 备份管理

这里备份指的是备份防火墙的所有部分，不仅包括作为主机和内部服务器使用的通用计算机，还包括路由器和专用计算机。路由器的重新配置一般比较麻烦，而路由器配置的正确与否则直接影响系统的安全。

用户的通用计算机系统可设置定期自动备份系统，专用机（如路由器等）一般不设置自动备份，而是尽量对其进行手工备份，在每次配置改动前后都要进行，可利用 TFTP 或其他方法，一般不应使路由器完全依赖于另一台主机。

2. 账户管理

增加新用户、删除旧用户、修改密码等工作也是经常性的工作，千万不要忽视其重要性。

设计账户添加程序，尽量用程序方式添加账户。尽管在防火墙系统中用户不多，但用户中的每一位都是一个潜在的危险，因此保证每次都正确地设置用户是值得的。人们有时

会忽视使用步骤，或者在处理过程中暂停几天。如果这个漏洞碰巧留出没有密码的账户，入侵者就很容易侵入。

保证用户的账户创建程序能够标记账户日期，而且使账户在每几个月内自动接受检查。用户不需要自动关闭它，但是系统需要自动通知用户账户已经超时。

如果用户系统上的密码重入需要用户在登录时更改自己的账户密码，则应有一个密码程序强制使用强密码。如果用户不做这些工作，人们就会在重要关头选择简单的密码。总之，一般简单地定期向用户发出通知是很有效的，而且是简单易行的。

3. 磁盘空间管理

即使用户不多，数据也会经常占满磁盘可用空间。人们把各种数据转存到文件系统的临时空间中，"短视行为"促使其在那里建立文件，这会造成许多意想不到的问题。用户不但占用磁盘空间，而且这种随机碎片很容易造成混乱。用户可能搞不清楚：这是最后装入新版本的程序，还是入侵者故意造成的？那是随机数据文件，还是入侵者的文件？

在多数防火墙系统中，主要的磁盘空间问题会被日志文件记录下来。当用户试图截断或移走日志文件时，系统应自动停止程序运行或使它们挂起。

（二）系统监控

防火墙维护中另一个重要的方面是系统监控。系统监控包括以下几项：防火墙是否被损害？哪些类型的侵入试图突破防火墙？防火墙工作是否正常？防火墙能否提供用户所需的服务？

1. 专用监控设备

监控需要使用防火墙提供的工具和日志，同时也需要一些专用监控设备。例如，可能需要把监控站放在周边网络上，只有这样才能监视用户所期望的包通过。

那么如何确定监控站不被入侵者干扰呢？事实上，最好不要让入侵者发现它的存在。管理员可以在网络接口上断开传输，于是这台机器对于侵袭者来说难以探测和使用。在大多数情况下，管理员应特别仔细地配置机器，像对一台堡垒主机一样对待它，使它既简单又安全。

2. 监控的内容

理想的情况是，管理员可能想知道穿过自己防火墙的所有内容，即每一个抛弃的和接收的数据包、每一个请求的连接。但实际上，不论是防火墙系统还是管理员都无法处理那么多的信息，管理员必须打开冗长的日志文件，再把生成的日志整理好。在特殊情况下，管理员要用日志记录以下几种情况：①所有抛弃的包、被拒绝的连接和尝试。②每一个成功连接通过堡垒主机的时间、协议和用户名。③所有从路由器中发现的错误、堡垒主机和

一些代理程序。

3. 对试探做出响应

管理员有时会发觉外界对自己的防火墙所进行的明显试探，如有数据包发送系统没有向 Internet 提供的服务，企图登录到不存在的账户等。试探通常进行一两次，一般地，如果试探没有得到令人感兴趣的反应，就会放弃。如果管理员想弄明白试探来自何方，可能就要花大量时间追寻类似的事件，并且在大多数情况下，这样做不大有成效。如果管理员确定试探来自某个站点，则可以与那个站点的管理层联系，告知他们知道发生了什么。通常，人们无须对试探做出积极响应。

对于什么是试探和什么是全面的侵袭，不同的人有不同的观点。多数人认为只要不继续下去就是试探。例如，尝试每一个可能的字母排列来解开用户的根密码是不可能成功的。这可以被认为是无须理睬的试探，但是如果有时间和精力，或许值得去说服有此企图的人。

## 二、网络防火墙的维护

### （一）保持领先的技术

防火墙维护的一个重要方面是保持技术上的领先。在用户做到之前，管理员应使自己的技术水平处于领先地位。

防火墙系统维护最困难的部分是努力同该领域的持续发展保持同步。该领域每天都产生新事物，新的问题正在被发现和利用，进行新的侵袭，对于用户现有系统和工具的修补和修理产生了新的工具。要在这些变化中始终处于领先地位，是防火墙维护者工作中花费时间最多的一部分。

如何处于领先地位？首先要找到一些邮件列表、新闻组、杂志和用户认为合适的专题论坛给予关注。下面分析管理员可以保持领先技术的几种重要的方法。

1. 邮件列表

对于对防火墙感兴趣的人来说，最重要的是在 greatcircle. com 上的防火墙邮件列表。该列表主要讨论关于设计、安装、配置、维护及各种类型防火墙的基本原理。这个列表的主要缺点是它非常忙。为解决容量问题，还有该列表的"防火墙文摘"版。管理员另一个需要订阅的列表是 CERT-Advisory 邮件列表。这是一个由 CERT-CC 邮寄的新的安全保护咨询的列表。

2. 新闻组

管理员除了可以订阅各种邮件列表外，还有不少直接或者间接与防火墙有关的新闻组。例如，CERT-CC 建议的 comp、security、announce 组，还有各种不同的商业或非商业网络产品的新闻组。

3 杂志

虽然目前还没有专门的 Internet 安全方面的杂志，但一些商业（专业）杂志定期不定期地报道有关防火墙的情况，杂志领先潮流一步，时效性强。

4. 专题讲座

管理员可以参加一些专题讲座，包括会议、供应商与用户组织、地方用户团体、专业社团（如 IEEE 和 ACU 专业团体）等。参加这些活动是非常有好处的，不但可以参加那些正式进行的项目，而且还能与正在解决相似问题的人建立联系。

## （二）保持用户的系统处于领先地位

如果管理员已使自己的系统处于领先地位，那么这个工作就相当简单，用户只需处理听说过的任何新问题。

管理员应该收集足够多的来自前面讲到的资源的信息，以决定一个新问题对于用户的特殊系统来说是否称得上是新问题。要知道管理员也许不能确定某个问题是否与自己的站点有关，找到对自己有利的信息往往要花费数小时甚至数天的时间，并且还需要在缺少实质性信息的情况下，使用关于问题及其发展的报告来判断对于特殊问题应该处理的办法。管理员会犯哪种错误，倾向于谨慎还是实用，这由管理员特有的环境所决定。这些环境包括有哪些潜在的问题，管理员对它能做些什么，对安全与方便关注的程度等。如果问题涉及用户系统，谨慎一点可以阻止问题的出现；但另一方面，谨慎要求管理员等待下去，直到确定问题所在后再采取行动。

当管理员决定使用什么修复工具和何时实施时，可参考下面的原则。

第一，不要急于升级，除非有理由认为确有必要，最好让别人先做这些工作，观察升级后产生的新问题，但也不要推迟太久，一般是等待几小时或者几天后看一看是否有人在这方面碰到新的问题。

第二，不要为没有出现的问题寻求解决方法，否则管理员可能就在冒引起新问题的风险。

第三，注意修补的相互依存性。当用户还没有对未发生过的问题进行修补的时候，会发觉该问题的修补依赖于对先前问题所进行的修补。这时管理员应该好好地推测一下，这种情况是否还可以在与平台有关的邮件列表和新闻组中找到帮助，也可以询问并看看是否有人处理过这类事情。

正如前面所说，维护防火墙最难的部分是使自己处于技术领先地位。领先地位能保持

多长时间？如果管理员在这方面是一个新手，要保持领先地位会占用相当长的时间。当管理员学习一段时间后，学到了所需的基础知识，就可在较短的时间内完成浏览邮件、新闻组、杂志和想涉及的其他资源的任务。管理员的许多时间都用在更新自己的知识上面，而不是维护防火墙系统本身。

### 三、防火墙使用注意事项

#### （一）防火墙能防范什么

一般来说，防火墙在配置上是防止来自"外部"世界未经授权的交互式登录的。这大大有助于防止破坏者登录到用户的计算机上。一些设计更为精巧的防火墙可以防止来自外部的流量进入内部，但又允许内部的用户可以自由地与外部通信。如果切断防火墙的话，它可以保护任何类型的攻击。

防火墙的另一个非常重要的特性是可以提供一个单独的"拦阻点"，在"拦阻点"上设置安全和审计检查。防火墙可以发挥一种有效的"电话监听（Phone Tap）"和跟踪工具的作用。防火墙提供了重要的记录和审计功能，能经常向管理员提供一些情况概要，提供有关通过防火墙的流量类型和数量以及有多少次闯入防火墙的企图等信息。

#### （二）防火墙不能防范什么

防火墙不能防范没有经过防火墙的攻击。许多接入 Internet 的企业对通过网络造成公司专用数据泄露非常担心。但事实上，一个 U 盘就可以被有效地用来泄露企业的数据。许多机构的管理层对 Internet 接入非常恐惧，就像在一间木屋中，安装了一扇六英尺厚的铁门，有许多机构购买了价格昂贵的防火墙，但却忽视了通往其网络中的其他几扇后门。要使防火墙发挥作用，防火墙就必须成为整个机构安全架构中不可分割的一部分。防火墙的策略必须现实，能够反映出整个网络安全的水平。

防火墙不能保护的另一种危险是网络内部的叛徒或者愚蠢行为。硬盘远比防火墙更有可能成为泄露秘密的媒介。防火墙不能保护愚蠢行为的发生，通过电话泄露敏感信息的用户是"社会工程攻击"的好目标；如果攻击者能找到内部的一个"对他有帮助"的雇员，攻击者完全有可能绕过防火墙侵入网络。

#### （三）防火墙应用误区

防火墙的作用是为网络提供安全扼守和审计关卡，以阻断来自外部通过网络对企业网络的威胁和入侵。但是目前企业在使用防火墙产品时还存在着几个误区。

首先，一些企业认为一旦采用防火墙，即可高枕无忧。许多公司过分相信防火墙，以至于忽略了网络的其他弱点。这是一种将安全凌驾于过分信任的错误做法，以至于完全相信或基本确信企业网络没有安全威胁。

在10年前，防火墙是避免风险的唯一解决方案。同时导致了不准确的观念：防火墙是Internet安全风险的全面解决之道。但这与事实并不相符，现在每天都发现应用程序和操作系统的新缺陷，新的攻击技术和混合的病毒，如Nimda和Code Red不仅逃避网络安全防护的前门（防火墙等防护措施），甚至可逃避网络安全防护的后门（漏洞检测防护等）系统。

现今网络威胁的类型越来越复杂，来自企业网络外部的非法入侵超出了防火墙安全的范围。为此，企业的IT管理者在制定、审查安全策略以防止对系统的攻击时，需要避免对防火墙的过分信任。随着技术的发展，基于互联网安全的其他形式的安全措施，如风险管理、入侵检测、VPN技术、防病毒与内容过滤及企业管理等解决方案也已推出。

其次，一些企业防火墙的配置没有反映出企业的业务需求。如果对防火墙的设置没有结合企业内部的需求而进行认真充分的定义，添加到防火墙上的安全过滤规则就有可能允许不安全的服务和通信通过，从而给企业网络带来不必要的危险与麻烦。例如，假设把防火墙比作交警，如果企业事先制定的交通法规合理，它将可以截住超速的或行驶方向错误的汽车，起到维持良好交通秩序的作用；相反，如果规则不正确，将适得其反。

最后，许多企业仍在使用老式防火墙抵御新的安全威胁。如电路级防火墙的主要功能是控制从一个网络到另一个网络的通信类型，并根据作为参考点的规则决定是传递还是拒绝通信。仍将防火墙比作交警，交通规则制定得再合理，如果没有相应的检测机制，即使车辆遵守速度限制并行驶在正确的方向，即汽车将按照准许的规则去做，它也不会专门去查找并阻止一辆装满非法物品的汽车。为了截获那些装有非法物品的"车辆"，企业就必须选择具备最新安全技术的防火墙，以仔细分析并抵御那些老式防火墙无法阻止的新威胁。

# 第五节 典型的防火墙产品与技术发展趋势

随着信息技术的发展，防火墙产品在近几年得到了突飞猛进的发展。信息安全已经得到了各个行业的高度重视，特别是防火墙产品的应用，已经延伸到银行、保险、证券、邮电、军队、海关、税务等行业和部门。防火墙产品已成为国内安全产品竞争的焦点。

## 一、Check Point 公司的防火墙

Check Point 公司是因特网安全领域的全球领先企业,成立于 1993 年。Check Point 公司的防火墙系列产品可以用在各种平台上。Check Point 公司的 FireWall-1 是一个名牌的软件防火墙产品,是软件防火墙领域中声誉很好的一款产品,为全球财富 100 强中 93%的企业和全球财政机构财富 500 强中超过 91%的企业提供安全保护。

### (一) FireWall-1 防火墙组成

Check Point 公司的 FireWall-1 产品包括以下模块。

1. 基本模块

状态检测模块 (Inspection Module):提供访问控制、客户机认证、会话认证、地址翻译和审计功能。

防火墙模块 (Fire Wall Module):包含一个状态检测模块,另外提供用户认证、内容安全和多防火墙同步功能。

管理模块 (Management Module):对一个或多个安全策略执行点 (安装了 FireWall-1 的某个模块,如状态检测模块、防火墙模块或路由器安全管理模块等的系统) 提供集中的、图形化的安全管理功能。

2. 可选模块

连接控制 (Connect Control):为提供相同服务的多个应用服务器提供负载平衡功能。路由器安全管理 (Router Security Management) 模块:提供通过防火墙管理工作站配置、维护 3com、Cisco、Bay 等路由器的安全规则。

3. 其他模块

如加密模块等。

4. 图形用户界面

图形用户界面 (GUI) 是管理模块功能的体现,包括以下内容。

(1) 策略编辑器

维护管理对象,建立安全规则,把安全规则施加到安全策略执行点上去。

(2) 日志查看器

查看经过防火墙的连接,识别并阻断攻击。

(3) 系统状态查看器

查看所有被保护对象的状态。

FireWall-1 提供单网关和企业级两种产品组合。

（1）单网关产品

只有防火墙模块（也含状态检测模块）、管理模块和图形用户界面各一个，且防火墙模块和管理模块必须安装在同一台机器上。

（2）企业级产品

可以由若干基本模块和可选模块以及图形用户界面组成，特别是可能配置较多的防火墙模块和独立的状态检测模块。企业级产品的不同模块可以安装在不同的机器上。

## （二）FireWall-1 防火墙的特点

### 1. 广泛的应用支持

FireWall-1 凭借对超过 150 个预定义的应用和现有协议的支持，提供了业内最广泛的应用支持，例如，Microsoft CIFS；SOAP/XML；即时消息发送和点对点应用；Windows Media、Real Video 和会话发起协议（SIP）；基于 H. 323 的服务，包括语音 IP 技术（V6IP）和网上会议（Net Meeting）；SMTP、FTP、HTTP 和 Telnet 信息流；Oracle SQL（结构化查询语言）和 ERP（企业资源计划）。

作为第一个支持 Microsoft CIFS 的防火墙，FireWall-1 为文件和打印服务器提供了细粒度访问控制，从而能够确保它们不会受到未经授权的使用。利用能够限制在特定服务器上浏览或发布文档的人员。作为第一个可以检查 SOAP/XML 并且能够终止 SSL 连接的防火墙，使用 FireWall-1 就可以不必再部署一个单独的基础架构来确保 Web 服务的安全。

FireWall-1 能够提供最高级别的安全性，即使在公共端口运行 Web 应用程序（如即时消息发送和点对点应用程序）时，FireWall-1 也能检查它们。它是真正的安全基础设施的基础，可以通过一个可选的用户认证（User Authority）模块来添加单点登录功能，从而扩展 Web 应用程序和 CIFS 的安全性。

### 2. 广泛的服务支持

结合动态支持应用层屏蔽能力及高级认证授权能力，FireWall-1 具有真正连接超过 120 个内置服务的能力，包括安全的全球网浏览器与 HTTP 服务器、ETP、RCP、所有 UDP 应用程序、Oracle SQL * Net 与 Sybase SQL Server 数据库访问、RealAudio、网络电话等。

FireWall-1 的开放式结构设计为扩充新的应用程序提供了便利。新服务可以在弹出式窗口中直接加入，也可以使用 INSPECT（Check Point 功能强大的编程语言）来加入。FireWall-1 这种扩充功能可以有效地适应时常变化的网络安全要求。

### 3. 状态检测机制

FireWall-1 采用公司的状态检测专利技术，以不同的服务区分应用类型，为网络提供

高安全性、高性能和高扩展性保证。FireWall-1 状态检测模块分析所有的数据包通信层，汲取相关的通信和应用程序的状态信息。网络和各种应用的通信状态动态存储、更新到动态状态表中，结合预定义好的规则，实现安全策略。

状态检测模块能够理解并学习各种协议和应用，以支持各种最新的应用。状态检测模块能识别不同应用的服务类型，还可以通过以前的通信及其他应用程序分析出状态信息。

状态检测模块检验 IP 地址、端口以及其他需要的信息，以决定通信包是否满足安全策略。

状态检测技术对应用程序透明，不需要针对每个服务设置单独的代理，使其具有更高的安全性、更高的性能、更好的伸缩性和扩展性，可以很容易地把用户的新应用添加到保护的服务中去。

4. OPSEC 支持

Check Point 公司是开放安全企业互联联盟（OPSEC）的组织者和倡导者之一。OPSEC 允许用户通过一个开放的、可扩展的框架集成、管理所有的网络安全产品。OPSEC 通过把 FireWall-1 嵌入已有的网络平台（如 UNIX、Windows 服务器、路由器、交换机以及防火墙产品），或把其他安全产品无缝地集成到 FireWall-1 中，为用户提供一个开放的、可扩展的安全框架。

目前已有包括 IBM、HP、Sun、Cisco 和 BAY 等超过 135 个公司加入 OPSEC。

5. 企业级防火墙安全管理

FireWall-1 允许企业定义并执行统一的防火墙中央管理安全策略。

企业的防火墙安全策略都存放在防火墙管理模块的一个规则库里。规则库里存放的是一些有序的规则，每条规则分别指定了源地址、目的地址、服务类型（HTTP、FTP、Telnet 等）、针对该连接的安全措施（放行、拒绝、丢弃或者是需要通过认证等）、需要采取的行动（日志记录、报警等）以及安全策略执行点（是在防火墙网关还是在路由器或者其他保护对象上实施该规则）。

FireWall-1 管理员通过一个防火墙管理工作站管理该规则库，建立、维护安全策略，加载安全规则到装载了防火墙或状态检测模块的系统上。这些系统和管理工作站之间的通信必须先经过认证，然后通过加密信道传输。FireWall-1 直观的图形用户界面为集中管理、执行企业安全策略提供了强有力的工具。

（1）安全策略编辑器

维护被保护对象，维护规则库，添加、编辑、删除规则，加载规则到安装了状态检测模块的系统上。

（2）日志管理器

提供可视化的对所有通过防火墙网关的连接的跟踪、监视和统计信息，提供实时报警和入侵检测及阻断功能。

（3）系统状态查看器

提供实时的系统状态、审计和报警功能。

6. 企业集中管理下的分布式客户机/服务器结构

FireWall-1 采用集中控制下的分布式客户机/服务器结构，性能好，可以设置多个FireWall-1 监控模块，由一个 GUI 工作站负责管理监控的安全策略。中央管理工作站和各模块之间的数据通信采用加密传输通道。所有的安全策略规则都通过图形用户界面定义，可以定义的对象类包括主机、网段、其他网络设备、用户、服务、资源、时间、加密密钥等。FireWall-1 还提供了图形化的日志、记账和跟踪功能。

7. 认证

远程用户和拨号用户经过 FireWall-1 的认证后可以访问内部资源。

FireWall-1 可以在不修改本地服务器或客户应用程序的情况下，对试图访问内部服务器的用户进行身份认证。FireWall-1 的认证服务集成在其安全策略中，通过图形用户界面集中管理，通过日志管理器监视、跟踪认证会话。FireWall-1 提供三种认证方法。

（1）用户认证（User Authentication）

针对特定服务提供的基于用户的透明的身份认证，服务限于 FTP、Telnet、HTTP、HTTPS、Rlogin。

（2）客户机认证（Client Authentication）

基于客户机 IP 的认证，对访问的协议不做直接的限制。客户机认证不是透明的，需要用户先登录到防火墙认证 IP 和用户身份之后，才允许访问应用服务器。客户机不需要添加任何附加的软件或做修改，当用户通过用户认证或会话认证后，也就已经通过了客户机认证。

（3）会话认证（Session Authentication）

提供基于服务会话的透明认证，与 IP 无关。采用会话认证的客户机必须安装一个会话认证代理，访问不同的服务时必须单独认证。

8. 网络地址翻译

FireWall-1 支持以下三种不同的地址翻译模式。

（1）静态源地址翻译

当内部的一个数据包通过防火墙出去时，把其源地址（一般是一个内部保留地址）转换成一个合法地址。静态源地址翻译与静态目的地址翻译通常是配合使用的。

（2）静态目的地址翻译

当外部的一个数据包通过防火墙进入内部网时，把其目的地址（合法地址）转换成一个内部使用的地址（一般是内部保留地址）。

（3）动态地址翻译（也称为隐藏模式）

把一个内部网的地址段转换成一个合法地址，以解决企业的合法 IP 地址太少的问题，同时隐藏内部网络结构，提高网络安全性能。

9. 内容安全

FireWall-1 的内容安全服务保护网络免遭各种威胁，包括病毒、Jave 和 ActiveX 代码攻击等。内容安全服务可以通过定义特定的资源对象，制定与其他安全策略类似的规则来完成。内容安全与 FireWall-1 的其他安全特性集成在一起，通过图形用户界面集中管理。OPSEC 提供应用程序开发接口以集成第三方内容过滤系统。

10. 完善的负载分配与故障恢复

Check Point 提供了一个可选模块——Cluster XLTM，它是为各种网关流量控制提供的一个先进的高可用性和负载共享解决方案。Cluster XLTM 能够通过集群网关分配各种类型的信息流。如果一个网关变为不可访问，所有新的和正在进行的连接都会无缝地重定向到剩余的集群成员。在故障恢复期间，任何类型的连接都不会被丢弃。

11. 安全 VPN 的基础

FireWall-1 为 Check Point 的虚拟专用网络解决方案（VPN-1）提供底层平台。通过 Check Point VPN-1/FireWall-1 对 VPN 信息流应用安全规则，以保证网络安全绝对的完整性。FireWall-1 安装可以很容易地升级到 VPN-1。

## 二、其他典型防火墙产品简介

### （一）Cisco 公司的 PIX 防火墙

Cisco 是全球领先的互联网设备供应商，成立于 1984 年，总部位于美国加利福尼亚州的圣何塞。Cisco Secure PIX 防火墙系列是业界领先的产品之一，高居中国防火墙市场份额之首。Cisco Secure PIX 是硬件防火墙，也属于状态监测型。Cisco Secure PIX 防火墙具有很好的安全性、可靠性和性能，其主要特点如下。

1. 绝对安全

它是绝对安全的黑盒子，非 UNIX、安全、实时、内置系统。此特点消除了与通用的操作系统相关的风险，保证了 Cisco Secure PIX 防火墙系列的出色性能——提供高达 50 万并发连接，比任何基于操作系统的防火墙高得多。

### 2. 自适应安全算法

适应性安全算法（Adaptive Security Algorithm，ASA）是一种状态安全方法。每个向内传输的包都将按照适应性安全算法和内存中的连接状态信息进行检查。安全业界人士都认为，这种默认安全方法要比无状态的包屏蔽方法更安全。

Cisco Secure PIX 防火墙系列的核心是能够提供面向静态连接防火墙功能的自适应安全算法，这比分组过滤更简单、更强大。它提供了高于应用级代理防火墙的性能和可扩展性。ASA 维持防火墙控制的网络间的安全外围。面向连接的状态 ASA 设计根据源地址和目的地址、随机 TCP 顺序号、端口号和附加 TCP 标志来创建进程流。

### 3. 切入型代理

切入型代理（Cut-Through Proxy）是该防火墙的独特特性，能够基于用户对向内部或外部的连接进行验证。与在 OSI 模型的第七层对每个包进行分析（属于时间和处理密集型功能）的代理服务器不同，它首先查询认证服务器，当连接获得批准之后建立数据流。随后，所有流量都将在双方之间直接、快速地流动，性能非常高。借助这个特性，可以对每个用户 ID 实施安全政策。在连接建立之前，可以借助用户 ID 和密码进行认证。它支持认证和授权。用户 ID 和密码可以通过最初的 HTTP、Telnet 或 FTP 连接输入。

与检查源 IP 地址的方法相比，切入型代理能够对连接实施更详细的管理。在提供向内认证时，需要相应地控制外部用户使用的用户 ID 和密码（在这种情况下，建议使用一次性密码）。

### 4. 具有专利权的用户验证和授权

Cisco Secure PIX 防火墙系列通过直通式代理获得专利的在防火墙处透明验证用户身份、允许或拒绝访问任意基于 TCP 或 UDP 的应用的方法，获得更高性能优势。该方法消除了基于 UNIX 系统的防火墙对相似配置的性价影响，并充分利用了 Cisco 安全访问控制服务器的验证和授权服务。

### 5. 标准虚拟专用网选项功能

该防火墙免费提供基于软件的 DES IPSec 特性。此外，可选 3DES、AES 许可和加密卡。可帮助管理员降低将移动用户和远程站点通过互联网或其他公共 IP 网络连接至公司网络的成本。PIX VPN 实施基于新的互联网 IPSec 和 IKE 标准，与相应的思科互联网络操作系统（Cisco IOS）软件功能完全兼容。

### 6. 防范攻击

该防火墙可以控制与某些袭击类型相关的网络行为，如单播反向路径发送、Flood Guard、Frag Guard 和虚拟重组、DNS 控制、ActiveX 阻挡、Java 过滤、URL 过滤等。

### 7. 多媒体支持

该防火墙无须对客户机进行重新配置，就能支持各种多媒体应用，不存在性能瓶颈。其支持的多媒体应用包括 RASV2、RTSP、RealAudio、Streamworks、CU－SeeMe、网络电话、IRC、Vtreme 和实时视频点播。

### 8. 可配置的代理呼叫

可配置的代理呼叫功能可以控制对防火墙接口的 ICMP 访问，这个特性能够将防火墙接口隐藏起来，以防被外部网络上的用户删除。

### 9. 故障恢复

借助其故障恢复特性，用户可以用一条专用故障恢复线缆连接两个相同的该类防火墙设备，以便实现完全冗余的防火墙解决方案。

实施故障恢复时，一个设备作为主用设备，另一个作为备用设备。两个设备的配置相同，而且运行相同的软件版本。故障恢复线缆将两个防火墙设备连接在一起，使两个设备能实现配置同步和通话状态信息同步。当主用设备出现故障时，备用设备无须中断网络连接和破坏安全性就能迅速接替主用设备的工作。

### 10. 易管理性

Cisco Secure PIX 设备管理器（PDM）是基于浏览器的配置工具以方便用户轻松管理 Cisco Secure PIX 防火墙。它拥有一个直观的图形用户界面，用户无须深入了解防火墙命令行界面（CLI）就能建立、设置和监控防火墙。此外，范围广泛的实时、历史、信息报告提供了对使用趋势、性能基线和安全事件的关键视图。基于 SSL 技术的安全通信可有效地管理本地或远程防火墙。简而言之，PDM 简化了互联网安全性，使之成为经济有效的工具，来提高工作效率和网络安全性，以节约时间和成本。

### 11. 提供丰富的防火墙功能

PIX 防火墙系列除了可以支持传统的防火墙功能以外，如 NAT/PAT、访问控制列表等，还提供业界领先的丰富功能，如虚拟防火墙及资源限制、透明防火墙等。

## （二）Juniper 网络公司的 NetScreen 防火墙

Juniper 网络公司成立于 1996 年，其防火墙产品目前已被很多世界领先的网络运营商、政府机构、研究和教育机构以及信息密集型企业视为坚实网络的基础。目前 Juniper 网络公司 NetScreen 防火墙产品系列有 NetScreen-5、NetScreen-10、NetScreen-100、NetScreen-200、NetScreen-500 和 NetScreen-5000 系列等。

Juniper 网络公司 NetScreen-5000 系列是专用的高性能防火墙/VPN 安全系统，旨在为大型企业、运营商和数据中心网络提供更高级别的性能。NetScreen-5000 系列包括两款产品：2 插槽的 NetScreen-5200 系统和 4 插槽的 NetScreen-5400 系统。NetScreen-5000 安全系统将防火墙、VPN、DoS 和 DDoS 防护以及流量管理功能集成到了一个小巧的模块化机箱中。NetScreen-5000 系列构建在 Juniper 第三代安全 ASIC（专用集成电路）和分布式系统架构基础上，提供卓越的可扩展性和灵活性，同时通过 Juniper 网络公司 NetScreen OS 定制操作系统提供高级别的系统安全性。这两款产品都部署了用于数据交换的交换结构以及用于控制信息的单独多总线信道，以便为最苛刻的环境提供可扩展的性能。

NetScreen-5000 防火墙产品的主要特性和优势如下：①基于机箱的模块化安全系统，为大型企业和运营商提供灵活、可扩展的解决方案。②全面的高可用性解决方案，可在一秒内实现接口间或设备间的故障切换。③全网状配置，允许在网络中提供冗余的物理路径，从而提供最高的故障恢复功能和最长的正常运行时间。④虚拟系统支持，允许将系统分隔为多个安全域，每个域都有自己独特的管理员、策略、VPN 和地址簿。⑤接口灵活，可满足不断变化的网络连接要求和未来增长要求。⑥虚拟路由器支持，可将内部、专用或重叠的 IP 地址映射到全新的 IP 地址，提供到最终目的地的备用路由，且不被公众看到。⑦可定制的安全区，能够提高接口密度，无须增加硬件开销，可降低策略制定成本，限制未授权用户的接入与攻击，简化防火墙/VPN 管理。⑧透明模式，允许设备作为第二层 IP 安全网桥运行，提供防火墙、VPN 和 DoS 防护功能，只需对现有网络进行最少的改变。⑨通过图形 Web UR CLI 或 NetScreen-Security Manager 集中管理系统进行管理。⑩基于策略的管理，用于进行集中的端到端生命周期管理。

### （三）天融信网络卫士防火墙

天融信网络卫士防火墙（NGFW）是 TOPSEC 安全体系的核心，是 TOPSEC 端到端整体解决方案的实现和组成部分，是业界优秀的防火墙解决方案。目前有 NGFW ARES、NGFW 3000、NGFW4000 和 NGFW4000-UF 四种产品。其中，NGFW ARES 特别适用于行业分支机构、中小型企业、教育行业非骨干节点院校等中小用户，充分满足中小用户的需求；NGFW3000 特别适用于网络结构中等、应用丰富的中型和小型网络环境；NGFW4000 适用于网络结构复杂、应用丰富、高带宽、大流量的大中型企业骨干级网络环境。NG-FW4000 防火墙系统组成如下。①网络卫士防火墙 NGFW4000-UF（硬件）：一个基于安全操作系统平台的自主版权高级通信保护控制系统。②日志管理器软件系统：一个可运行于 Linux、Windows 系统，对网络卫士防火墙 NGFW4000-UF 提供的访问日志信息进行可视化审计的管理软件。③防火墙集中管理器软件：一个可运行于 Windows 系统，对处于不同网络中的多个网络卫士防火墙进行集中管理配置的管理软件。

NGFW4000-UF 防火墙的主要特点如下。

### 1. 高安全性

专用的硬件平台与专用的安全操作系统，专为防火墙、VPN 等安全应用设计开发，最大限度地确保了系统自身的安全性和高性能。

### 2. 高性能

精简的操作系统，专用硬件及先进的核心处理机制的完美结合，实现高吞吐量、高带宽的安全检测，确保安全的同时，保证正常的网络应用。

### 3. 高可靠性

采用由天融信公司与专业硬件厂商联合设计研发的工业控制级硬件平台，结构合理，工艺精细，最大限度地保证了稳定可靠和高效安全。支持防火墙的双机备份，并通过防火墙自身的负载均衡，提高防火墙在高带宽的网络环境中的有效性能。

### 4. 深层日志及灵活、强大的审计分析功能

审计日志包括日志会话和日志命令。日志会话也就是传统的防火墙日志，负责记录通信时间、源地址、目的地址、源端口、目的端口、字节数、是否允许通过。日志会话信息用来进行流量分析已经足够，但是用来进行安全性分析还远远不够。应用层日志命令在日志会话的基础之上记录下各个应用层命令及其参数，如 HTTP 请求及其要取的网页名。访问日志是在应用层日志命令的基础之上记录下用户对网络资源的访问，与应用层日志命令的区别是：应用层日志命令可以记录下大量的数据，有些用户可能不需要，如协商通信参数过程等，针对 FTP 协议，日志会话只记录下读、写文件的动作；日志命令则是在访问日志的基础之上，记录用户发送的邮件、用户下载的网页等，支持日志的自动导出与自动分析，支持防火墙配置文件的导入与导出、防火墙配置文件信息的备份与恢复。

### 5. 管理方便

它支持面向基于对象的管理配置方式；支持 GUI 集中管理及命令行管理方式；支持本地管理、远程管理和集中管理；支持基于 SSH 的远程登录管理和基于 SSL 的 GUI 方式管理；支持 SNMP 集中管理与监控，并与当前通用的网络管理平台兼容，如 HP Openview，方便管理和维护。

### 6. 高适用性

采用独创的混合工作模式，方便接入，不影响原有网络结构；支持众多网络通信协议和应用协议，如 DHCP、VLAN、ADSL、ISL、802. 1q、Spanning Tree、NetBEUI、IPSec、H. 323、MMS 等，保证用户的网络应用，方便用户扩展 IP 宽带接入及 IP 电话、视频会议、VOD 点播等多媒体应用。

### 7. 支持 TOPSEC 技术体系的核心技术

支持 TOPSEC 技术体系的核心技术，可以实现防火墙、IDS、病毒库之间的互通与联

动，并支持各种网络关系系统的管理，以及接受 TOPSEC 安全审计综合分析系统等审计系统对防火墙事件进行管理和分析。

## 三、防火墙技术的展望

考虑到 Internet 发展的迅猛势头和防火墙产品的更新步伐，要全面展望防火墙技术发展的趋势是不可能的。但是，从产品及功能来说，却能看出一些动向和趋势。

### （一）多级过滤技术

所谓"多级过滤技术"，是指防火墙采用多级过滤措施，并辅以鉴别手段。在分组过滤（网络层）一级，过滤掉所有的源路由分组和假冒的源 IP 地址；在传输层一级，遵循过滤规则，过滤掉所有禁止出/入的协议和有害数据包，如 Nuke 包、圣诞树包等；在应用网关（应用层）一级，能利用 FTP、SMTP 等各种网关，控制和监测 Internet 提供的所用通用服务。这是针对以上各种已有防火墙技术的不足而产生的一种综合型过滤技术，它可以弥补以上各种单独过滤技术的不足。

这种过滤技术在分层上非常清楚，每种过滤技术对应于不同的网络层，从这个概念出发，又有很多内容可以扩展，为将来的防火墙技术发展打下基础。

### （二）体系结构发展趋势

随着网络应用的增加，对网络带宽提出了更高的要求。这意味着防火墙要能够以非常高的速率处理数据。另外，在以后几年里，多媒体应用将会越来越普遍，它要求数据穿过防火墙所带来的延迟要足够小。为了满足这种需要，一些防火墙制造商开发了基于 ASIC 的防火墙和基于网络处理器的防火墙。

采用 ASIC 技术可以为防火墙应用设计专门的数据包处理流水线，优化存储器等资源的利用，是公认的使防火墙达到线速千兆、满足千兆环境骨干级应用的技术方案。但 ASIC 技术开发成本高、开发周期长且难度大，而且对新功能的实施周期长，很不灵活。纯硬件的 ASIC 防火墙缺乏可编程性，这就使得它缺乏灵活性，无法跟上当今防火墙功能的快速发展。

网络处理器是专门为处理数据包而设计的可编程处理器，它的特点是内含了多个数据处理引擎，这些引擎可以并发进行数据处理工作，在处理 2~4 层的分组数据上具有明显的优势。网络处理器对数据包处理的一般性任务进行了优化，如 TCP/IP 数据的校验和计算、包分类、路由查找等。同时硬件体系结构的设计也大多采用高速的接口技术和总线规范，具有较高的 I/O 能力。这种基于网络处理器的网络设备的包处理能力得到了很大的提升，它具有以下几个方面的特性：完全的可编程性、简单的编程模式、最大化系统灵活性、高处理能力、高度功能集成、开放的编程接口、第三方支持能力。网络处理器的软件色彩使它具有更好的灵活性，在升级维护方面有较大的优势。

在开发难度、开发成本和开发周期方面，网络处理器技术有比较明显的优势，毕竟网络处理器产生的一大原因就是降低这方面的门槛，这也是新一代的千兆防火墙产品选中网络处理器的原因。相信 NP 结构的防火墙将会领导新一代的防火墙产品，实现网络安全的另一个变革。

## （三）集中式管理

分布式和分层的安全结构是将来的趋势。集中式管理可以降低管理成本，并保证在大型网络中安全策略的一致性。快速响应和快速防御也要求采用集中式管理系统。目前这种分布式防火墙早已在国外的网络设备开发商中开发成功，也就是目前所称的分布式防火墙。分布式防火墙是一种主机驻留式的安全系统，它以主机为保护对象，其设计理念是主机以外的任何用户访问都是不可信任的，都需要进行过滤。当然在实际应用中，也不是要求对网络中每台主机都安装这样的系统，这样会严重影响网络的通信性能。它通常用于保护企业网络中的关键节点服务器、数据及工作站免受非法入侵的破坏。

## （四）网络安全产品的系统化

随着网络安全技术的发展，现在有一种"建立以防火墙为核心的网络安全体系"的说法。因为在现实中发现，仅现有的防火墙技术难以满足当前网络安全需求，通过建立一个以防火墙为核心的安全体系，就可以为内部网络系统部署多道安全防线，各种安全技术各司其职，从各方面防御外来入侵。

现在的 IDS 设备就能很好地与防火墙联合。一般情况下，为了确保系统的通信性能不受安全设备的影响太大，IDS 设备不能像防火墙一样置于网络入口处，只能置于旁路位置。而在实际使用中，IDS 的任务往往不仅在于检测，很多时候在 IDS 发现入侵行为以后，也需要 IDS 本身对入侵及时遏止。显然，要让处于旁路侦听的 IDS 完成这个任务又太难，同时主链路又不能串接太多类似设备。在这种情况下，如果防火墙能和 IDS、病毒检测等相关安全产品联合起来，充分发挥各自的长处，协同配合，共同建立一个有效的安全防范体系，那么系统网络的安全性就能得以明显提升。

目前主要有两种解决办法：一种是直接把 IDS、病毒检测部分直接"集成"到防火墙中，使防火墙具有 IDS 和病毒检测设备的功能；另一种是各个产品分立，通过某种通信方式形成一个整体，一旦发现安全事件，则立即通知防火墙，由防火墙完成过滤和报告。后一种方案目前更被看重，因为它的实现方式较前一种容易许多，但是 IDS 等设备本身的安全性又不得不成为研究的一个重点。

　　因此，对网络攻击的监测和告警将成为防火墙的重要功能，可疑活动的日志分析工具将成为防火墙产品的一部分。防火墙将从目前被动防护状态转变为智能地、动态地保护内部网络，并集成目前各种信息安全技术。

# 第五章 IPS入侵防御系统

## 第一节 安全威胁发展趋势

互联网及 IT 技术的应用在改变人类生活的同时，也产生了各种各样的新问题，其中信息网络安全问题将成为最重要的问题之一。网络带宽的扩充、IT 应用的丰富化、互联网用户的膨胀式发展，使得网络和信息平台早已成为攻击爱好者和安全防护者最激烈的斗争舞台。Web 时代的安全问题已远远超过早期的单机安全问题，正所谓"道高一尺，魔高一丈"，针对各种网络应用的攻击和破坏方式更加多样化，安全防护方法也越来越丰富。

### 一、信息网络安全威胁的新形势

伴随着信息化的快速发展，信息网络安全形势愈加严峻。信息安全攻击手段向简单化、综合化演变，攻击形式却向多样化、复杂化发展，病毒、蠕虫、垃圾邮件、僵尸网络等攻击持续增长，各种软硬件安全漏洞被利用进行攻击的综合成本越来越低，内部人员的蓄意攻击也防不胜防，以经济利益为目标的黑色产业链已向全球一体化演进。

随着新的信息技术的应用，新型攻击方式不断涌现，例如针对虚拟化技术应用产生的安全问题、针对安全专用软硬件的攻击、针对网络设备的攻击、形形色色的 Web 应用攻击等。在新的信息网络应用环境下，针对新的安全风险必须要有创新的信息安全技术，需要认真对待这些新的安全威胁。

#### （一）恶意软件的演变

随着黑色产业链的诞生，恶意软件对用户的影响早已超过传统病毒的影响，针对 Web 的攻击成为这些恶意软件新的热点，新时期恶意软件的攻击方式发生了很大的改变。

1. 木马攻击技术的演进

网页挂马成为攻击者快速植入木马到用户机器中的最常用手段，也是目前对网络安全影响最大的攻击方式。木马制造者在不断研究新的技术，例如增加多线程保护功能，并通过木马分片及多级切换摆脱杀毒工具的查杀。

2. 蠕虫攻击技术的演进

除了传统的网络蠕虫，针对 E-mail、IM、SNS 等的蠕虫越来越多，技术上有了很大进步，例如通过采用多层加壳模式提高了隐蔽性，此外采用类似 P2P 传染模式的蠕虫技术使得其传播破坏范围快速扩大。

3. 僵尸网络技术的演进

在命令与控制机制上由 TRC 协议向 HTTP 和各种 P2P 协议转移，不断增强僵尸网络的隐蔽性和鲁棒性，并通过采取低频和共享发作模式，使得僵尸传播更加隐蔽；通过增强认证和信道加密机制，对僵尸程序进行多态化和变形混淆，使得对僵尸网络的检测、跟踪和分析更加困难。

（二）P2P 应用引发新的安全问题

P2P 技术的应用极大地促进了互联网的发展，但这种技术在给用户带来便利的同时，也给网络应用带来了一些隐患。版权合法问题已成为众多 P2P 提供商和用户面临的首要问题，而 P2P 技术对带宽的最大限度占用使运营商面临严峻的网络带宽挑战，并且可能影响其他业务的正常使用。对于基于时间或流量提供带宽服务的运营商而言，如何正确地优化带宽并合理地应用 P2P 技术将成为其面临的主要挑战。

此外，目前 P2P 软件本身也成为众多安全攻击者的目标，主流 P2P 软件的去中心化和开放性使得 P2P 节点自身很容易成为脆弱点，利用 P2P 传播蠕虫或者隐藏木马成为一种新的攻击趋势。

（三）新兴无线终端攻击

无线终端用户数目已超过固网用户数目，达到了几十亿，随着 WiMAX、LTE 等多种无线宽带技术的快速发展及应用，Pad、无线数据卡、智能手机等各种形式的移动终端将成为黑客攻击的主要目标。针对无线终端的攻击除了传统针对 PC 机和互联网的攻击手段外，还发展了许多新的攻击手段，包括：针对手机操作系统的病毒攻击；针对无线业务的木马攻击、恶意广播的垃圾电话、基于彩信应用的蠕虫、垃圾短信/彩信、手机信息窃取、SIM 卡复制；针对无线传输协议的黑客攻击等。这些新兴的无线终端攻击方式给今后无线终端的广泛应用带来了严峻挑战。

（四）数据泄露的新形势

数据泄露已逐步成为企业最关注的问题之一，随着新介质、电子邮件、社区等各种新型信息传播工具的应用，数据泄露攻击显现出新的特征：通过 U 盘、USB 接口、移动硬盘、红外、蓝牙等传输模式携带或外传重要敏感信息，导致重要数据泄露；通过针对电子设备（例如 PC）重构电磁波信息，实时获取重要信息；通过植入木马盗取主机介质或者外设上的重要信息数据；通过截获在公网传播的 E-mail 信息或无线传播的数据信息，获取敏感信息。针对信息获取的数据泄露攻击方式已成为攻击者的重点。

## 二、漏洞挖掘的演进方向

产生安全攻击的根源在于网络、系统、设备或主机（甚至管理）中存在各种安全漏洞，漏洞挖掘技术成为上游攻击者必备的技能。早期漏洞挖掘主要集中在操作系统、数据库软件和传输协议，今天的漏洞研究爱好者在研究方向上发生了很大的变化，目前漏洞挖掘技术研究的主流方向有以下几个。

1. 基于 ActiveX 的漏洞挖掘

ActiveX 插件已在网络上广泛应用，ActiveX 插件的漏洞挖掘及攻击代码开发相对而言比较简单，致使基于 ActiveX 的漏洞挖掘变得非常风行。

2. 反病毒软件的漏洞挖掘

安全爱好者制作了各种傻瓜工具方便用户发掘主流反病毒软件的漏洞，近几年反病毒软件漏洞在飞速增长，今后有更多的反病毒软件漏洞将可能被攻击者利用。

3. 基于即时通信的漏洞挖掘

随着即时通信软件的流行，针对这些软件/协议的漏洞挖掘成为安全爱好者关注的目标，针对网络通信的图像、文字、音频和视频处理单元的漏洞都将出现。

4. 基于虚拟技术的漏洞挖掘

虚拟机已成为 IT 应用中普通使用的工具，随着虚拟技术在计算机软硬件中的广泛应用，安全攻击者在关注虚拟化技术应用的同时，也在关注针对虚拟化软件的漏洞挖掘。

5. 基于设备硬件驱动的漏洞挖掘

针对防火墙、路由器以及无线设备的底层驱动的漏洞挖掘技术受到越来越多的安全研究者的关注，由于这些设备都部署在通信网络中，因此针对设备的漏洞挖掘和攻击将会给整个网络带来极大的影响。

6. 基于移动应用的漏洞挖掘

移动设备用户已成为最大众的用户，安全爱好者把注意力投向了移动安全性。针对

Symbian、Linux、Windows CE 等操作系统的漏洞挖掘早已成为热点，针对移动增值业务/移动应用协议的漏洞挖掘也层出不穷，相信针对移动数据应用软件的漏洞挖掘会掀起新的高潮。

安全攻击者对于安全漏洞研究的多样化也是目前攻击者能够不断寻找到新的攻击方式的根源，因此设计安全的体系架构并实现各种软硬件/协议的安全确认性是杜绝漏洞挖掘技术生效乃至减少安全攻击发生的基础。

### 三、信息网络安全技术的演进

信息安全技术是发展最快的信息技术之一，随着攻击技术的不断发展，信息安全技术也在不断演进，从传统的杀毒软件、入侵检测、防火墙、UTM（综合安全网关）技术向可信技术、云安全技术、深度包检测（DPI）、终端安全管控以及 Web 安全技术等新型信息安全技术发展。

#### （一）可信技术

1. 可信计算技术

可信计算平台是以可信计算模块（TPM）为核心，把 CPU、操作系统、应用软件和网络基础设备融为一体的完整体系结构。主机平台上的体系结构可以划分为可信平台模块（TPM）、可信软件栈（TSS）和应用软件三层，其中应用软件是被 TSS 和 TPM 保护的对象。

TPM 是可信计算平台的核心，是包含密码运算模块和存储模块的小型 SoC（片上系统），通过提供密钥管理和配置等特性，完成计算平台上各种应用实体的完整性认证、身份识别和数字签名等功能。TSS 是提供可信计算平台安全支持的软件，其设计目标是为使用 TPM 功能的应用软件提供唯一入口，同时提供对 TPM 的同步访问。

2. 可信对象技术

可信对象技术是通过建立一个多维度的信誉评估中心，对需要在网络中传播的对象进行可信度标准评估，以获得该对象的可信度并确定是否可以在网络中传播。

在可信对象技术中，构建正确、可信的信誉评估体系是关键要素。由于不同对象的评估因素和评估准则相差比较大，因此目前针对不同对象的信誉评估体系通常是单独建设的。目前最常用的信誉评估体系有以下两种。

（1）邮件信誉评估体系

针对电子邮件建立的邮件评估体系，重点评估是否为垃圾邮件。评估要素通常包括邮件发送频度、重复次数、群发数量、邮件发送/接收质量、邮件路径以及邮件发送方法等。

由于全球每天有几十亿封邮件要发送，因此好的邮件信誉评估体系在精确度及处理能力上存在很大的挑战。

（2）Web 信誉评估体系

重点针对目前的 Web 应用，尤其是 URL 地址进行评估的 Web 信誉评估体系。评估要素通常包括域名存活时间、DNS 稳定性、域名历史记录以及域名相似关联性等。

在信誉评估体系中重点强调对象的可信度，如果认可对象的可信度，则该对象允许在网络中传播；如果可信度不足，将做进一步的分析。

3. 可信网络技术

可信网络的目标是构建全网的安全性、可生存性和可控性。在可信网络模型中，各对象之间建立起相互依存、相互控制的信任关系，任何对象的可信度不是绝对可靠的，但可以作为其他个体对象交互行为的依据。典型的可信网络模型有以下三种。

（1）集中式的可信网络模型

在这类模型中，网络中存在几个中心节点，中心节点负责监督、控制整个网络，并负责通告节点的生存状况和可信状况，中心节点的合法性通过可信 CA 证书加以保证。这类系统由于是中心依赖型的，因此具有可扩展性差、单点失效等问题。

（2）分布式的可信网络模型

在这类模型中，每个网络节点既是中心节点，也是边缘节点。节点可信度是邻居节点及相关节点之间相互信任度的迭代，节点之间既相互监控，也相互依存，通过确保每一个节点在全网的可信度来构建可信网络。

（3）局部推荐的可信网络模型

在这类模型中，节点通过询问有限的其他节点来获取某个节点的可信度，节点之间的监控和依赖是局部的。在这类系统中，往往采取简单的局部广播手段，其获取的节点可信度也往往是局部的和片面的。

应用可信技术，可以保证所有的操作都是经过授权和认证的，所有的网元、设备以及需要传播的对象都是可信的，确保整个网络系统内部各元素之间严密的互相信任；能够有效解决终端用户的身份认证和网元身份认证、恶意代码的入侵和驻留、软硬件配置的恶意更改以及网络对象的欺骗，可对用户终端细粒度的网络接入进行控制。

（二）云安全技术

云安全技术是一项正在兴起的技术，它将使用户现有以桌面/边界设备为核心的安全处理能力转移到以网络/数据中心为核心的安全处理能力，并充分利用集中化调度的优势，极大地提高用户享受安全服务的简易性、方便性以及高效性。当前，关于云安全技术的应用主要分为两大类：一类是云计算带来的安全能力演进，另一类是基于虚拟化的云安全技术。

1. 云计算带来的安全能力演进

云计算通过把网络计算能力集中化、虚拟化，使计算能力获得极大提升。这种能力将给长期在安全和效率之间平衡发展的安全技术带来极大的变革，尤其是给新的安全技术的发展带来了革命性的变化。基于云计算的安全能力演进主要体现在以下三个方面。

（1）对 UTM 技术的影响

目前，UTM 技术最大的难题就是如何使应用层的安全能力效率可以提升到网络层的安全能力效率，通过充分利用云计算模式，可以把产生瓶颈的应用处理内容交给云计算模块处理，使得在单设备中长的处理时间转变为短的传输时间，从而极大地提高效率，尤其是当 UTM 作为局端集中式设备提供服务时，这种优势将更加明显。

（2）对信誉评估体系的影响

无论是邮件信誉评估体系还是 Web 信誉评估体系，每天或每小时数以亿计的对象数量使得真正的信誉评估体系处理效率大打折扣，云计算能够有效地解决这一问题。

（3）对其他安全技术的影响

对于需要大量历史信息、大量数据库以及分布式处理的信息安全技术，如在线杀毒、信息安全评估中心 SOC、分布式 IPS，一旦云计算技术被合理应用，将能够给信息安全技术带来革新。

因此，基于云计算整合的安全能力将极大地促进安全应用服务的演进。

2. 基于虚拟化的云安全技术

云安全的另一个核心就是安全技术虚拟化，通过云端和客户端的结合提供一种新型的信息网络安全防御能力。从技术上看，云安全虚拟化不仅仅是某款产品，也不是解决方案，而是一种安全服务能力的提供模式。

基于虚拟化的云安全服务模式是将安全能力放在云端，通过云端按需提供给客户端需要的安全能力，整个安全核心能力的提供完全由云安全中心来负责，目前主要有以下两种云安全模式。

（1）基于网关安全的云安全模式

典型代表如采用虚拟防火墙、VPN、虚拟 UTM 技术提供的云安全服务，即通过在局端部署采用虚拟技术的防火墙、VPN 以及 UTM 等安全设备，客户端可以动态申请设备的安全服务，局端也可以根据客户端的请求，动态地分配给终端不同的安全能力。

（2）基于主机安全的云安全模式

基于云的主机安全不再需要客户端保留病毒库或其他安全特征库信息，所有的特征信息都存放于互联网的云端。云终端用户通过互联网与云端的特征库服务器实时联络，由云端对异常行为或病毒进行集中分析和处理，云端可以根据客户端的需求按需配置安全能力。

基于以上的云安全技术，当"云"在网络上发现不安全链接或者安全攻击时，可以直接做出判断，阻止其进入内网络节点或者主机，从根本上保护用户的安全。

当云安全时代来临时，原来主流的主机安全软件（如 AV 软件）或者边界安全网关（如防火墙）的作用将越来越小，而基于云中心的安全能力将极大提升，也可能使安全领域近 20 年固有的产业链和商业模式被改写。

## （三）DPI 技术

### 1. 基于 DPI 技术的深度攻击防范

传统的网络安全检测通常是在 IP 协议的 2~4 层进行检测，DPI 技术实现了业务应用流中的报文内容探测，而且可以探查数据源的整个路径，因此安全技术中结合 DPI 技术将可以极大地提升安全能力，具体表现在以下三个方面。

（1）可以深入分析异常流量

目前的 DDoS 攻击除了常见的 SYN Flood 等类型的网络层洪水攻击外，还有很多的应用层洪水攻击。基于 DPI 技术不仅可以检测到应用层的关联攻击，还可以实现基于异常行为的检测，结合 DPI 技术的异常流量检测技术将更加有效。

（2）可以深入探查僵尸网络的根源和目标

基于 DPI 技术的路径追踪可以容易地探查到僵尸网络的控制服务器，进而能直接探查到每个被控制的僵尸主机。

（3）实现深度异常行为检测

由于 DPI 技术可以有效分析特定客户群的行为特征，而一些黑客共用的特性经常可以被提取，基于 DPI 的异常行为分析将使得入侵检测和防御的能力更加强大。

除此之外，DPI 技术对于防范蠕虫、木马、病毒等攻击也将产生一定的作用。

### 2. 基于 DPI 技术的业务精细化管理

基于下载型和流媒体型的 P2P 应用带来了很大的网络带宽压力，使得运营商必须考虑对数据网络实施精细化运营。DPI 技术可以很好地满足运营商这方面的需求。DPI 技术能够高效地识别网络中的各种业务，并对应用业务流量进行监测、采集、分析、统计等。通过采用 DPI 技术，运营商可以提供差异化服务能力，提供基于流量、带宽、市场等多维度的精细化计费模式，这样不仅可以保障关键业务和可信任流量等的服务质量，也能对一些如 P2P 等大的流量进行有效疏导，最大限度地实现业务带宽优化管理，从而有效实现业务的精细化管理。除此之外，针对运营支撑的相关数据（如业务流向、用户行为等）进行数据挖掘，可以为产品营销和客户群细分策略提供有力支撑。

### （四）Web 应用安全技术

地下黑客产业链的产生和发展，使得攻击者越来越聚焦于针对 Web 应用程序的攻击，Web 应用的安全问题成为信息网络安全技术领域的一个研究热点。典型的 Web 应用安全技术主要有以下几类。

#### 1. Web 防火墙

网页是网站的主要数据来源和用户操作的接口，Web 防火墙建立了基于网页安全访问控制的安全机制，通过对网页访问者的访问限制和合法性检查增强网页系统的安全性。实现方式有基于 Web 服务器的软件防火墙和基于网关的 Web 硬件防火墙。

#### 2. URL 过滤

互联网在提供丰富应用的同时，也成为传播不良信息的平台。黄色网站、暴力网站以及恐怖力量网站等都会给社会带来不好的影响。URL 过滤功能可以管理并过滤不良网络资源的 URL。互联网上不良网站数量庞大且每天都在不断变化，过滤器的 URL 类库完备性以及 URL 高效的匹配算法是 URL 过滤的关键要求。

#### 3. 反垃圾邮件（SPAM）

电子邮件已经成为最常用的网络工具，反垃圾邮件技术早已被大家所重视，除了传统的白名单、黑名单、基于规则过滤邮件以及源头认证技术外，内容指纹分析、邮件信誉评估等新技术也被应用。此外，针对不良图片的图片垃圾邮件、针对广告语音的语音邮件垃圾技术也逐步得到了应用。

#### 4. 网页挂马防范

网页挂马已成为非常流行的一种木马传播方式，危害极大。目前，很多 Web 安全网关或反病毒软件都具备查杀网页挂马或控制访问挂马网页的能力。除了使用网络安全工具，更新系统补丁、卸载不安全插件、禁用脚本和 ActiveX 控件运行、实施 Web 信誉评估等措施可以提升对网页挂马的防范能力。此外，还有针对 Web 病毒、钓鱼网站、间谍软件等不同的 Web 攻击防范技术。

### （五）终端安全管控技术

传统的防火墙、入侵检测、防病毒等安全设备在一定程度上解决了信息系统的外部安全问题，而内部的数据泄露和人为攻击已成为现阶段主要的安全风险。内部安全风险控制的核心在于终端行为管控，如何确保终端不成为安全攻击或信息泄露的突破口成为关注的问题，目前常用的终端安全管控技术包含以下三类。

1. 终端接入控制技术

终端接入控制技术是对终端的安全状态进行检查，确保接入网络的设备达到企业要求的安全水平，避免不安全的终端危害整个网络的健康，并通过提供安全修复能力对不健康终端进行修复。

终端接入控制技术的出发点是控制攻击的传播从而保护网络，提供基于用户身份的安全状态检查，实现细粒度的网络访问权限控制。对无线终端的接入控制、对远程接入设备的控制、细化控制粒度以及利用现有网络设备实现全网统一的安全控制是接入控制技术的发展趋势。

2. 终端行为管控技术

PC 用户会自觉或不自觉地违反企业信息安全管理策略，如在工作时间上网炒股、玩游戏或使用即时通信，也可能将企业的机密信息通过 USB 接口或网络发送出去。

行为管控技术可以检查终端应用软件安装情况，监控终端上运行的进程和服务，控制终端上的 USB、红外、蓝牙等接口和外设，控制应用程序对网络的合理访问，并记录终端上的文件操作情况。通过行为管控技术，可以让企业制定的信息安全策略被终端用户了解并在终端上落实，避免终端成为网络攻击的弱点和信息泄露的途径。

3. 文档安全技术

企业的信息资产越来越多地以电子文档形式存在，方便传播的同时也更容易造成泄密。文档安全技术能够有效防止信息泄露。文档安全技术的实现方式有以下两种，两种方式均可以通过编辑器提供的接口实现对特定文件类型的读、写、修改、打印等权限控制。

（1）驱动层加密

驱动层加密技术实现文件的过滤驱动，对特定的文件进行加/解密，提供给对应文件编辑/阅读工具的仍然是明文，可以实现对任意文件类型的保护。

（2）应用层加密

应用层加密技术处理特定的文件格式，不需要开发文件驱动。

# 第 二 节　应 用 层 安 全 威 胁 分 析

随着越来越多的人开始使用网络，网络的安全可靠就变得尤为重要，随着网络基础协议的逐渐完善，网络攻击向应用层发展的趋势越来越明显，诸如应用层的 DDOS 攻击、HTTPS 攻击以及 DNS 劫持发生的次数越来越多，特别是 HTTPS 由于已经被电子商务、互联网金融、政务系统等广泛使用，如果遭受攻击造成的损失和影响非常大，面对这些网络应用层安全事件，应该仔细分析目前的形势，探究发生这些事件的缘由，据此提出自己的建议。

## 一、应用层安全分析

网络 OSI 模型分七层，应用层位于最顶端，目前仍然活跃并被广泛使用的应用层协议主要有 HTTP、HTTPS、SMTP、POP3、DNS、DHCP、NTP 等，常见攻击主要利用 HTTP，HTTPS 协议以及 DNS 协议进行。下面将就目前逐渐被广泛应用的 HTTPS 进行一些分析与研究。

### （一）内容加密

加密算法一般分为两种：对称加密和非对称加密。对称加密就是指加密和解密使用的是相同的密钥。而非对称加密是指加密和解密使用了不同的密钥。对称加密的加密强度是挺高的，但是问题在于无法安全保存生成的密钥。

非对称加密则能够很好地解决这个问题。浏览器和服务器每次新建会话时都使用非对称密钥交换算法生成对称密钥，使用这些对称密钥完成应用数据的加/解密和验证，会话在内存中生成密钥，并且每个对话的密钥也是不相同的，这在很大程度上避免了被窃取的问题，但是非对称加密在提高安全性的同时也会对 HTTPS 连接速度产生影响。

### （二）应用层特性分析

目前，我国关于网络层的很多安全问题已经解决，包括 Teardrop、Pingofdeath 等网络攻击，但是仍然有很多应用层的问题没有解决，网络应用层的安全问题具有一定的特殊性，主要集中在七个方面，包括波及范围广、隐蔽性较强、复杂程度高、更新速度快、攻击时间短、防护难度高以及防火墙缺陷。①波及范围广。一般网络层的安全问题会导致网络暂时性瘫痪或者无法访问，但网络应用层的危害则是导致用户信息泄露，直接威胁到用户的利益。②隐蔽性较强。网络应用层的木马或者病毒可以长期潜伏在系统中，可以利用 Web 漏洞发起攻击，普通安全系统难以及时辨识。③复杂程度高。网络应用层的安全威胁具有多态性。④更新速度快。目前，网络应用层的安全威胁正在逐年递增，一方面是网络应用层的复杂性决定的，另一方面是网络应用层软件的问题。⑤攻击时间短。网络应用层的攻击时间很多，可以快速获取管理员权限。⑥防护难度高。网络应用层比网络层更加贴近用户，用户使用失误导致的安全风险更高。⑦防火墙缺陷。传统防火墙无法识别网络应用层的攻击，更无法主动预测与防御网络应用层的攻击。

## （三）应用层风险分析

网络应用层的安全风险主要体现在五个方面，包括缺少漏洞检测方案、难以进行有效认证、无法有效阻止网络应用层攻击、缺乏实时监控系统以及未建立完善的安全审计体系。①缺少漏洞检测方案。网络攻击的基础是系统漏洞，包括主机漏洞、服务器漏洞等，以 Windows 操作系统为例，本地缓冲区的溢出漏洞为黑客留下了攻击的后门，方案防护建立在漏洞检测基础之上，但很多安全软件无法及时检测出漏洞。除此之外，很多 Web 漏洞扫描设备的布置缺乏合理性。②难以进行有效认证。网络安全防护的第一道防御措施就是身份认证，现有的认证措施包括 U 盾、生物识别等，但常用的认证措施依然是密码口令，黑客可以用国密码猜测、暴力破解等方式绕过系统。③无法有效阻止网络应用层攻击。如果将安全防护全部开启，可能导致系统延迟，降低了系统运行效率，因此，很多企业并未完全开启安全协议，导致网络应用层安全风险较高。④缺乏实时监控系统。⑤未建立完善的安全审计体系。安全审计实际上是对安全技术的管理，但很多系统缺少对日志、网络数据等审计体系。

## （四）安全防御流程分析

网络应用层的安全防护策略建立在网络应用层攻击之上，需要对常见的网络应用层攻击进行分析，但不同的攻击方式采用的防护策略不同，同一攻击方式的目标差异也会导致防护策略差异。对网络应用层攻击方式进行分解，可以分为五个步骤，包括信息采集、网络攻击、网络破坏、预留后门以及行踪隐蔽。

针对网络攻击的不同阶段，可以采用不同的防御措施。第一阶段是排除漏洞，在黑客发现系统漏洞之前及时修补系统安全漏洞，常用的漏洞扫描软件包括 Nessus 等，也可以针对服务器开放端口进行扫描，包括 NMap 等；第二阶段是在阻止黑客发动攻击，可以通过实时阻断攻击报文的方式阻止攻击行为，根据相关研究，该种防御方式可以有效阻止 95%以上的网络攻击；第三阶段是针对攻击行为进行防御，通过对特征库与数据流的对比分析，扫描出攻击报文，同时及时发送警报信息，与联动防御设备进行防护；第四阶段是安全审计阶段，一是检测出已经被攻击的证据，二是找出系统后门与木马，三是及时修补安全漏洞。

## 二、安全验证与设计

目前根据已经爆出的 HTTPS 安全事件发生的缘由可以分为两大类。

第一，漏洞 2014 年爆发 Heartbleed "心血" 漏洞，就是因为 Openssl 在实现 TLS 的心跳扩展时没有对输入进行适当验证使得 HTTPS 加密出现重大安全事件，其余的还有版本迭代出现的漏洞。

第二，算法被攻破基于摩尔定律，计算能力得到大幅提高，之前很多被认为安全的算法也已经被攻破。

# 第三节　IPS 的产生背景和技术演进

在当前信息环境之下，数据安全是共同关注的重点。与之对应的诸多安全技术，虽然经过多年的发展已经日趋成熟，但是从根本上看，不同种类的技术都会存在一定的薄弱环节，因此多种技术的交叉融合，对于当前网络而言就显得至关重要。

## 一、入侵检测系统的形成与架构

在多技术边缘融合的领域中，防火墙和入侵检测技术作为两种常见且行之有效的安全手段，其融合价值不容忽视。

入侵防御系统（Intrusion Prevention System，IPS）是在防火墙（Firewall）以及入侵检测系统（Intrusion Detection Systems，IDS）两个技术体系的基础上发展起来的，面向局域网环境展开安全监测的技术系统，其有效将两种技术相结合，取长补短，形成更为完善的局域网信息安全防御机制，服务企业发展。

首先从技术特征的角度看，防火墙是设置在网络安全区域外围的一系列组件集合，能够依据网络管理工作人员的设定执行相应的安全策略，并且对出入安全网络环境中的数据进行监控。虽然工作方式相对而言较为被动，但是对于外部攻击有着较强的抵御能力。作为网络环境中重要的隔离设备，其被动特征仍然决定了它在某些方面的表现不足。例如，防火墙无法有效处理来源于网络安全区域内部的攻击发生，并且性能方面的限制决定了防火墙难以实现面向内部网络环境的实时监控。而另一个不容忽视的方面在于，入侵者完全可以伪造数据绕过防火墙或者找到防火墙中可能敞开的后门。

而入侵检测系统，本质上是依照一定的安全策略，通过软、硬件，对网络、系统的运行状况进行监视，尽可能发现各种攻击企图、攻击行为或者攻击结果，以保证网络系统资源的机密性、完整性和可用性。但是面对实际的网络环境，IDS 同样存在一定的不足，虽然其工作特征具有一定的主动性，但是其面向网络环境中的传输行为展开分析的过程中，作为依据和判断准则的模型有效性成为 IDS 的核心问题，而对于相关模型的建设，则成为 IDS 进步的瓶颈问题。

在这样的背景之下，将防火墙与 IDS 相融合形成更具针对性的入侵防御系统就成了当前网络安全技术的突出发展特征。IPS 在 IDS 的基础上发展而来，但是在网络部署方面存在较大差异，IPS 更多会以在线形式安装在被保护网络的入口上，在实现对于网络边界监控的同时，不放松面向网络环境内部的数据传输行为监测。通常而言，IPS 以嵌入式方式实现，能够实时实现对于可疑数据包的阻断，并对该数据流的剩余部分进行拦截；在此基础之上具有一定的分析能力，可以依据数据包特征展开深入分析，判断攻击类型和对应的安全策略，并且实现对于自身模型的优化。与此同时，一个工作状态良好的 IPS，还应当具备高效的处理能力，确保能够在网络边界环境上保持一定的运行效率，避免发生包括数据拥堵等在内的网络效率下降等问题。

对于局域网防火墙而言，其放置于局域网与外网的网关之上，表现为设置在网络安全区域外围的一系列组件集合，执行相关设定的安全策略，对流入局域网的数据包进行过滤，防范不安全因素流入局域网安全环境中。防火墙对于推动局域网环境安全有着积极价值，但是其本身也存在不足之处。防火墙的工作方式相对而言比较被动，虽然对于外部攻击有着良好的防范能力，但是其工作方式默认局域网内部为安全环境，因此对于局域网内部环境的数据传输行为保持默认安全状态。但是就目前的情况看，网络安全的很多隐患都来源于局域网内部，并且入侵者还可以将数据进行伪造，绕过防火墙实现对于网络环境内部的攻击。

对于单纯的入侵检测系统而言，其能够面向网络环境实现相对主动的供给检测，依据对应的安全策略实现对于攻击行为的嗅探，从而实现对于网络系统资源的保护，以及不安全数据传输行为和相关操作的排除和控制。但是入侵检测系统同样具有一定的滞后特征，一方面有效的检测模型以及特征库需要在实际工作中不断建立和完善；另一方面虽然入侵检测系统能够检测出攻击行为，但是如果检测速度不够快，仍然可能产生滞后状况。

在这样的情况之下，将二者结合产生的入侵防御系统，本质上是将入侵检测系统和防火墙结合而放置在网络边界上。常规而言，入侵防御系统会以在线形式加以安装，同时实现面向局域网边界以及其内部数据传输行为的入侵嗅探职能。

## 二、IPS 核心技术浅析

对于 IPS 的发展而言，由于其本身的嵌入串联特征，决定了其自身极有可能成为网络效率环境中的瓶颈所在。网络技术的日渐发达以及应用层面的不断成熟，都对 IPS 的应用提出了更高的要求，当前的问题已经不仅仅是如何有效检测出入侵威胁，还必须得保证效率的基础之上确保对于安全威胁检测的准确性，这几个方面的工作特征，直接关系到 IPS 的效率，并且进一步影响到网络的整体工作特征。

基于这样的需求，当前在 IPS 发展领域，有三个方面的技术得到了广泛的关注，并且成为进一步影响 IPS 深入发展的核心问题。

## （一）千兆处理能力

千兆处理能力本身对于 IPS 而言，意味着更为高效的入侵判断，更少的数据拥塞故障发生。从根本上看，就是 IPS 拥有的线速处理能力体现，这不仅仅是要求 IPS 能够实现与千兆位网络的兼容，能够实现有效接入，更加重要的问题在于，IPS 需要在千兆位网络环境下实现良好的数据过滤功能，配合千兆位网络实现同步工作。当前的网络入侵检测以及防御系统多基于 X86 架构，但是从根本上看，X86 架构本身并不能达到千兆处理能力，因此必然会形成对于 IPS 发展的瓶颈。具体而言，CPU 处理能力以及、I/O、系统总线和内存的速度和协议开销等方面，都会成为 X86 架构对于 IPS 发展的瓶颈。尤其是 CPU 的处理能力方面，由于其本身只是为了通用的功能而设计，因此在 IPS 中并不存在任何优势，常常会在实现 IPS 工作的时候导致内存和总线的访问冲突，从而造成整体性能下降的状况发生。基于此种状况，当前在 IPS 领域的研究工作突出体现在网络处理器 NPU 的研发方面，其核心价值在于面向网络数据转发功能实现优化，包括专用的指令集、高速的存储和硬件查表等方面，同时应当重点考虑 NPU 在流重组和高层协议的处理方面存在的不足。因此虽然应当保持 IPS 朝 NPU 方向的发展，但是仍然不能单纯以 NPU 作为未来发展的唯一落脚点，而应当实现突破，找到新的解决方案。

## （二）数据包处理技术以及模式匹配算法

数据包处理主要指的是从网络上接收到帧，经过协议分析、IP 碎片重组、TCP 流重组等一系列处理后而形成应用层数据流的过程，在这个工作过程中，IP 碎片重组和 TCP 流重组是 IPS 发展的瓶颈所在。通常来说，数据包处理的相关工作都在目的主机上加以实现，但是 IPS 为了实现更深一层的安全监测，必然需要关注这一方面的问题。无论是 IP 碎片重组还是 TCP 流重组，都从客观上对于存储空间和数据交换带宽提出较高要求，因此 X86 体系必然无法实现有效支持。基于此种考虑，构建更为完善的硬件平台来对相关功能和任务实现良好支持，就成为 IPS 发展需要关注的重点。

进一步从模式匹配算法的角度看，其作为判断供给行为的判断标准建立与对比执行工作环节，与 IPS 工作的有效性直接保持密切关系，是确保 IPS 学习特征的重要基础和基本保障。对于当前大容量数据传输的网络环境而言，如何从大量的数据包环境中提取出对应的供给特征并且加以判断，在合理的情况下将对应特征纳入模式库中，是这一方面问题的发展重点。随着入侵检测的规则数增多和入侵行为的复杂化，不断优化匹配算法以及对于

攻击特征的识别，是未来研究工作的重点所在。

入侵防御系统作为未来网络安全防范的重要技术之一，融合了入侵检测系统和防火墙两个方面的优势，具有典型的技术先进性。随着网络发展的进一步扩展，供给工具和技术必然也在不断成熟，对应的 IPS，也唯有保持警惕和进步，才能成为网络安全可以依赖的可靠力量。

### （三）入侵防御系统的工作特征分析

就当前入侵防御系统的应用特征而言，其可以依据不同的布置方式分为两类，即基于网络的入侵防御系统（Network Intrusion Prevention System，NIPS）以及基于主机的入侵防御系统（Host-based Intrusion Prevention System，HIPS）。NIPS 以串联的方式布置在网络边界上，通过检测流经的网络流量，提供对网络系统的安全保护。串联的工作方式相对而言比较安全，但是其系统本身的运算速度直接成为整个网络环境的瓶颈因素。与之对应地，包括千兆处理能力以及数据包处理技术和模式匹配算法等的改善，都成为 NIPS 前进发展的重点方向。而对于 HIPS 而言，本身作为布置在被保护系统的主机之上的防御体系，其与操作系统紧密结合，用于全面监视系统状态防止非法的系统调用。此种系统通过在被保护系统上安装软件代理程序，实现对于网络攻击的防范。HIPS 的应用对于阻断缓冲区溢出、改变登录口令、改写动态链接库以及其他试图从操作系统夺取控制权的入侵行为都表现出良好的防范特征。

HIPS 和 NIPS 的部署目标，同样是为了实现面向未知攻击的有效防御，但是在实际工作中，二者仍然呈现出显著的差异。这种差异体现在诸多方面，从部署方式，一直到检测和保护工作的特征均有所不同。从部署方式的角度看，NIPS 通常以在线方式安装在网络环境中，位置多处于防火墙和内部网络环境之间，而 HIPS 则以软件形式安装在被保护的主机或者服务器上，多处于应用程序和操作系统之间。从检测对象以及保护对象的角度看，NIPS 主要面向数据包的头部信息、载荷信息，以及重组后的对象展开检测，并且对于数据流和流量进行统计，借以发现异常，而通常面向整个网络环境提供保护，网络中的主机、服务器、交换机、路由器等其他相关终端设备都在 NIPS 的保护范围之内。与之对应，HIPS 仅对其安装位置的主机或服务器展开保护，具体而言是通过对该主机之上的系统调用、文件系统访问、注册表访问以及 I/O 操作进行检测，并且发现非法动作。NIPS 通常通过模式匹配、已知协议异常分析以及上下文和基于流的规则匹配实现对于已知攻击的检测，并且综合对于协议和流量的异常检测来判断未知攻击；而 HIPS 则更多针对安全时间流程加以匹配，以及识别病毒特征代码，来实现对于已知威胁的识别，并且与 NIPS 类似，展开对应的统计和深度检测技术实现对于未知攻击的检测。

### 三、安全防御体系

#### （一）网络安全的现状

网络安全从本质上来说一般是指计算机网络数据以及信息的安全，网络安全涉及的内容非常广泛，从广义上来讲，只要涉及计算机网络上信息在保密性、完整性、可用性等各个方面的相关技术以及理论，都属于网络安全的领域。

自20世纪90年代以来，网络已进入了飞速发展的时代。网络被应用于各个领域，与此同时，带来一系列安全问题，黑客的攻击以及入侵行为、网络信息泄露，对国家的安全、经济发展等各个方面都造成了非常严重的危害，并且这种网络安全泄露事件发生的频率在不断提高。随着网络技术的发展，信息安全问题逐渐成为人们关注的重点问题，如果我们不能够很好地解决，必然会影响国家信息安全。

#### （二）常见的攻击方式

黑客攻击目前已成为威胁网络安全的重要因素，我们如果能了解黑客攻击的方式以及流程将有助于保护网络安全。常见的黑客进攻方式主要有缓冲区溢出攻击、拒绝服务攻击、欺骗攻击、特洛伊木马、网络嗅探。

1. 缓冲区溢出攻击

这种方式主要是通过往程序的缓冲区写超出其长度的内容，造成缓冲区的溢出，从而破坏程序的堆栈，造成程序崩溃或使程序转而执行其他指令，达到攻击的最终目标，如果随意地往缓冲区中填充任何东西是不能够达到攻击的目的。

2. 拒绝服务攻击

拒绝服务攻击主要是利用TCP/IP协议中所存在的缺陷，耗尽服务器所提供的所有服务的系统资源，最终就使得目标系统受到某种程度的破坏从而不能够正常工作，甚至导致整个服务器在物理上出现瘫痪或者崩溃。DOS的攻击方式可以作为一种单一的方式，同时也可以将多种方式进行组合，结果就会造成合法用户无法访问正常的信息。例如在使用Land攻击时主要就是黑客利用网络协议自身所存在的缺陷或者一些漏洞发送一些不合法的数据，使得整个系统陷入死机状态或者需要重新启动，从而造成系统瘫痪。

3. 欺骗攻击

常见的欺骗方式主要有IP欺骗攻击、DNS欺骗以及网页欺骗攻击。

IP欺骗攻击，也就是黑客改变自己的IP地址，通过技术伪装成他人的IP地址获得有关信息。DNS欺骗主要就是将某一个DNS所对应的合法的IP转化为另外一个非法的IP地址。而网页欺骗攻击就是黑客将某个站点所包含的一些网页都拷贝下来，然后修改其链接，从而窃取用户的账号和口令等信息。

### 4. 特洛伊木马

特洛伊木马是由黑客或者一个秘密人员将一个不会引起人们怀疑的账户安装到目标程序中，如果这项程序被安装成功，就可以使用管理员权限，安装了这项程序的人就可以对目标系统进行远程控制，一些明显的后门程序主要的运行方式会是透明运行。

### 5. 网络嗅探

网络嗅探是指将原本不属于本机的数据，通过建立共享模式建立共享通道，以太网就是拥有这种功能的典型的网络共享，这种共享模式的数据报头一般是目标主机的地址，因此，只有当地址与目标程序能够吻合时匹配的机器才能够完全接由信息。这种能够接收所有数据包的机器被称为杂错节点。通常情况下，账户信息以及口令等信息都会以明文的形式在以太网上输出，一旦黑客在这些杂错点上有一定的嗅探，用户就很可能在短时间内受到损害。

## （三）网络安全防护技术

### 1. 访问控制

安全系统会对所有被保护资源结合相应的管理机制，并且预定好有关的管理权限、能力以及密钥等级，每一次经过相应的安全系统的验证程序后的主机才能够访问相应的程序与资源。安全系统还会利用自身的跟踪审计功能对于任何具有企图要越权访问的行为进行密切的监视、记录，并及时发出警告，产生报警信息，防止出现越权访问的行为。但是如果过分采用这种访问控制机制，肯定就会降低计算机在使用过程中的自由程度，因此，在使用过程中要在安全性、共享性以及方便性之间进行权衡。

### 2. 跟踪审计和包过滤

要对收集和积累有关的安全事件的经验做出相应的记录，以便在出现相应的破坏过程中能够提供强有力的证据，根据系统提供的这些有利的证据采取一些安全的应对机制。例如，通过对所有信息实行过滤制度，拒绝接受拉入黑名单的地址信息，杜绝在网上出现的特定结构下的垃圾信息并对正常使用的用户出现信息干扰以及信息轰炸。

### 3. 信息流控制

在网络符合允许的情况下，控制相应的复杂程度，才能够使用信息流进行信息控制，并通过填充有关的报文长度，增发伪报文等各种方式，打扰网络攻击者对于相关信息流的分析，增加网络攻击者进行窃听的难度。

4. 防火墙技术

防火墙设备一般就是将受保护的主机信息流的进出都进行有效的控制，并在网络中一般存在单位内部以及互联网之间，用来控制入侵者不能够进入系统内部，内部的有关隐私信息也不能够泄露到外部。防火墙也可以对进出网络数据包的协议、地址等信息进行监控，决定一些程序的进出。但是同时也存在着相应的弱点，一些恶意攻击者会把信息隐藏在看似合理的数据下，防火墙对这类数据不能够进行有效的控制，就会导致控制策略不够完整，而防火墙自身也就会遭到相应的破坏。

5. 入侵检测技术

入侵检测技术就是对网络和系统的状态进行实时监控，发现入侵活动。入侵检测系统能够检测到有关的特定序列和时间序列，同时也可以检测一些异常行为，但是可能会出现漏报的现象。

# 第四节　IPS 主要功能和防护原理

传统的防御系统基于两种机制：一种是基于特征的检测机制，另外一种是基于原理的检测机制。基于特征的检测机制实现起来较为简单，对于新型攻击只要提取出特征代码就能够及时防御，但是该类方法只能识别已知的攻击类型，对于变种的攻击行为无法识别。基于原理的检测机制弥补了前者无法识别变种攻击的缺点，能够精确识别出特征代码不唯一的攻击行为，但该类方法技术要求较高，且应对新的攻击行为反应速度较慢。为了改善入侵防御系统（Intrusion Prevention System，IPS），提高智能性成为下一代 IPS 的一个重要发展方向，国内外学者和研究机构对此展开了广泛的研究。IBM 技术研究部提出了自律思想，该思想的核心在于简化和增强终端用户的体验，在复杂、动态和不稳定的环境中利用计算机的自律计算特点来达到用户的预期要求。融合其他领域的技术也成为增加 IPS 智能性的主要手段，例如通过增加适应性抽样算法、数据包分类器和增量学习算法等来优化对 IPS 数据库的分析效率。将人工免疫技术、模糊逻辑、自组织特征映射（Self-Organizing Feature Maps，SOM）神经网络、数据挖掘技术与入侵防御技术相结合，提出的防御系统模型成为当前研究的热点。把反馈控制的原理应用到网络安全态势感知系统中，能更有效地收集网络信息并进行安全态势评估。上述方法都是从提高系统检测数据智能性的角度出发，并没有涉及系统自身认知防御方面，在一定程度上并不能满足计算机网络安全的需求。

认知网络通过对周围网络环境的感知学习和重配置系统参数来适应网络环境的变化，

从而达到网络服务性能最优化的目标。Soar 在认知领域展现了强大的功能，具有自我学习能力、实时的环境交互能力以及接近自然语言的语法，利用这些功能的相互配合，能够解决更多复杂的问题。为使系统具有自我防御的能力，本文将 Soar 具备的认知技术融合到 IPS 当中，并设计了针对端口扫描的防御系统。通过仿真实验验证了该系统具有较好的智能性，可以有效地识别非法扫描，实现系统自我防御的目的，提高了计算机网络安全的性能。

近年来计算机技术向各行各业不断渗透，计算机网络得到了前所未有的发展。曾经被忽视的计算机网络安全问题也逐渐得到了重视。计算机网络安全旨在通过建立各种各样的防御措施来抵御对计算机网络的各种攻击，通过一系列的网络安全管理措施来保证整个网络正常运转，保障计算机网络内部数据的完整性和一致性，保护计算机网络系统的私密性。随着计算机网络系统复杂度的不断提高，系统中的硬件设备增加，连接方式也更为复杂，传输的数据量增大，数据保护的要求增高，计算机网络系统越来越需要建立完善的网络安全防御系统。通过网络安全防御系统维持网络系统的正常运转，网络服务维持正常、有序。

## 一、计算机网络系统面临的安全威胁

计算机网络系统运行过程中面临的安全威胁较多。从安全威胁的引发因素区分，主要包括网络系统的内部管理因素和外部入侵因素；从安全威胁类型区分，主要包括人为安全威胁和非人为安全威胁；从安全威胁层面区分，主要包括对网络硬件设备的威胁和对网络传输数据的威胁。

### （一）网络软件运行漏洞

计算机网络运行过程中，目前绝大多数软件都需要联网进行数据传输，而安全性低的软件存在大量漏洞，某些未进行安全措施的软件在进行网络通信时会打开一系列安全缺口，与该软件捆绑的一些漏洞软件也会一起启用，这些软件在后台运行，网络用户并不知情，对网络系统造成巨大的安全隐患。

### （二）计算机病毒

计算机病毒是能够对计算机造成巨大危害的软件总称，计算机病毒通过网络传播，自身复制的方式大量传播到各个网络设备中造成巨大破坏，严重的将导致计算机设备和网络的瘫痪。由于病毒的隐蔽性强，传播速度快，造成破坏大，所以病毒将对计算机网络系统构成巨大威胁。

### （三）计算机木马

计算机木马通过窃取计算机网络用户的大量私密信息并传送到指定的木马制作者手中，且传播过程极其隐蔽，用户难以察觉，对计算机网络逻辑层面造成破坏，窃取大量网络内部私密信息，使用户暴露在安全问题之下。

### （四）网络用户安全意识不强

网络用户或管理员在使用网络服务过程中，可以自主设置账号和密码，由于安全意识不强，大多数使用者都采用较为简单的账号、密码，且将自己的账号、密码到处传递使用。由于网络用户安全意识不强，导致私密信息泄露，甚至外界可以收集用户的账号、密码盗取更多的信息。

### （五）黑客入侵网络系统

黑客入侵是网络系统受到外部入侵破坏的最主要方式，黑客的目的是通过非法手段入侵网络系统并得到相关利益。上述网络用户安全意识不强和软件运行漏洞都可以成为黑客入侵网络系统的工具，而病毒和木马则是黑客最常用的网络攻击工具，黑客的主动入侵也会使网络系统造成较大的损失。

## 二、传统计算机网络防御手段和方法

目前国内外对于计算机网络的安全防御手段和方法主要有三种运营模式，分别是防火墙系统、入侵检测系统和入侵防御系统。这些安全防御技术通过不断的研究、发展和完善，已经取得了不错的效果。

防火墙设计简单，操作便捷，对于互联网用户来说，实用性和针对性都较好，它通过管理和控制个人电脑的信息流入流出，为每个使用防火墙的用户提供了一套透明的网络安全防御策略，用户只需要使用而不用了解其中细节，就能很好地保护好自己的计算机。防火墙一般情况下会为用户提供一些参数，用户可以根据自己的需要，控制外接不良的数据入侵和自己的私人数据流出，使计算机能够避免安全威胁。

### （一）入侵检测系统 IDS

入侵检测是对防火墙极其有益的补充，入侵检测系统能使在入侵攻击对系统发生危害前，检测到入侵攻击，并利用报警与防护系统驱逐入侵攻击。在入侵攻击过程中，能减少入侵攻击所造成的损失。在被入侵攻击后，收集入侵攻击的相关信息，作为防范系统的知

识，添加入知识库内，增强系统的防范能力，避免系统再次受到入侵。

### （二） 入侵防御系统 IPS

入侵防御系统作为比入侵检测更完善的系统，被广泛地应用到社会各界。入侵防御技术能够对网络进行多层、深层、主动的防护以有效保证企业网络安全。入侵防御的出现可谓是企业网络安全的革命性创新。简单地理解，入侵防御等于防火墙加上入侵检测系统，但并不代表入侵防御可以替代防火墙或入侵检测。

## 三、基于认知网络的入侵防御系统构建

### （一） 当前入侵防御系统优缺点

随着计算机技术的快速发展，导致计算机安全问题日益凸显，传统的防火墙技术和入侵检测技术已不能满足现阶段的要求。入侵防御系统作为最新的网络防御手段被提出，能够弥补现阶段防火墙技术和入侵检测技术的瓶颈，从根本上杜绝来自入侵、病毒和木马对计算机网络系统安全的风险。采用入侵防御系统 IPS 构建计算机网络安全防御系统，具有以下优势和特点。

1. 进行更深层次的检测

入侵防御系统能够深入防火墙系统和入侵检测系统到达不了 OSI 模型的 4~7 层进行检测。因为如今的网络协议由 TCP/IP 封装起来，封装后的应用将很难检测出新型攻击程序的代码。

2. 串联模式更快制止网络攻击

网络攻击由 IDS 检测出来以后，由于 IDS 需要一定的时间对网络攻击进行分析，才能证明目前的网络数据包包含有网络攻击，而 IPS 采用串联模式，可以在检测到攻击后立即进行防御，制止网络攻击。

3. 实时检测网络系统

由于传统 IDS 检测系统只针对网络封包的历史数据进行检测，当发现了一些入侵痕迹为时已晚，不能实时处理网络入侵。而在 IPS 设计中，考虑到需要实时进行网络监测是否出现攻击异常，一般情况下，使用 IPS 的优势是能够实时检测异常，保障网络系统的安全性。

4. 主动防御能力较强

IPS 的主动防御能力较强，传统防火墙和 IDS 技术都需要配合防御系统共同协作才能完成相应的功能。而在 IPS 中，一旦检测到异常数据包即可进行丢弃，可以很快地进行防

御服务，而不需要与其他系统进行联合。

由于入侵防御系统 IPS 是对 IDS 入侵检测系统和防火墙系统的综合，取长补短，但是需要大量人员维护监控，并把不在系统防御内的入侵更新入数据库。这个方法对入侵防御系统中未能识别的入侵将会很难及时做出防御。

为了解决 IPS 的不足之处，目前有大量研究人员倾向于采用智能算法自动学习入侵模式，自动动态更新入侵防御系统数据库，使其能够在不断认知学习中进行入侵防御。在系统中加入适应性抽样算法、数据包分类器、增量学习算法来增加系统在监测到不完备数据时处理数据包的智能特性。

### （二）基于智能认知的入侵防御系统

认知网络通过获取周围网络环境，不断更新发生变化的网络环境，对网络环境进行认知理解，通过理解结果动态调整网络的各种配置，对网络环境的变化进行相应的决策和规划。认知网络具有较强的自学习能力，通过对网络环境变化前后进行学习，反复学习后获取认知结果。

基于认知的理论基础，让入侵防御系统有较强的自学习能力进行防御，利用不断迭代反馈学习进行更新。通过一定的学习能力，将未知的数据不断提炼出有意义的信息，进而进行入侵防御。通过自学习的能力，网络服务器主机就能主动识别出未能发现的网络入侵，不需要网络管理员的参与即可进行有效的网络防御系统。传统的 IPS 在处理网络行为时只是机械地将当前数据与数据库中的案例进行对比，一般会出现大量的漏报、误报情况。相反，具有学习能力的入侵防御系统的数据库是不断动态更新变化的，随着知识库的不断完善，大量的漏报、误报也会被逐渐改善。

### （三）智能认知防御系统网络安全构建

通过上述的认知理论，可以构建 IPS 认知入侵防御系统，该系统由五个主要模块组合而成：传感器、状态库、知识库、认知推理及决策执行。

1. 传感器

采集数据，通过扫描端口和计算机网络系统各个关键路由口的流经数据包。

2. 状态库

存储数据，通过传感器感知当前计算机网络周围的环境状况，并将主机的状态和周围环境状态存储到状态库中。

3. 知识库

分析数据，属于系统的核心部分，通过知识库来分析状态库的信息，并进行认知推理，经过多次迭代认知学习，更新现有知识库没有的数据，获得认知新知识的能力。

4. 认知推理

认知数据，对知识库分析到的数据进行知识推理，并采用认知网络的反馈循环机制，对未知网络可以逐步分析学习知识。

5. 决策执行

最终的执行入侵防御的模块，认知推理将认知结果推送给决策执行模块，该模块根据认知结果进行相应的入侵防御活动，保证计算机网络系统免受入侵伤害。

## （四）智能认知防御系统是入侵防御系统

入侵防御的最大特点是能够实时检测出网络入侵的位置，且立即采取措施完成入侵防御，从庞大的数据中分析出有效的信息是一个入侵防御系统最关键的地方。利用认知理论建立的入侵防御系统具有较强的优势。

第一，采用状态库和知识库进行对比可以快速定位目标信息源头，若不是信息库的内容，可以快速进行认知推理过程，只需要较少的判断就可以确定出认知推理过程。

第二，知识库的认知可学习性使得知识的储备不再是有限的专家系统，而是不断迭代的最新知识库，能够动态地变化、更新，认知出性能更好的知识库。

该系统模型可以通过不断迭代反馈的过程更新数据流处理。通过感知器不断接收信息，将接收到的信息推送到状态库中进行鉴别，然后将鉴别结果不通过的数据推送至认知推理模块进行认知学习，该模块与知识库相结合后通过多次迭代后形成认知结果。认知结果再次推送至决策模块进行入侵防御决策过程，对网络入侵进行相应的防御。通过不断往复的数据流认知学习，入侵防御系统将会越来越棒。

目前计算机网络系统面临五大网络安全挑战，介绍了三种常用的计算机网络安全防御技术和手段。通过分析传统入侵防御系统，传统 IPS 入侵防御系统对未知入侵的防御力不足，提出采用认知网络的自学习能力，通过不断的迭代自学习过程，让基于认知网络的入侵防御系统能够不断更新数据库，以应对不同层面的网络安全的挑战。

# 第五节　IPS 工作模式和主要应用场景

近年来，随着互联网的不断发展，科技不断改革，电力信息系统与外界的交流也不断加强，电力系统已经形成了生产过程的自动化与管理，在实际的生产与管理中发挥着重要作用，网络的开放性也导致了电力信息网络被非法入侵的现象越来越多，电力信息网络安全要求也越来越高，单纯的防火墙已经满足不了现在网络的需求了。入侵防御系统属于一种比较新型的网络安全技术，它在很大上补充了防火墙的某些缺陷，更加有效地确保了电力信息网络系统的安全性。

入侵防御系统在整合防火墙技术以及入侵检测技术的基础上，采取 in-line 工作模式，所有接收到的数据包都要经过入侵防御系统检查之后才能决定是否放行，或者是执行缓存、抛弃策略，在发生攻击的时候能够及时发出警报，并且将网络攻击事件以及所采取的措施和结果进行记录。入侵防御系统主要由嗅探器、检测分析组件、策略执行组件、状态开关、日志系统以及控制台六个部分组成。

入侵防御系统是位于网络设备和防火墙之间的安全系统，如果入侵防御系统发现了攻击现象，那么就会在攻击涉及网络的其他地方之前就阻止这一攻击通信，而入侵检测系统只存在于网络之外，起到一个预警的作用，根本起不到防御的作用。就目前的网络系统而言，有很多入侵防御系统，但是它们使用的技术也是各种各样的，不过，从总体上来看，入侵防御系统主要是依靠对数据包的相关检查，一旦完成对数据包的检查，就会判断数据包的实际作用，最后决定是否让数据包进入网络系统里。全球和本地安全策略、所合并的全球和本地主机访问控制、入侵检测系统、支持全球访问并用于管理入侵防御系统的控制台以及风险管理软件是入侵防御系统中关键的技术成分。在一般情况下，入侵防御系统使用的是更加先进的侵入检测技术，例如内容检查、试探式扫描、行为以及状态分析，同时还需要结合一些常规的侵入检测技术，例如异常检测、基于签名的检测。

入侵防御系统一般分为基于网络和基于主机两种类型。基于网络的入侵防御系统综合了标准的入侵检测系统的功能，入侵检测系统是入侵防御系统以及防火墙的混合体，又可以称为网关入侵检测系统或者是嵌入式入侵检测系统。基于网络的入侵防御系统设备只可以阻止通过这个设备的恶意信息，而对通过其他设备的恶意信息没办法阻止，因此为了提高入侵防御系统设备的使用效率，强制性要求信息流通过这一设备是非常有必要的。对于基于主机的入侵防御系统，主要依靠于直接安装在被保护的系统中的代理。它与服务以及操作系统内核紧密地联系在一起，监视并且截取对内核或者 API 的系统调用，达到阻止并记录恶意信息攻击的作用。此外，入侵防御系统还监视数据流和一些特定应用的环境，以达到可以保护这一应用程序的作用，让这一应用程序可以顺利地避免那些恶意信息流的攻击。

# 一、入侵防御系统的分类及关键技术研究

## （一）网络 IPS

### 1. 网络 IPS 概述

网络 IPS 也称为内嵌式 IDS（in-line IDS）或者是 IDS 网关（GIDS），它和防火墙一样串联在数据通道上，只有一个进口和一个出口。NIPS 通过检测流经的网络流量，提供对网络系统的安全保护。由于它采用在线连接方式，所以一旦辨识出入侵行为，NIPS 就可以去除整个网络会话，而不仅仅是复位会话。同样由于实时在线，NIPS 需要具备很高的性能，以免成为网络的瓶颈，因此 NIPS 通常被设计成类似于交换机的网络设备，提供线速吞吐速率以及多个网络端口。NIPS 必须基于特定的硬件平台，才能实现千兆网络流量的深度数据包检测和阻断功能。这种特定的硬件平台通常可以分为三类：一类是网络处理器（网络芯片），一类是专用的 FPGA 编程芯片，第三类是专用的 ASIC 芯片。

在技术上，NIPS 吸取了目前 NIDS 所有的成熟技术，包括特征匹配、协议分析和异常检测。特征匹配是最广泛应用的技术，具有准确率高、速度快的特点。基于状态的特征匹配不但能检测攻击行为的特征，还能检查当前网络的会话状态，避免受到欺骗攻击。

### 2. NIPS 实现的关键技术研究

由于 NIPS 是在线串联在网络中的，所以其就有可能成为网络中的瓶颈。在 NSSGorup 提到的 NIPS 应具有的特点时，也提到了性能这个问题。随着计算机技术和网络技术的发展，千兆网络已经开始被广泛采用，尤其是以太网。因此千兆网络入侵防御系统要求不仅要在千兆网络流量的网络中工作时不会成为网络瓶颈，而且要对网络中的入侵能够准确地检测、报告、阻止，完成防御的功能。在整个系统实现过程中有很多关键技术，如千兆网络流量的线速处理能力、高效的数据包处理技术和高效高性能的匹配算法等。这些关键技术实现的好坏直接影响整个千兆网络入侵防御系统的性能。

### （1）千兆处理能力

千兆处理能力是指在千兆网络流量的网络中线速处理的能力。千兆网络入侵防御系统是在线接入网络中的，从源网络来的数据都要经过网络入侵防御系统才能到达目的网络，可见，网络入侵防御系统的性能对整个网络来说至关重要。千兆网络入侵防御系统绝不能只是可接入千兆网络的入侵防御系统，它要具备千兆的处理能力，同时还要保证在做完检测和防御之后，仍然能够保证千兆的网络流量。目前出现的网络入侵检测和防御安全产品多是基于 X86 架构用软件实现的。但是 X86 架构存在的瓶颈使它不能达到千兆处理能力。首先是单 CPU 的处理能力不足，虽说 X86 的 CPU 具有很高的频率，但是这种 CPU 是为通用的功能而设计的，在网络处理方面没有优势。对于 SMP 系统来说，由于其 CPU 的处理能力不能充分发挥，内存和总线的访问冲突，导致了性能的下降，不能满足需求。另外，I/O、系统总线和内存的速度和协议开销也是 X86 架构的瓶颈。软件实现的入侵检测和防御系统多是先利用 Libpacp 库抓包，然后对抓来的数据包做进一步的处理并进行检测。利用 Libpacp 库，用户可以直接从网卡读取数据或把数据写入网卡，而不经过操作系统。Libpacp 库不仅被广泛应用于入侵检测和入侵防御系统中，而且还在网络分析和协议解析的软件中被广泛应用。但是，人们在使用这个库的时候，常常忽略这个库的性能问题。采用这个库实现的软件抓包是用软件实现网络入侵防御系统的瓶颈之一。可以说，X86 架构在网络处理方面没有任何优势。专门为网络处理设计的网络处理器（NPU）的优势主要集中在二、三层上，它在网络数据转发方面做了很多的优化，比如专用的指令集、高速的存储和硬件查表，等等。但是，NPU 在流重组和高层协议的处理上存在弱点，表现出了明显的处理能力不足，而网络入侵防御系统中必不可少的特点就是对网络数据内容的检测，所以单纯采用网络处理器的方法也是不可行的，需要寻找另外的解决方案。

（2）数据包处理技术

数据包处理主要指的是从网络上接收到帧，经过协议分析、IP 碎片重组、TCP 流重组等一系列处理后而形成应用层数据流的过程。在这个过程中的主要工作是协议解析、IP 碎片重组和 TCP 流重组，其中后两者是这个过程中的难点。

协议解析是指对捕获的数据包进行详细的分析，从而把各个协议的内容分析出来。分析的过程主要是根据 TCP/IP 协议标准中规定的每个协议的头部（如协议类型、字段、包长度等）定义的格式将不同协议的内容以用户自定义的格式存储起来，以便进一步的使用。

IP 碎片重组指的是因为网络的 MTU 小于数据包大小而不得不把 IP 数据包分片，从而形成 IP 数据包碎片，将这些 IP 数据包碎片重新组合，还原为未分片之前的 IP 数据包。TCP 流重组是指重组通过 TCP 连接交换的数据。一般来说，这些工作是在目的主机上完成的。但是，网络入侵防御系统要进行更深一层的检测，这些工作是不可避免的。IP 碎片重组和 TCP 流重组需要很强的处理能力，很大的存储空间和很高的数据交换带宽。比如，TCP 用于控制数据流的窗口最大可以为 64 KByte，它表示的是主机上剩余的缓冲区大小，当网络入侵防御系统中要同时维护 1000000 个 TCP 会话时，即使缓冲区大小为 4 KByte，其所占的内存空间也要有 4 GByte。对于这样复杂的处理，基于 X86 架构的软件处理很难胜任，因此就需要新的硬件平台来实现这部分功能，如可以选用基于专用的硬件加速实现协议分析和内容处理的网络内容处理器（NCP）来完成数据包的处理。

**(3) 模式匹配算法**

模式匹配是一项在入侵检测系统或入侵防御系统中用来在网络数据包中检测是否存在攻击行为的技术。每一个攻击行为是由字符串或一组字节序列组成的。从待检查的数据包中取出与攻击代码长度相同的字节序列进行比较，如果相同，数据包有攻击行为，否则做下一次的匹配。要想加快模式匹配的速度就会涉及匹配算法的选择。采用高效的匹配算法是解决模式匹配问题的方法之一。随着入侵检测的规则数增多和入侵行为的复杂化，对匹配算法的标准就越来越高，模式匹配实现的好坏直接关系到整个系列的性能。常见的匹配算法主要分为两类：单模式匹配算法和多模式匹配算法。

## （二）主机 IPS

### 1. 主机 IPS 概述

主机 IPS 安装在受保护系统上，紧密地与操作系统结合，监视系统状态防止非法的系统调用。HIPS 通过在主机/服务器上安装软件代理程序，防止网络攻击操作系统以及应用程序。基于主机的入侵防护能够保护服务器的安全弱点不被不法分子所利用。基于主机的入侵防护技术可以根据自定义的安全策略以及分析学习机制来阻断对服务器、主机发起的恶意入侵。HIPS 可以阻断缓冲区溢出、改变登录口令、改写动态链接库以及其他试图从操作系统夺取控制权的入侵行为，整体提升主机的安全水平。

在技术上，HIPS 采用独特的服务器保护途径，利用由包过滤、状态包检测和实时入侵检测组成分层防护体系。这种体系能够在提供合理吞吐率的前提下，最大限度地保护服务器的敏感内容，既可以软件形式嵌入应用程序对操作系统的调用当中，通过拦截针对操作系统的可疑调用，提供对主机的安全防护；也可以更改操作系统内核程序的方式，提供比操作系统更加严谨的安全控制机制。

由于 HIPS 工作在受保护的主机/服务器上，它不但能够利用特征和行为规则检测，阻止诸如缓冲区溢出之类的已知攻击，还能够防范未知攻击，防止针对 Web 页面、应用和资源的未授权的任何非法访问。HIPS 与具体的主机/服务器操作系统平台紧密相关，不同的平台需要不同的软件代理程序。

### 2. HIPS 实现的关键技术研究

主机网络安全是计算机安全领域新兴的边缘技术，它综合考虑网络特性和操作系统特性，对网络环境下的主机进行更为完善的保护。主机网络安全体系涉及诸多关键技术，这里仅对它们做简单的介绍。

**（1）入侵检测技术**

入侵检测是主机网络安全的一个重要组成部分。它可以实现复杂的信息系统安全管理，从目标信息系统和网络资源中采集信息，分析来自网络外部和内部的入侵信号，实时地对攻击做出反应。入侵检测的目标是通过检查操作系统的审计数据或网络数据包信息，检测系统中违背安全策略或危机系统安全的行为或活动，从而保护信息系统的资源不受拒绝服务攻击，防止系统数据的泄露、篡改和破坏。一般来说，入侵检测系统不是阻止入侵事件的发生，而是在于发现入侵者和入侵行为，及时进行网络安全应急响应，为安全策略制定提供重要的信息。

（2）身份认证技术

身份认证是实现网络安全的重要机制之一。在安全的网络通信中，涉及的通信各方必须通过某种形式的身份验证机制来证明他们的身份，验证用户的身份与所宣称的是否一致，然后才能实现对于不同用户的访问控制和记录。目前，常用的身份认证机制有基于DCE/Kerberos、基于公共密钥和基于质询/应答等。

（3）加密传输技术

加密传输技术是一种十分有效的网络安全技术，它能够防止重要信息在网络上被拦截和窃取。IPsec（IP安全体系结构）技术在IP层实现加密和认证，实现了数据传输的完整性和机密性，可为IP及其上层协议（TCP和UDP等）提供安全保护。

（4）访问控制技术

访问控制是信息安全保障机制的核心内容，它是实现数据保密性和完整性机制的主要手段。访问控制是为了限制访问主体（或称为发起者，是一个主动的实体，如用户、进程和服务等）对访问客体（需要保护的资源）的访问权限，从而使计算机系统在合法范围内使用。访问控制机制决定用户及代表一定用户利益的程序能做什么以及做到什么程度。访问控制包括两个重要的过程：通过"鉴别"来检验主体的合法身份；通过"授权"来限制用户对资源的访问级别。访问控制技术通过控制与检查进出关键主机、服务器中的访问，来保护主机、服务器中的关键数据。访问控制主要有三种类型：系统访问控制、网络访问控制和主机访问控制。

## 二、电力信息网络安全风险分析

目前，电力信息网络安全所面临的威胁主要来源于两个方面，第一个是对信息的威胁，第二个是对设备的威胁。对于电力网络系统来说，信息网络的安全并不只是单方面的安全，而是电力企业信息网络的整体性安全，其中还包含管理和技术两个方面。所以说，网络安全是一个动态的过程，并且影响电力信息网络安全的因素也有很多方面，一些是有意识的，一些是无意识的，可能是外部原因，也有可能是内部原因，信息网络系统的物理结构、网络设备、应用与管理等方面的安全措施如果实施不到位也会在很大程度上威胁到

电力信息网络的整体安全。

由于互联网的不断发展，网络联系越来越频繁，通过网络传播的病毒也越来越多，这些病毒的存在是影响电力信息网络安全的主要隐患，这些隐患还可以区分为外在隐患和内在隐患，非授权修改控制系统配置、指令、程序，利用授权身份执行非授权操作、网络入侵者发送非法控制命令，导致电力系统事故，甚至是系统崩溃、非授权使用电力监控系统的计算机或者是网络资源等，这些都属于外在影响因素。而窃取者将自己的计算机通过内网网络交换设备或者是直接连接网线非法接入内网这一行为属于内在的安全隐患，窃取内网数据信息；内部员工不遵守相关规定，通过各种方式将重要的私密信息泄露到单位外，这两个方面的威胁属于网络系统内部存在的安全风险。网络系统的设备以及系统的不完善都会给电力网络带来很大的安全隐患，计算机机房没有防电、防火、防震等相应措施、抵御自然灾难的能力比较差、数据丢失，这都将会影响网络信息的安全性、完整性以及可用性。

### 三、入侵防御系统在电力信息网络中的应用以及实际意义

传统的电力信息安全体系仅仅是对信息系统加以一定的、简单的安全防御措施，但是随着网络结构的改变、操作系统的不断升级，电力信息系统的各个部分都需要加以强化以保证信息的安全，入侵防御系统也需要根据安全隐患的不断变化而及时调整，以达到网络信息安全部门的要求。

入侵防御系统在一定程度上保证了电力信息网络系统的信息安全。在网络系统中，通过入侵检测系统查看、分析发生事故的原因，明确事故的责任人，然后由入侵防御系统进行处理解决，增强安全管理的威慑力，防止不法分子铤而走险，加强安全风险的可控性。

入侵防御系统的应用有利于完善电力企业的可视化安全管理。入侵防御系统以其特有的性能增强了系统管理员的安全管理能力，提高了信息安全基础结构的完整性。此外，可视化还体现在安全信息的易理解性以及安全的可管理性上。易理解性主要表现在网络信息的人文化、信息挖掘以及安全信息的图表化三个方面，可管理性则是表达了对安全易于管理的程度，通过各种各样的管理手段方便用户对安全信息的掌握以及控制。

电力信息网络安全是一个系统的、整体的、全局的管理问题，网络上任何一个漏洞都将会导致整个网络面临安全隐患，对于日益频繁的网络入侵，升级并加强入侵防御系统的应用是具有非常重要的实际意义的。

### 四、物联网技术在周界入侵防御系统中的应用

随着互联网技术的不断深入发展，以互联网为基础扩展和延伸形成了新一代的网络技

术即物联网。物联网是 21 世纪人类面临的又一个发展机遇，被称为改变人类生活的技术之首，物联网的广泛应用将是继计算机、互联网与移动通信网之后的又一次信息革命。

物联网又称传感网，1999 年在美国召开的移动计算机和网络国际会议上首次被提出，物联网是指通过信息传感设备，按照约定的协议，把任何物品与互联网连接起来，进行信息交换和通信，以实现智能化识别、定位、跟踪、监控和管理的一种网络。它是在互联网基础上延伸和扩展的网络，在这个网络中物品间能够进行"交流"，无须人工干预。

物联网能广泛应用于社会生活的各个领域，遍及智能交通、环境保护、政府工作、公共安全、平安家居、智能消防、工业监测、老人护理、个人健康等多个领域。其中，在公共安全领域的应用尤为引人注目。ITU（国际电信联盟）曾描绘物联网时代的图景：当司机出现操作失误时汽车会自动报警；公文包会提醒主人忘带了什么东西；衣服会"告诉"洗衣机对颜色和水温的要求等。还有诸如远程抄表、物流运输、移动 POS 机（移动的销售点）应用，如果再结合云计算，物联网将有更多元的应用。

## （一）物联网安防技术与传统安防技术的比较

安防行业信息化的发展经历了视频监控、信号驱动以及目标驱动三个阶段。其中，单一的视频监控已经不能满足人们对安全防护的需求；信号驱动包括振动光纤、张力围栏、激光对射、泄漏电缆等。信号驱动类防入侵产品使用单一的信号量开关来检测入侵行为，误警率较高，且无法实现对入侵行为的精确定位。

基于物联网的周界入侵防御系统，综合应用多种传感器阵列采集丰富信号量，对监控区域进行全方位保障，在周边区域形成三维防护预警，对周界入侵收集信号进行精确监测，同时对入侵者进行实时定位跟踪，从而实现入侵报警、异常监测及联网调度，提高联网报警的准确性。多种传感技术综合使用组成一个完备的防御系统，实现从多传感器的全方位监控到多数据的融合和综合判断，从单纯的事件报警到后续的事件快速响应处置，从局部小范围的安保工作到全市范围内通过物联网络和应用平台集中调度和协调。系统与物联网 GIS（地理信息系统）平台、视频监控平台、社会信息交换平台等结合紧密，有利于数据信息的实时共享，提高了对犯罪事件的掌控能力，切实提升警务效能，解放警力，降低一线公安民警的工作强度，提高对突发事件的快速响应，体现了公安物联网"多元感知、智能研判、联动处置"的特点。

## （二）物联网技术在周界入侵防御系统的应用

结合物联网技术，新一代的周界入侵防御系统紧跟当前物联网发展的形势，把防御系统周界重要场所的综合防护作为整个物联网的一个子集，建立周界综合防范局域物联网。

对于物联网时代的周界安防就是采用网络传输、智能图像分析、传感器、RFID（无线射频识别）等多种信息技术，有效地将对讲机、移动电话、网络摄像头、灯光警报器、光纤周界等各种传感手段一个个和局域物联网连接起来，建设能够具有实时监控管理的周界入侵防御系统，同时还实现与公安信息平台的对接。

利用物联网技术进行协同感知的周界入侵防御系统，主要由三大部分组成：前端入侵探测模块、数据传输模块和数据控制模块。当入侵行为发生时，前端入侵探测模块对所采集的信号进行特征提取和目标特性分析，将分析结果通过数据传输模块传输至中央控制系统；数据控制模块通过信息融合进行目标行为识别，并启动相应的报警策略，实现全天候、全天时实时主动防控。

通过振动传感器进行目标分类探测，并结合多种传感器组成协同感知的网络，综合应用光纤周界预警、红外激光周界报警、智能视频分析等技术，实现多传感器联动入侵报警、异常事件监测与调度，数据大平台实时共享，提高周界安全防护完备性和报警处置的响应速度，提升警务效能，实现全新的多点融合和协同感知，可对入侵目标和入侵行为进行有效分类和高精度区域定位。该系统的主要特点：①多种传感手段协同感知，目标识别、多点融合和协同感知，实现无漏警、低虚警。②拥有自适应机制，抑制环境干扰，可适用于各种恶劣天气。③设备状态实时监控，实现设备维护与故障自动检测。④可灵活适应不同地形地貌的防范要求。⑤具有声光联动、视频联动的功能，可对现场实习喊话、照明，可进行视频回放等操作；快速响应，报警响应时间≤3秒。⑥软件系统平台操作简单直观，集成布防、撤防、报警、设备故障自检、GIS地图精确报警定位等功能。

# 第六章 局域网安全技术探究

## 第一节 局域网安全风险与特征

网络安全性的主要定义包括两方面，一方面是保障某些网络服务可以正常运行，提供给用户使用，这就要求局域网在面向用户提供网络服务时，需要有选择性地提供；另一方面是保证网络信息在进行资源共享或者数据处理时具有信息完整性，这就要求网络要保证信息资源的传播途径和传播范围，保证信息的完整性。一旦网络安全受到威胁，网络系统无法保证向用户提供正常的网络服务，也无法确认网络信息在传播过程中是否被非法侵入从而造成信息不完整。因此，针对可能出现的这种状况，需要在保证网络系统可以正常运行的基础上，提供一些相应的控制方法和安全技术来保障网络的安全性。

为了保障局域网的安全性，需要结合局域网的特点。局域网在人们的生活中应用广泛，很多企业部门也在使用局域网进行日常办公，局域网采用的是集中存放、统一管理数据的方式。根据上述对网络安全性的分析，一旦局域网出现安全风险，会对企业部门造成很严重的影响，尤其是一些公司的重要数据甚至机密数据会出现丢失和泄露的情况，所以，采取安全措施保障局域网的安全运行是非常有必要的。首先，需要对局域网可能出现的安全风险进行分析。

### 一、局域网可能出现的安全风险

#### （一）内部攻击

内部攻击从字面意思来理解，就是指由于网络内部用户的行为造成的网络安全隐患问题。从物理层面来说，局域网分为外部网络和内部网络，它们并不是直接相连的，但是，由于使用一些相同的技术手段，内部网络和外部网络从逻辑层面来说是不可分割的，经常会造成一些内部的网络安全隐患，主要有以下几点：①在设置网络防火墙时，一般放在网络的边界位置,如果攻击者选择从网络内部进行攻击,是不会遇到防火墙的阻碍的。②内部网络面向的对象是应用,应用程序的开发是基于用户的需求逐渐增加的,应用程序的增加加大了管理难度,也很容易出现技术上的安全漏洞。③内部网络不注重对数据的加密处理,相应的信任机制不完善,以明文形式进行数据传输,一旦非法入侵者进入网络内部,很容易获取数据。④局域网内部网络带宽高,给内部人员使用黑客工具进行内部扫描节约了更多时间。

### (二) 摆渡攻击

摆渡是网络信息中的一个专业名词,具体的含义是指当在两个网络间进行了物理隔离,如果彼此之间想要进行信息交换,那么在信息交换过程中攻击物理隔离网络的行为叫作摆渡攻击。根据如今的计算机技术发展状况来看,如果想要进行摆渡攻击是比较容易实现的,只要通过移动存储介质非法入侵者就可以摆渡攻击物理隔离的网络。具体实现过程如下:攻击者首先控制已连入互联网的计算机,当移动存储介质与计算机进行连接时将摆渡木马植入移动存储介质中去。当使用移动存储介质访问内部网络时,摆渡木马获取到这个信息时得到激活,应用程序开始启动,可以自动获取到局域网中重要的文件信息,会对得到的信息进行加密处理,转移到存储介质中去,当移动存储介质再次接入互联网进行资料传输时,攻击者可以通过移动存储介质获取局域网中的文件信息,这就完成了摆渡攻击行为。

### (三) 非法外联

非法外联指的是局域网的用户非法接入互联网。有些用户为了方便,同时将计算机接入局域网和互联网,这种行为使得内网的物理隔离形同虚设,基本没有安全防御,外部入侵者可以便捷地通过这条线路来控制计算机,由于计算机接入了局域网,所以,局域网内部的信息会被人恶意利用。还有另外一种办法,由于工作需求,很多人会把公司内部文件信息移入自己的笔记本中,在家中办公,但是,在接入互联网时曾经在笔记本中存在的局域网内部网络信息还是可以通过某种技术被找到,即使已对该部分信息做了物理删除还是有可能被还原,导致重要信息被提取,破坏信息完整性,危害局域网安全。

### (四) 非法接入

联系非法外联的定义,非法接入指的是外部信息系统非法接入局域网。随着计算机网络的飞速发展,计算机网络的应用遍及生活的方方面面,在进行局域网的线路布置时,通常会在可能出现网络连接的位置预留出相对应的网络接口,随着时间和控制网络接口的工作人员的变化，网络接口会出现无人控制的局面，非法入侵者如果检测到没有安全防范的网络接口，便会通过外部的计算机进入局域网内部，威胁局域网的安全。

## 二、局域网安全防范措施分析

基于上述局域网安全风险的分析，应有目的性地制定相应的局域网安全防范措施，保障局域网的安全性。

### （一）强化系统认证方式，防止出现无授权访问的现象

计算机安全认证技术一定要到位，访问网络的第一道屏障就是身份认证，一旦身份认证出现问题，入侵者掌握网络内部信息将会畅通无阻。目前，主流的身份认证技术是用户名加密码的验证方式，通过设置唯一的用户名进行网络系统的身份认证，但是由于用户名是公开使用的，攻击者如果具有相当高超的网络技术，还是可以破解用户名和密码。基于这种情况，设置账号和密码时管理员需要特别提醒用户，选用高质量的密码，可以在用户注册时给用户发送加强安全风险意识的提示信息，并且指导用户设置高质量的密码。例如，设置包含数字和字符多种符号的密码，不要使用生日、身份等信息作为密码等。特别是在安全性要求较高的局域网系统中，要采取双因素认证技术。

### （二）科学安装主机防火墙，防范内部网络攻击

主机防火墙是安装在主机上的一种软件系统，它主要部署在终端设备上，主要负责对网络权限和网络数据的侦查。主机防火墙在工作时会对正在使用网络的应用程序做一个全面审查，判断应用程序的安全性，当发现有新的程序试图通过网络传递信息，会启动向用户报警机制，由用户决定是否允许程序访问网络，这有利于对普通木马程序的防范。主机防火墙在侦查网络数据时，会对网络数据进行检查过滤，关闭不需要的网络通信信道，阻塞攻击流量，从而保护主机的网络服务程序。

### （三）严格管理存储介质的使用

使用移动存储介质很容易造成摆渡攻击，所以，要严格控制存储介质的管理和使用。首先，需要对存储介质进行分类管理。涉密介质进行涉密信息的处理，非涉密介质进行非涉密信息的处理。对于涉密介质的使用，需要有专门的负责人员，进行专员控制和管理，涉密信息即使在涉密介质中存放也需要做好安全防范措施，进行一定的加密处理，并且做好数据的备份工作，防止意外情况发生。对于非涉密存储介质，不可以用于对涉密信息的处理，防止被非法分子利用，从而危害网络安全。

其次，在使用移动存储介质时，要严格控制使用方法。不可以在涉密计算机系统中使用可写的非涉密移动存储介质，反之亦然。为防止网络内部人员利用局域网内部信息，在使用移动介质的过程中，要有相应的日志记录，将责任捆绑到个人，可以起到一定的威慑作用，万一出现意外状况也有证可循。

最后，是对涉密信息的管理，在使用移动存储介质时要进行木马查杀，保障安全。涉密信息在传输时要进行加密存储，要按照规定选择经过认证的加密算法和加密工具，这是信息保护的最后一道防线，即使非法入侵者拿到涉密信息，没有解密的软件设备或者密钥，破解信息内容也是有一定的难度的。

### （四）更新安全补丁，保持系统安全

由于系统的运行和软件的安装，很容易破坏网络的安全防御系统，造成一定的安全风险，当然，有些安全隐患的出现是因为应用程序技术上的漏洞，所以，要及时下载一些安全补丁进行系统修复，并且定期更新系统软件修复系统漏洞。有些木马病毒本身应用的就是计算机技术，所以，只要计算机技术在不断进步和发展，安全风险就不可能完全消除，只有运用最新的技术，不断进行版本更新和漏洞修复，严格把关，才可以有效防范攻击者行为，保障局域网的安全。

通过上述对网络安全性的分析，指出局域网中可能出现的安全风险，并且制定了相应的防范措施，如果能够很好地运用这些局域网的安全防范措施，一定会对保障局域网的网络安全起到很好的作用。但是，随着信息技术的不断发展，没有办法保证不会有新的威胁网络安全的技术出现，所以，要不断关注计算机网络技术的新发展，认真学习新技术，保证局域网的安全运行。局域网在人们的生活中发挥着极大作用，要全方位做好局域网的安全防范工作，最大限度地保障局域网的安全。

# 第二节　局域网安全措施与管理

随着经济的快速发展，我国开始步入一个全新的时代——网络时代，它是人们进行信息存储、扩大交际圈和交流的重要手段和工具。但是，网络在给人们提供便利的同时，也产生了较大的威胁，如传输数据被盗、信息被篡改等。经调查，我国的信息网络被盗事件频繁发生。因此，加强计算机局域网的保密工作以及采取安全防范措施显得尤为重要，并且已经成为人们共同关注的热点和话题。

## 一、计算机局域网的构成以及脆弱性

计算机局域网主要由两大部分组成，分别是信息和实体。实现计算机局域网的安全性主要是依靠信息的保密性以及局域网的实体保护性来完成的。下面主要对这两个方面所存在的缺陷进行介绍。

### （一）计算机局域网的信息保密性缺陷

计算机局域网信息主要是指在计算机终端以及其外部设备上存储的程序、资料等，而计算机局域网的保密隐患之一便来自信息泄露。

信息泄露指的是计算机局域网的信息被黑客或者是其他人员有意或者无意地被截获、窃取或者收集到其他系统中。之所以会发生信息泄露，是由于一些对网络知识认知较少、从未对信息泄露这些情况引起重视的人员，很少对网络系统设置保密措施，从而留下安全隐患，一方面，数据库的信息具有可访问性，操作系统对数据库缺少保密措施，很容易被拷贝而不留痕迹；另一方面，很多情况下大量有价值的信息放在一起而没有将其转化为密文或者严格加密，容易发生一损俱损的情况。

### （二）局域网的实体保护性缺陷

计算机局域网实体是指对信息进行收集、传输、存储、加工等功能的计算机、外部设备或者是网络部件等。它主要是通过四个渠道进行泄密的。首先，电磁泄漏。电磁泄漏处处存在，它可以借助一些仪器设备对一定范围内计算机正在处理的信息进行接收，而且一旦计算机出现故障也会导致电磁泄漏情况的发生，从而导致信息泄露，这是危害局域网实体的一项极为重要的因素。其次，非法终端。非法终端泄密是指非法用户通过已有终端上再连接一个非法终端以使信息传输到非法终端上的一种泄密情况。再次，搭线窃取。一旦局域网与外界网络连接，非法用户就会通过未受保护的线路逐渐对计算机内部的数据进行访问和窃取。最后，介质的剩磁效应。一些情况下，尽管存储介质中的信息被删除，但是仍存在可读信息的痕迹；或者删除文件或信息并不彻底，导致原文件仍存在于存储介质中，使信息存在泄密的安全隐患。

## 二、计算机局域网的安全威胁因素

### （一）病毒以及恶意代码

病毒作为计算机系统的一种常见威胁因素，其还具备隐藏性强、破坏力强以及易传染

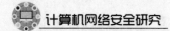

等特点，并能够通过网络、网页以及磁盘等多种媒介进行传播。当计算机系统遭受到病毒侵袭或者破坏之后，还会直接威胁到整个计算机内部数据信息的安全性，严重情况下会导致计算机硬件以及主板损坏，从而无法正常运转。用户在计算机使用过程中如果未曾正确安装杀毒软件，容易导致计算机出现被病毒入侵的情况，并会直接威胁计算机局域网的运行安全性。

### （二）网络系统的威胁因素

一般情况下，计算机局域网与互联网直接建立连接，因为互联网是面向整个网络空间的，其还会覆盖非常多的网络以及网络系统，这也就导致了互联网具备开放性的特点，与之相连的计算机局域网也就容易遭受到比较多的安全威胁。在计算机局域网的应用过程中如果未曾做好相应的安全防护工作，可能会出现黑客攻击或者网络病毒的破坏情况，有些黑客甚至还会窃取以及随意篡改用户信息，并导致该用户遭受到非常严重的损失。

### （三）局域网自身的非安全因素

局域网内部在运行过程中也存在一定的安全威胁，如局域网内部管理人员因为职业道德缺失或者为了一己私利，而选择随意泄露信息，或者破坏系统内部信息，导致网络口令、结构等信息数据丢失，也就导致了网络系统面临比较多的安全威胁。

## 三、常见的计算机局域网安全保密问题

### （一）电磁泄漏

在计算机系统的运行过程中，还会发射出大量的电磁波，这也就给部分不法分子提供了可乘之机，这些不法分子会通过一些强敏感度的仪器在某一特定空间中细致清楚地观看计算机信息，从而窃取机密资料。此外，在计算机网络端口的运行过程中，还会因为屏蔽工作不够完善而出现电磁泄漏现象，并直接影响到计算机局域网信息的保密性。

### （二）非法终端

非法终端主要指的是部分不法分子违背了计算机使用规定，而在一些已有终端上并联另一个终端，或者看到了合法用户短暂断开某终端之后，立即将其连接到另一个终端上，来让一些信息传输到非法终端上，导致了计算机局域网的安全性无法得到有效的保障。

### （三）搭线窃取

部分不法分子借助于搭线的模式连接到计算机局域网中，并窃取各种系统信息。其还

会导致局域网内部信息出现泄露的情况，并使得计算机局域网中各种信息资源的安全密保程度受到严重的影响，从而导致了一系列计算机安全事件的发生。

## 四、计算机局域网的安全保密工作

### （一）信息安全保密

随着我国互联网技术的不断发展，计算机局域网在人们日常生活与工作中得到广泛应用，这也就更需要做好计算机局域网的信息安全保密工作。首先需要充分了解计算机操作系统中所具备的一些保密信息，然后再进一步提高计算机操作系统中的信息保密强度，最后则需要通过防火墙技术以及现代密码技术，促进计算机局域网的信息安全性得到更进一步的提升。除了上述保密措施之外，还要求计算机的使用者能够具备良好的保密意识，不随意下载一些来源不明的文件，这样也能够起到良好的计算机局域网信息安全保密效果。

### （二）实体安全保密

部分不法分子还会通过设备以及监管漏洞等多种方式来窃取计算机信息资源，借此来获取个人利益。针对上述问题，要求计算机管理人员做好局域网实体的保护工作，以避免信息安全问题的出现。首先，要求操作系统一定要做到物尽其用，如操作人员在进行密码管理的过程中，需要杜绝与外来人员分享，并且需要设置服务器的权限，只有这样才能够使得资料具备双重保险，并避免信息安全事件的发生。其次，需要对出现的问题严格落实问责制度，这样才能够让所有管理人员都能够充分重视上述问题，做好各种计算机实体管理工作。再次，需要加大对电磁泄漏问题的重视力度，通过采取低辐射设备的模式来降低电磁泄漏的可能性。最后，还需要对实体设施进行定期以及不定期的检查工作，对于光缆与计算机终端等易被他人破坏以及自然损害的外在设施也需要及时更换与维修，以保障线路的通畅性。只有在多方共同作业的基础上，才能够保障整个计算机实体的安全性，借此来提升整个计算机局域网的运行安全性。

## 五、计算机局域网保密与安全防范措施的研究

网络安全是指在网络服务正常工作的前提条件下，通过网络系统提供的安全工具或者其他手段方式对网络系统的部件、程序、设备或者数据等信息进行保护，以免出现被他人盗取或者非法访问情况。

### （一）计算机局域网信息的保密性

通过以上对局域网信息泄露情况的分析，对其安全防范措施进行改进和提升，主要从

以下几个方面来实施。

**1. 严格利用计算机网络系统所提供的保密措施**

一些网络用户之所以很少使用网络系统所提供的保密措施，是尚未意识到信息泄露所带来的损失、危害，对此类情况没有引起重视。实际上，大多数计算机网络系统上都有与之相关的保密措施，如果对保密措施引起重视，并加强保密措施的操作，那么就能够大大降低信息泄露情况的发生。例如，美国的一家公司，他们的网络系统中有一个 Netware 系统，它具有四级保密措施，以此来对公司网络系统中的信息进行保护，以免出现信息泄露的情况。

**2. 加强数据库的信息保密措施，同时采用现代密码技术加大对局域网信息的保护力度**

数据库的信息之所以出现被盗取的情况，不仅仅是缺少特殊的保密措施，还源于数据库的数据主要是以可读的形式进行存储的，两种高风险数据库数据存储方式大大提高了信息泄露的概率。因此，以上情况数据库的数据保密性应采取其他的保密措施，如将重要数据或者是信息转化为非法人员无法破译的密文。

**3. 利用防火墙技术对局域网信息进行保护**

局域网信息泄露主要是因为内部网络系统与外部系统相连接，因此从根源出发，提高信息的安全性就要切断与外部网络连通的可能性。但是在一些情况下内部网络系统与外部网络连接是不可缺少的，如局域网与广域网的连接，那么可利用防火墙技术。防火墙主要是在局域网和外部网之间建立的一种电子网络系统，它能够对非法人员或者外部网络入侵者进行控制和管理，从而增强信息的安全性，可见防火墙在信息的保护性方面发挥着非常重要的作用。

**4. 对存储器的介质剩磁效应进行合理处理**

有时候尽管存储介质中的信息、文件等表面上显示被删除，但实际上存储介质中依然存在，而留下信息泄露的隐患。面对该种情况，如果是软盘出现问题，可采用集中消磁的方法，以防止信息泄露。

### （二）局域网实体保密的安全防范措施

前面提到，计算机局域网实体的保密性遭到威胁，主要是电磁泄漏、非法终端、搭线窃取、介质的剩磁效应四种原因造成的。因此，主要从以下三种改进措施来提升局域网实体的安全性。

**1. 防电磁泄漏的措施**

显示器是计算机硬件组成中的重要组成部分，并且由于在计算机的保密性工作中，显示器是保密性较差的一个环节，加之在非法操作人员在盗取信息时通过显示器进行盗取已经是极为成熟的一项技术，而低辐射显示器可以有效避免外界对计算机上的重要信息进行接收。因此，为了降低信息泄露情况的发生率，可以选用低辐射设备。此外，除了采用低辐射设备防止信息泄露外，还可采用距离防护、噪声感染等措施，以此来降低电磁泄漏情况的发生。

2. 对局域网实体定期进行检查

对实体进行检查主要是对文件服务器、光缆、电缆、终端系统以及其他外部设备的检查，以查看实体是否有泄露情况。该种定期检查方式，对防止非法人员侵入网络系统盗取信息有着重要的意义。

3. 对网络记录媒体进行保护和管理

网络记录媒体往往存有重要信息，这些信息存储的安全性较低，往往容易损坏和被盗取。因此，需要对网络记录媒体的信息引起重视，并加强保护和管理。例如，对于一些重要信息，相关人员需要及时拷贝，并对信息进行加密处理。如果有损坏的或者需要废弃的磁盘需要派专人进行销毁和处理。

### （三）完善计算机局域网的安全管理体系

加强计算机局域网的保密性，除了对局域网的信息和实体进行保护和管理外，不断完善局域网的安全管理体系也有着非常重要的意义。

首先，通过威严、严格的法律来提高局域网的安全性。社会法律和法规是实现社会稳定与安全的重要条件，同样也是局域网实现安全的基石，因此要不断建立和完善相关的法律法规制度，来制衡非法入侵者。其次，采用严格的管理制度。网络系统往往具有较大的连接范围，而不仅限于公司或者是企业内部，因此为了提高局域网的安全性和保密性，应建立信息安全管理办法，加强内部管理的建设，以使网络系统所连接的各个部门、单位不断提升信息的安全意识。再次，通过定期进行入侵检测等方式来实现信息的安全监控，以及时对发现的问题进行处理和解决，并采用硬件与软件相结合的方式组成一个强大的防御系统，可以有效阻止非法人员的入侵和盗取，以降低局域网所存在的安全隐患。最后，为保障局域网信息的保密性，还需要定期对网络系统中存在的漏洞进行扫描、审计和处理，以免留下安全隐患。

总之，面对计算机局域网的缺陷，除了要不断完善系统的安全保密措施外，还需要加大力度对局域网的安全管理体系进行管理和维护。网络系统安全主要包括三个方面的内容：防火墙技术、入侵检测技术、网络安全管理。

1. 防火墙技术

防火墙技术对于局域网的安全具有重要的意义，在局域网中有效地使用防护墙，能够确保这个局域网在一个较为安全的内部网络间运行，通过将不安全的网络信息过滤，阻止不安全因素入侵网络，威胁网络安全。通过设置防火墙，严格控制进入局域网的各种信息，过滤掉进入局域网的各种不安全信息，从而实现对不安全信息的隔离，继而实现对可能存在潜在威胁的数据信息的集中处理。除此之外，防火墙技术还能有效隔离各种敏感信息，进一步确保局域网安全。

2. 入侵检测技术

入侵检测技术检测的内容包括用户行为、安全日志以及审计信息等信息数据。主要是预防信息闯入系统，危害网络安全。入侵检测技术能够很好地保障计算机的网络安全，一般用来检测和报告系统信息中未经授权以及不正常情况的技术，同时也能用于检测局域网中对网络安全可能造成潜在威胁的技术。入侵检测系统在整个局域网安全系统中占有重要的位置。

3. 网络安全管理

首先要重视对于用户自身安全意识的提高，引导用户自身思想上对网络安全的重视，将责任到人，指导用户在局域网安全防护时应用多种手段。其次要积极地做好网络安全的宣传工作，通过对广大使用者的培训，使用户自身具备一定的安全技术，能够较好地意识并且对可能出现的安全威胁做出反应，确保网络的安全性。最后要加大网络知识的普及程度，使每一个用户都有安全意识，能够简单处理一些基本的安全事故，从根本上确保局域网的安全。

（四）物理安全防护

计算机局域网的使用人员还需要主动为计算机的运行创造出一个安全、稳定的物理环境空间，在此基础上形成一个牢靠的环境保护体系。在进行局域网的实际架构之前，首先需要合理规范通信线路，对各种不同的硬件设备构造进行合理的架构，为后续计算机局域网的顺利运行奠定一个良好的基础。在此过程中还需要加强对通信线路的安全保护工作，营造出一个安全良好的环境空间，这样也就能够有效避免外来因素所造成的不良干扰以及非法破坏等情况的发生，从而保障该计算机局域网的运行安全性。

技术人员需要加大对局域网服务器的检修跟维护力度，为其创造出一个良好的物理工作环境。此外，还需要保障局域网系统在一个温度与湿度适中、干净整洁的环境下运行。最后还需要加大对机房重地的管理力度，禁止一切外部人员进入机房重地，避免人为因素导致计算机局域网安全问题出现。这也就要求加强对机房内部工作人员的思想教育以及培训，来保障所有工作人员都具备良好的工作素质以及工作技能，并且要做好计算机局域网系统的安全防护工作，来为计算机的正常运行创造出一个良好的环境。

## （五）设置访问权限

访问权限设置主要指的是通过严格、周密的访问规则的编制，来加强用户登录过程中的身份认知工作，避免非法访问情况出现的一种计算机权限控制技术。通过设置访问权限的模式也能够对非法用户的进入与访问起到良好的控制效果，是一项非常重要的计算机网络安全防护措施。访问权限的设置一方面能够做好局域网的安全防护工作，另一方面还能够合理配置访问权限，保障各项网络资源得到充分合理的运用。

在操作权限的设置过程中，需要在结合用户自身身份特点以及级别特征的基础上来进行分层次、分级别的控制工作。对于部分机密性比较强的计算机文件，需要创建严密的文件访问权限控制口令，然后在结合该文件重要性以及保密程度的基础上进行安全等级的划分工作，对其做好各种安全标识，以避免出现误操作等问题。此外，要求相关人员加强对网络运行状况的实时检查，一旦发现出现了危险信号需要进行及时的处理，发出警示信息，来避免用户出现更大的损失。

## （六）构建安全网络结构

一个安全的局域网的构建，必须以安全稳定的网络结构为基础。网络结构会涉及局域网中的许多方面，包括设备配置、通信量估算、网络的应用等，在进行局域网的构建时，必须要注重网络结构的设计，在充分发挥已经存在的资源的同时，能够较好地使用先进的网络技术，确保局域网的先进性。简化局域网的构造，方能够构建一个先进完整的局域网。对网络上的链路设置防火墙，并且要严格检测进入局域网的信息，从而保证整个局域网的安全运行。

## （七）政务外网安全建设重点考虑的方面

构建一个安全稳定的局域网，还要重视政务外网的建设，加强政务外网的检测。在全国网络的出入口设置安全的检测平台，通过对外网边界安全的防御，收集可能造成网络安全问题的信息，过滤网络信息流，屏蔽非法信息，能够极大地增强国家对网络的控制，确保局域网的安全。

网络时代的快速发展导致计算机网络信息安全隐患的问题逐渐凸显，计算机局域网所存在的安全隐患不仅会造成具有高价值信息的泄露，严重情况下还会影响社会的和谐稳定。因此，加强计算机局域网的保密工作与安全防范措施有着重要的意义。而网络系统的

安全性问题不是仅仅依靠单方面的网络安全技术就能够解决的，它是一项系统性、复杂性的工程，需要连接各个系统并将多种技术结合在一起，以形成一个有效的安全的网络系统，同时还需要借助完善的安全管理体系。可见，提高局域网的安全性需要从多方面入手，这样才能大大提高局域网的保密性。

# 第三节　网络监听与协议分析

随着人类社会步入了信息时代，计算机的出现和逐步普及，人们利用计算机进行数据的储存、分析，在互联网上购物、看视频、进行社交活动等，充分地享受网络带来的娱乐、快捷和便利。网络已经完全地影响了人们的生活，它已经被广泛地应用到军事、政府、生产生活、教育人才等各个领域。

## 一、网络监听概念及监听原理

### （一）网络监听概念

络监听是一种监视网络状态、数据流程以及网络上信息传输的管理工具，它可以将网络界面设定成监听模式，并且可以截获网络上所传输的信息。设备一般安装在能够进行信息交流的网络上，在进行监听时，要调整网络接口的状态，因而能够对互联网上的信息传输进行截取。利用网络监听，能够对互联网上各种信息进行非法获取，这种监听行为对网络的危险性非常高，因为如果监听设备安装在相邻网络中，是很难被安全系统发现的。

1. 开放系统互联基本参考模型

OSI 是 Open System Interconnection 的缩写，为开放式系统互联的意思。OSI 模型是国际标准化组织制定的。这个模型把网络通信的工作分为七层，分别是物理层、数据链路层、网络层、传输层、会话层、表示层和应用层。

2. 物理层

物理层是 OSI 模型的第一层，是整个开放系统互联的基础。物理层为设备之间的数据通信提供传输媒体及互连设备，为数据传输提供可靠的环境。物理层常见设备有网卡光纤、CAT-5 线（RJ-45 接头）、集线器、重发器、串口、并口等。

3. 数据链路层

数据链路可以粗略地理解为数据通道。物理层要为终端设备间的数据通信提供传输介质及其连接。

## 4. 网络层

网络层是 OSI 模型中的第三层，网络层依靠 IP 地址在互联网上和其他的主机之间进行数据交流（类似于数据链路层的 MAC 地址）。网络层的作用一般是寻址和路由。

## 5. IP 路由协议

互联网协议（IP）是（Internet Protocol Suite，IPS）众多通信协议中的一个，也是其中最重要的一个。TCP/IP 协议采用了标准化协议，属于 OSI 七层模型中的第三层网络层协议，具有路由寻址和消息传递的作用。

## 6. ARP 协议

地址解析协议，即 ARP（Address Resolution Protocol），是根据 IP 地址获取物理地址的一个 TCP/IP 协议。ARP 协议的工作原理是主机发送信息时将包含目标 IP 地址的 ARP 请求广播到网络上的所有主机，并接收返回数据，以此确定目标的 MAC 地址；收到返回数据后将该 IP 地址和 MAC 地址存入本机 ARP 缓存中并保留一定时间，下次请求时直接查询 ARP 缓存以节约资源。

## 7. MAC 地址

MAC（Media Access Control 或者 Medium Access Control）地址，意译为媒体访问控制，或称为物理地址、硬件地址，用来确定网络设备的位置。在 OSI 模型中，第三层网络层负责 IP 地址，第二层数据链路层则负责 MAC 地址。因此一个主机会有一个 MAC 地址，而每个网络位置会有一个专属于它的 IP 地址。

## 8. 网卡模式

对于网卡来说，它一般拥有四种模式：①广播模式。该模式下的网卡可以接收网络中的广播信息。②组播方式。该模式下的网卡能够接收组播数据。③直接方式。该模式下的网卡能指定目的网卡，只有特定目的网卡才能接收数据。④混杂模式。在这种模式下的网卡能接收一切数据，无论该数据的目标是否指向它。该模式也是网络监听必要的一种手段。

### （二）基于以太网的网络监听原理

以太网进行连接的方式是设定某一个网段，通过网络广播的形式进行数据帧的传输。一般来说，目标主机的位置信息会存储在数据帧中。如果网络接口处在相同网段中，那么都能够对全部的数据进行访问。网络接口所必需的要素之一就是硬件地址，这个地址是具有唯一性的。另外，还需要设定一个广播地址。通常来说，网络接口需要对以下两种数据帧进行响应：第一种帧，硬件地址要能够与本地网络接口相匹配；第二种帧，目的地址字段含有"广播地址"；当一帧或者二帧发送到网络接口时，就会出现硬件中断，这时会引

起操作系统注意，随后便会提取其中的数据，传输到软件中，再进行计算。

网络监听处于网络传输过程的底层，可以对互联网上传输的信息进行截取，经过配备程序处理，能够对所获取的信息进行分析，从而对主机、网络等信息进行获取。其中，网络监听是一种潜在的手段，并不会进行任何自身信息的传输。

### （三）基于交换机的网络监听原理

交换机是一种用于数据传输的网络，运行位点在数据链路层，在运行时对 ARP 的数据表进行维护。交换机存在多个端口，端口的位置会被记录在 ARP 数据表中，在进行数据帧的传输时，交换机要利用 ARP 数据表中的端口位置同数据帧的位置进行比对，才能够将数据帧传输出去。传输出去的信息发生以下两种状况时，才能够进行数据发出：①ARP数据表不能够包含数据帧的位点。②报文能够在广播接口进行广播，这说明交换机能够在一定程度上避免网络监听，但是仍然有潜在的危险性。

在局域网中，IP 数据不能进行数据的传输，担任这一任务的是 MAC 地址，这一地址通常保存在 ARP 协议中，所以在进行数据传送时，不需要建立信息的互相对话，主机可以直接接收 ARP 回应，把其中所包含的信息直接保存下来。利用这个流程，攻击者可以实施监听行为。向目标主机传送被更改包装过的 ARP 回应，就能够获得其地址信息等数据表，随后更改这一主机的 MAC 地址，这样就能够通过同样的地址获取传输到主机的信息。

### （四）ARP 欺骗的原理

ARP 欺骗的原理是利用的是 ARP 协议在早期设计上的缺陷。ARP 协议的工作原理是一个主机向网络中广播含有 ARP 请求的数据，数据中询问目的主机的 IP 地址，拥有该 IP 的另一台主机会向请求的主机发送一个含有其 MAC 地址的 ARP 应答数据包，询问的主机就可以获得目的主机的 MAC 地址。

### （五）DNS 欺骗

DNS（Domain Name System，域名系统），互联网上作为域名和 IP 地址对应的一个随机分布的数据库，可以使用户在浏览网页时更加方便。域名的解析需要特殊的相应的服务器进行解析，DNS 就是特殊的域名解析服务器。

DNS 欺骗的主要形式是对 Hosts 文件的篡改，Hosts 文件是一个将主机名称映射到相应的 IP，Hosts 文件的功能与 DNS 相似，用户一般可以直接对 Hosts 文件进行修改。

（六）网络通信监听的特征

特征是区别于两个事物的标志和征象所在，其以外化的形态体现了事物的本质属性。毋庸置疑，网络通信监听和传统通信监听有着相似或一致性，但由于网络通信监听产生于网络，其有着明显的自身特殊性。网络通信监听一般具有以下三个特征。

1. 监听范围的广泛性

以互联网为媒介来进行信息传递具有传播速度快、距离远、容量大的优点，为人们提供了一个快捷的交流方式。只需要手机或是电脑等网络连接设备并开通该设备的网络，就可以利用互联网和任意一个互联网用户进行信息的交流、共享。但是在交流、共享信息的过程中也很有可能会出现被监听的情况，随着互联网交流范围的扩大，互联网通信监听的波及范围也随之扩大，遍及全球的各个角落。因此，网络通信监听的主要特征之一就是其监听范围的广泛性。

2. 监听主体的普遍性

网络通信监听在监听主体上同传统监听有较大的差异，其技术的含量远远高于传统监听。传统监听必须凭借特殊的实体性技术装置，比如在口袋中藏录音笔进行当场录音、在电话的发话筒内安装隐形麦、在墙壁夹层内放置增敏传声器，等等。虽然网络通信监听也需要依靠一些特殊的软件程序来进行，但是在现实社会中，使用传统监听器材来对信息进行监听并不简单，而且由于国家对通信自由权、公民隐私权的保护，此类器材很难被普通人买到。而在互联网环境中，只需要安置相关的软件即可获取对方的私密信息。并且凭借着网络软件程序的非实体性及匿名虚拟性，这些软件可以随意下载使用，因此网络通信监听的主体具有普遍性。

3. 监听对象的非确定性

在传统通信监听的过程中，监听的对象基本是确定的，谈话的当事人即是具体的监听对象。但在网络监听的过程中，监听的对象却存在着非确定性。除了实时语音可以确定监听对象的身份之外，大多数时候人们在交流的过程中，通信都是以数据信息流的形态出现。这样一来，监听人不能确定监听的信息是否属于被监听人，甚至可能会牵涉到其他人员，使得监听的对象变得不确定。

（七）网络通信监听的类别

1. 即时多人网络通信监听

依靠各大门户网站聊天室进行实时信息交流的方式被称为即时多人网络通信，这种通信方式被人们广泛使用。凭借网络监控软件对此类通信方式的交流信息进行截获的过程就是即时多人网络通信监听，而当事人并不局限于特定的两个人，往往有众多的参与者。以这种方式进行监听容易伤及无辜人员的基本人权，除非情势危急，这种监听方式一般不被允许使用。

### 2. 非即时网络通信监听

凭借 BBS、Blog、E-mail 等方式进行非实时交流的情况被称为非即时网络通信，是一种极其普遍的通信形式。用"铁马冰河""食肉者"等专门的监控软件对目标计算机进行监控的行为即是非即时网络监听，这些软件的使用可以对此类通信路径所传输的信息进行智能化的记录、搜索和复制。该监听方式得到了广泛运用。

### 3. 即时单独网络通信监听

利用一对一的通信软件进行实时信息交流的方式被称为即时单独网络通信，双方当事人也具有不特定性。随着互联网的普及、移动通信 5G 时代的到来，该通信方式的应用也更加普遍，很多人都凭借该种方式进行联络。其实，在一定程度上，即时单独网络通信监听与传统的电话监听有着极大的相似之处，都是秘密截获双方当事人的交流信息内容，并且这种监听方式较为简单，利于应用。然而，侦查人员在进行监听前须事先获得任一方当事人的同意并得到法定机关的令状许可才能使用该方式对双方当事人的信息进行监听。

## 二、机房网络监听检测与防范

### （一）机房网络监听的检测

监听行为对机房网络的危险性非常高，因为如果监听设备安装在校园局域网中，是很难被安全系统发现的。当前对于这个问题也有以下一些应对方案。

### 1. 反应时间

为了查找机房网络中的监听主机，我们利用无效信息进行大范围的输出，依据其反应时间来进行判断。如果在机房网络中没有实施监听行为，那么反应时间应当不会有所改变，而如果实施了监听，那么因为要对无效数据进行处理，反应时间会延长。

### 2. 检测 DNS

对于机房网络中的监听主机来说，通常要对机房网络中的地址进行反向追踪解析，因此可以对 DNS 进行检查，如果发现有大量解析请求，那么可以认定为主机被监听。

### 3. 使用 ping 模式

当机房网络中的监听主机实施了监听行为，若我们对其发送正确的 IP 地址和错误的 ping，那么主机会有反应，而如果没有实施监听，这种反应是不会发生的。对于正常的主机来说，这种错误 ping 是不能够接收的。

4. 使用 arp 数据包

类似于方案 3。对于在机房网络中实施监听的监听主机来说，如果对其发送 arp 包，就会产生回应。

## （二）机房网络监听技术的防范

在机房网络监听防范的过程中，通常采用以下手段来预防机房网络监听。

1. 以逻辑或物理方式进行网络分段

正常访问同非法访问的网络地址是有所区别的，因此利用分段的方法能够有效地分离正常用户和非法用户，从而维护机房网络的安全，避免非法监听行为的出现。

2. 在机房网络使用交换式集线器

网络分段是保障网络安全的有效方式，但是这种手段不能够防御所有攻击者。以往所使用的大多是共享式集线器，在正常用户进行信息交流时，如果监听主机在这个集线器上有网络接口，那么就可以实施非法监听。因此我们可以利用交换式集线器，限制信息传输的端口数目，这样可以保证在进行数据通信时，交流过程是保密的，监听主机无法进行监听。

使用交换式集线器具有以下优点：一方面，能够严格限制数据的传送过程，不会出现先到达监听主机，再转发到目标主机的现象；另一方面，能够有效地预防非法监听，保障用户的安全，但是这一方法也存在不足，就是不能够对广播形式和多播形式的数据进行保障。

3. 利用加密技术

对所有数据进行网络加密与包装，这样即使数据被发送到了非法监听主机上，但是由于其没有解码程序，也不能够识别这些数据。但是这种方法的缺陷在于，大大影响了传输速度，而且加密可能会被识破，所以在运行时需要考虑到这些因素。

4. 在机房局域网中划分 VLAN

这是一种虚拟的局域网技术，能够改变信息传输的方式，从而避免网络监听。

机房网络安全是学校教学实践工作的重要保障，而机房网络监听的检测与防范措施只是机房网络安全管理过程中的一个方面。网络监听的防御不仅要在机房局域网中开展，还要面向广大的互联网用户。对涉及国家安全的许多机密资料要进行合理的保护，防止资料流失造成重大安全事故。

### 三、网络监听的防范措施

#### （一）关于网络监听的检测

1. 通过 DNS 检测

许多监听的方法中，都会对所窃听的 IP 地址自动发送一些反向的 DNS 请求数据，这样一来，就可以通过对 DNS 包的观察检测来判断是否被窃听。比如，可以对一个不存在主机发送 ping 命令，如果是被窃听的话，就会对该"主机"发送反向 DNS 请求。通过这种方式，可以检测是否被监听。

2. 通过 ping 检测

很大一部分的监听程序安装在一个有 TCP/IP 协议的主机上，所以你若向监听的主机发送请求，那么监听主机也会做出反应。

#### （二）ARP 欺骗的防范措施

1. 分割网络

细化主机在互联网中向其他主机所发送的数据，或细化接收到的数据，都会导致在局域网中被监听的可能性减小，因为网络监听无法跨网段进行监听，使用交换机、网桥等设备就可以将网络分段，从而阻断网络监听。分割网络的方法一般是使用路由器、交换机等设备把单个网络分为多个子网。

2. 绑定静态 ARP

使用静态 ARP 表会防止 ARP 表的篡改。因为 ARP 欺骗的实现是基于对 ARP 表的篡改，绑定静态的 ARP 可以非常有效地防止 ARP 欺骗发生。但此方法也存在缺陷，绑定静态 ARP 表会增加主机的工作量。

3. 数据加密

即便是监听者得到了数据，也无法进行分析，也就无法得到监听者所希望得到的信息。常见的数据加密方式一般有以下三种。

（1）SSL（Secure Sockets Layer，安全套接层）

SSL 是为保障数据在互联网上传输安全而研发的协议，它工作在 OSI 七层模型中的传输层，利用数据加密技术，确保数据在网络传输中不被监听。

（2）PGP（Pretty Good Privacy）

PGP 是一个电子邮件的加密软件，采用 RSA 和传统加密的混合算法，功能较强，加密安全系数较高。

（3）VPN（虚拟专用网络）

VPN 通过建立专用网络，进行加密通信，使用隧道技术，将专用网络的数据包加密，从而达到防止网络监听的目的，是很好的数据加密方式，具有非常高的安全性，是非常好的防范 ARP 欺骗的措施。

### （三）DNS 欺骗的防范措施

1. 静态 MAC 绑定

DNS 欺骗通过假冒 DNS 服务器的 IP 地址，使用户在浏览网页时浏览到黑客所制作的网页。因为主机的 MAC 地址是唯一的，因此将 MAC 地址与静态 IP 绑定，可以有效地防备 DNS 欺骗。

2. 直接使用 IP 访问

由于 IP 地址不便于记忆，但域名很好记忆，域名与 IP 地址是相互对应的关系，所以人们发明了域名系统，方便人们在网络上交流。但因为使用了 DNS 服务器，所以使得 DNS 欺骗有了发生的可能，直接使用 IP 地址进行上网，能有效地防止 DNS 欺骗。

3. DNS 服务器冗余

为保证数据在整个网络是稳定的，避免单点故障发生的可能，设备在 Internet 中具有冗余性，即对关键设备或信息进行备份。依靠这种冗余的特性，可以在得知主机已经遭受 DNS 欺骗的条件下对 DNS 进行恢复，可以对 DNS 欺骗在一定程度上进行防范。

随着人类社会步入了信息时代，计算机的出现和普及，网络多媒体的快速发展，网络监听的范围和发生的频率将会进一步扩大。对于网络监听的防范是至关重要的，网络安全不仅关系个人的隐私，而且关系社会的稳定以及国家的长治久安。本部分概述了网络监听的原理及其防范措施，将对人们在正常生活工作中遇到网络监听时的应对措施起到参考性的价值。

# 第四节 VLAN 安全技术与应用

当下，有线宽带网络技术发展突飞猛进，尤其在家庭电视应用方面，通过引入有线电视网络，借助有线电视网络调制解调器端口平台与网络进行有效连接，很多家庭已逐渐引入该技术，既能在家中利用网络打电话，又可以享受网络带来的丰富多彩的电视节目内容，两者互不影响且节约成本，备受现代家庭的青睐。当然，VLAN 技术的发展和运用还有很长的路要走，还处在不断更新、提升和摸索阶段，只有联系实际，充分借助 VLAN 的

技术优势在相关领域发挥有效功能，才能更好地提高有线宽带网络的运行效率和认可度。

## 一、VLAN 技术的含义及基本特征

### （一）VLAN 技术的含义

VLAN 技术是一种现代化计算机虚拟局域网技术，运用该技术能够克服地理和时空限制，根据特定需求将使用用户分配至同一个局域网内，实现资源共享和无碍化交流，还可以延伸至多个网络设备终端，随时进行增减用户。在同一个 VLAN 上的设备或者用户，也可以根据功能、应用、部门等需求进行不同分类。VLAN 技术，既可以将不同地域和物理位置的节点与拓扑结构网络节点结合，打造成共同的连接单元，即虚拟局域网，也能实现不同物理网段节点之间的互联。

### （二）VLAN 技术的基本特征

近几年，网络应用越来越普及，VLAN 技术的应用，为企业和个人用户提供了更加便捷的服务，提高了沟通效率，提升了运行速率，使其应用得到更大范围的推广。从字面上即可看出其基本特性，这也是与传统的局域网网组本质差别，即虚拟化。具体 VLAN 技术的优势或基本特征表现在以下几方面。

1. VLAN 技术能够有效隔离广播，提高网络运行速率

在同一个 VLAN 网络内部，能够将广播风暴设定在一个 VLAN 内部，不同 VLAN 之间的广播相互隔离，避免其他网络受到影响，是一种非常成熟的网络分段技术。

2. VLAN 技术安全系数更高

通过 VLAN 技术设置，可以打造独立的广播域，各个虚拟局域网之间能够充分隔断，不能分摊网络资源，进一步提高了网络利用率，从而增强了网络应用的安全性。同一个 VLAN 内部成员之间可以安全地传递数据，保密信息可以充分利用保密技术进行安全防控。VLAN 外部的客户绝对看不到相关信息和数据，更不能随意通信。

3. VLAN 技术进一步提高了网络管理的有效性

运用 VLAN 技术，通过程序设定对整个网络系统进行统一管理和分配，直接对成员流动性进行动态管理而无须额外布线、再分配等。另外，企业可以根据工作安排通过引入虚拟局域网技术连接不同楼层间的工作电脑，打造共同的虚拟工作单元，从而提高工作效率。

4. 广播风暴影响范围缩小

如果在 VLAN 内部出现广播风暴，通过网络设置技术将风暴控制在 VLAN 内部，而不

会使其他的 VLAN 网受到影响，从而降低影响带来的风险。VLAN 以其独特的优势和特征逐渐拓宽了其在有线宽带网络中的应用领域，可以看到无论是企业、家庭、高校还是社会部门等，都逐渐引入 VLAN 技术提高网络运行效率和安全性。

### （三）VLAN 的工作机制

在计算机网络中，数据传输基于 OSI 七层模型，而交换机就工作于其第二层，即数据链路层。在交换机内部存有一条背部总线和内部交换矩阵，其中，背部总线用于连接交换机的所有端口，内部交换矩阵用于查找数据帧所需传送的目的地址所在端口，查找时是根据 MAC 地址表进行的。具体来说，交换机通过以下几个步骤完成数据帧的转发。

第一，初始状态时，交换机在重新启动或手工清除 MAC 地址表后，MAC 地址表没有任何 MAC 地址的记录。

第二，当交换机从某个端口收到一个数据帧，它先读取数据帧头中的源 MAC 地址，这样它就知道了源 MAC 地址和端口的对应关系，然后查找 MAC 表，有没有源地址和端口的对应关系，如果没有，则将源地址和端口的对应关系记录到 MAC 地址表中；如果已经存在，则更新该表项。

第三，再去读取数据帧头中的目的 MAC 地址，并在地址表中查找相应的端口。

第四，如表中有与目的 MAC 地址对应的端口，把数据帧直接复制到端口上；如果目的 MAC 地址和源 MAC 地址对应同一个端口，则不转发。

第五，如表中找不到相应的端口则把数据帧广播到除接收端口外的所有端口上，当目的机器对源机器回应时，交换机又可以记录这一目的 MAC 地址与哪个端口对应，在下次传送数据时就不再需要对所有端口进行广播了。

### （四）VLAN 的划分方法

VLAN 目前主要是在交换机上划分，可以分为静态 VLAN 和动态 VLAN。静态 VLAN 就是明确地指定交换机的端口分别属于哪个 VLAN，动态 VLAN 是根据交换机端口上所连接的计算机的情况来决定属于哪个 VLAN。通常的划分方式有以下两种。

1. 基于端口划分 VLAN

基于端口划分的 VLAN 属于静态 VLAN，是将交换机上的物理端口分成若干个组，每个组构成一个虚拟网，相当于一个独立的 VLAN 交换机。

2. 基于 MAC 地址划分 VLAN

基于 MAC 地址的 VLAN 是动态 VLAN，就是将 MAC 地址分成若干个组，使用同一组 MAC 地址的用户构成一个虚拟局域网。

## 二、VLAN 的类别及具体划分方式

VLAN 主要是根据交换机的交换功能级别设定相应的级别，目前有两层交换、三层交换两种。

VLAN 的划分方式很关键，在设计、构建、应用 VLAN 技术时，必须要确定如何划分 VLAN，就好比盖房子需要图纸一样，要先做好基础工作，而 VLAN 划分就是基础工作。目前的划分方式有以下几种。

### （一）基于物理端口的 VLAN 划分形式

通过网络设备交换机的端口设置和分配广播域具体位置和信号数据，既可以将主机设置在同一个广播域内，也可以将另外的端口连接的主机划分到其他广播域内。VLAN 划分仅和网络设备的交换端口有关，与主机没有任何关联。

### （二）基于 MAC 地址的 VLAN 划分形式

主要划分依据与 MAC 地址、其他的端口、主机的 IP 地址等都没有任何关系，这就有效避免了出现网络节点的变更情况，当然这比较适用于网络规模小的企业。如果网络规模比较大、网络设备和网络使用用户比较多，网络管理的难度就会提高，这种方式就不太适用。

### （三）基于网络层类型的 VLAN 划分形式

这种划分形式主要基于第三层路由协议，即基于 IP 和 IPX 协议划分，这种划分形式可以使 VLAN 横跨多个交换机，减少了人工分配 VLAN 的工作量，当使用用户增加、移动时可以自由变化。

### （四）基于策略的 VLAN 划分形式

该方法无须手动进行操作，但需要达到较高的技术要求才能使该系统有序运行。在配置虚拟局域网时，借助交换机的自主检查运行功能分配互联网协议地址，以此通过端口分配映射到共同的互联网协议地址上的虚拟局域网内。

## 三、VLAN 技术的关键要素

好比汽车最重要的部件是发动机一样，对于 VLAN 技术来说，无论何种划分方式，必须保证 VLAN 技术的有效运行，其关键要素有两个，一个是交换机间链路标签，另一个是

VLAN 中继协议，两者对于 VLAN 技术及运行至关重要。

## （一） 交换机间链路标签——ISL 标签

ISL 即 Inter Switch Link，主要是为了确保交换机之间的 VLAN 的中继，通过交换机间链路标签设置，可以在系统内部以及相互关联的设备服务器等之间构建一些以 VLAN 技术为依据的信息传递和转化流，便于标记、管理。

## （二） VLAN 中继协议——VTP 协议

VTP（Vlan Trunk Protocol），主要减少手工配置情况，支持大规模网络配置，在交换机之间同步及传递 VLAN 配置信息。

### 四、VLAN 技术在有线宽带网络中的应用探索

VLAN 技术在有线电视网络、校园网络等方面的应用技术逐渐成熟，下面结合具体事例分析和探索 VLAN 技术的应用情况。本文所举的例子为某大型企业网络改造中 VLAN 技术的应用。

某企业建立初期人员少、规模小，对网络要求也比较低。随着员工的增多，对网络的数量和技术要求和难度逐渐增大，对网络的管理难度也越来越大，加上专业的计算机网络技术人才配置不到位，导致网络连接卡、网速慢、传递信息不畅等问题。传统的路由器已不能有效解决上述问题，因此，应用 VLAN 技术以及三层交换机来解决网络配置和网络使用、管理中遇到的问题。

该企业内网主干网用业务楼、活动楼、宿舍楼的三层交换机进行关联设置，应用生成树原理生成具有环路结构的网络系统链，充分做好链路备份工作。企业网络正常运转过程中，三个楼体均可以承载网络流量负荷，而且如果在使用过程中某一个网络链路中断，也不影响整个网络的运行，进一步提高了企业整体网络运行的稳定性和安全性。

需要说明的是，和业务楼、活动楼、宿舍楼配置的三个主交换机相连接的二级交换机，主要是为了维护楼体使用用户之间网络节点的连续性，当需要再次分配地址时，不需要再分级分配地址和交换机。

应用探索试验过程中，将该企业的八个部门划分为四个子网，并考虑职工工作和业余时间双重上网需求，增加一个关联子网，在此网络构建和虚拟分配过程中有六个子网，将虚拟局域网号分别设置为 VLAN11、VLAN21、VLAN31、VLAN41、VLAN51、VLAN61。将每个交换机分别命名为 VLAN11、VLAN21、VLAN31、VLAN41、VLAN51 五个网络，五个网络的网络号地址分别如下：192. 168. 11. 0/24、92. 168. 21. 0/24、92. 168. 31. 0/

24、192.168.41.0/24、192.168.51.0/24。

网关地址根据上述划分，将 0/24 配置改成 254/24 即可。

根据上述配置，则可以判断出主交换机端口配置为：业务楼为 192.168.61.1/24、活动楼为 192.168.61.2/24、宿舍楼为 192.168.61.3/24。

以下具体介绍三层交换机的配置情况，以业务楼三层交换机为例，活动楼、宿舍楼配置原理相同。建立六个 VLAN；通过 VLAN61 设置三台交换和路由器之间的连接器，为每个网络设立网关。

其他网关设置参照上述程序按照端口名修改程序即可。

随后，充分发挥三层交换机的路由功能，将各个虚拟局域网有序连接，从而隔离广播，避免广播风暴间的互相影响。

活动楼和宿舍楼两个楼层之间的设置原理和上述分配情况一样，按照相关的协议及具体要求设置即可实现网络间连接。只要掌握了基本配置原理，相应的设置和变化即可以遵照具体原理实现有序配置。

VLAN 技术的应用、配置和具体操作是一项系统工程，仅仅掌握简单的书面知识不能完全为企业和用户服务，必须充分结合学校、企业和家庭的具体情况选择不同的设备、不同的配置命令进行配置。在配置之初必须要按照协议要求开展各项信号配置分配，充分考虑楼层间距、人员网络应用需求等各方面因素。通过不断调试，最终发挥 VLAN 技术在有线宽带网络中提高网络运行效率、提升网络安全性和稳定性、加强信息保密性和沟通有效性等功能。

## 五、VLAN 技术在网络安全中的广泛应用

### （一）校园网络安全

互联网技术的飞度发展和在市场上的广泛普及，使得当今社会中的用户数量骤然增长，也使得各种信息资源急剧膨胀与无限制增长。学校较之其他企事业单位无疑需要更安全的网络设施，然而伴随着这股网络热的兴起，传统的客户与服务器之间的网络服务器由于自身的性能瓶颈或单点失效等问题的陆续出现，已经无法满足客户在安全方面所需的追求，在校园中的网络安全尤为如此。所以校园网络中已经广泛推广了 VLAN 技术，在高等院校中，校方已经将其视为院校正规化建设的重要任务之一。如今很多的高等院校在 VLAN 技术的推广方面业已初具规模并在网络安全体系中得到进一步的拓展和探究，更有一些重点大学、高中和中职将这种技术的普及列入了现代化教学工程的重要环节。在现今主要的院校和高等学府中，资源、管理以及服务等要素的布局，数字化、科研管理环境的

构建乃至于加强学校内部管理与提供学生各种基础平台等各种任务，大多需要网络设施的功能齐全完善来进行现实中的运作。

### （二）企业网络安全

企业以盈利为主要目的，而既然是盈利，就意味着一些商业机密和企业规则务必需要保守秘密或以内部宣传的形式传达给各个员工。而这依然离不开网络安全系统的全面构建，引进 VLAN 技术在企业网络格局中仍然具有庞大的市场。企业网络中的 VLAN 技术按照所基于的对象的不同，大致可分为两大类：按端口划分的网络安全体系以及基于业务需要而划分的网络安全体系。但是相同的一点是，两类网络安全体系都介入了 VLAN 技术安全配置，均依据 VLAN 子网系统的各异，来区分领导、员工、客户以及非法接入等不同身份。

## 第五节 无线局域网安全技术

无线局域网具有灵活性、移动性、可扩充性等特点，随着无线局域网的普及应用，无线局域网的安全问题已经成为不可忽视的问题，安全技术的应用可以逐步地保障无线局域网应用的安全性。

### 一、无线局域网功能特性

#### （一）无线局域网的功能优点

1. 安装简单

在寻常的网络建设中，施工的建设周期较长，施工布线需要对墙体进行破除然后构建穿线的管架，施工布线受环境影响较为严重，维修和保养比较麻烦，而无线局域网可以免去布线的烦琐过程，同时覆盖范围更广。

2. 接入灵动

在无线网络的信号发射期间，周围都会被网络所覆盖，只要在覆盖范围之内就可以连接进局域网当中，而有线的网络无法灵动地接入，只能通过一根线连接网络，无线局域网已经突破了原有的在计算机连接线缆的现状。

3. 运行成本小

现如今的有线网络缺乏一定的灵活性，在网络的建设过程中需要建设较多的信息点，

这样一来就不可避免地增加了成本，实际的网络建设的费用就会严重地超出预计的费用，而无线局域网的应用可以很好地解决这个问题，相应的运行成本就会减少。

4. 扩展性能良好

无线局域网的配置很简单，无线局域网的具体应用不会仅限于小型用户的使用，可以网罗每一家小型用户形成大型的网络。

### （二）无线局域网的应用

无线局域网的应用已经不再限制于时间和地点，相应的数据通信就可以实现移动化的目标，对于网络的个性化的要求也能很好地满足。无线局域网的传播主要是依靠无线电波，具体应用的领域为企业和医院等大型场所，学校、工厂车间等领域公共场所为机场车站和商场等地。

## 二、无线局域网漏洞分析

在对无线局域网进行漏洞分析的过程中，要对其安全隐患进行及时清除和综合性管理，保证控制体系的完整性和处理效果的实效性，也为管理模型的升级提供支撑。

### （一）无线局域网的服务攻击漏洞

无线局域网在常规化运行过程中，会遭遇到拒绝服务攻击问题，这也是有线网络运行体系中较为重要的问题，需要相关部门给予高度关注，并且对其攻击内容以及攻击形式进行细化处理和综合性分析。由于攻击者能发送和无线局域网相同频率的干扰信号对其常规化运行产生影响，这就会导致用户在正常操作体制中无法有效对信息和数据进行及时的读取和管理，也就是无法正常浏览和访问网络，需要相关项目管理人员对其进行集中管理和综合控制。

### （二）无线局域网的无线窃听漏洞

在实际管理体系建立后，网络安全问题是重中之重，需要技术人员结合实际需求进行统筹分析和综合性处理，由于无线电信号在实际传递过程中能有效传播到建筑物外，就导致入侵者在建筑物外也能对无线局域网进行访问和读取，这就会窃听到网络中传输的数据信息，导致整体处理效果和处理模型失去实效性。另外，在实际入侵过程中，需要对无线局域网的网络访问代码进行读取和分析，并且保证处理效果的最优化。

### （三）无线局域网的遭遇攻击问题

在无线局域网运行过程中，遭遇攻击问题较为常见，而攻击者甚至能将自身伪装成基站，正是由于无线移动设备在常规化运行过程中将自己的信号进行切换和数据分析，这就给侵袭者以可乘之机，其只要借助移动设备对登录者信息进行侵略，就能对无线局域网系统进行攻击，例如，在网络遭遇攻击后，软件的 BUG、系统中配置错误以及配置结构失败等。

## 三、无线局域网安全技术分析

### （一）无线局域网地址过滤控制模型

在安全管理控制模型建立和运行的过程中，要对其控制技术和管理要求进行细化处理和综合性分析。由于不同工作站的运行网卡都是借助唯一的物理地址进行处理和综合性表示，这就需要对其编码结构进行综合处理，其结构和以太网物理地址较为相似，都是 48 位，网络管理人员对访问的手工维护项目进行地址列表的读取，确保相关物理地址的访问过滤切实有效，也从理论上实现了授权访问管理项目的实效性。

第一，要借助 MAC 地址对明文进行集中传送和信息处理，一定程度上减少 MAC 地址的安全隐患问题。

第二，要减少恶性修改，保证软件重置效果的有效性，也为修改项目的升级和综合性优化奠定坚实基础。

除此之外，在对相关控制模型进行集中处理和综合性管理的过程中，也要对服务标识进行统筹分析和综合性管理，确保无线工作站能正确认知服务级标识结构，并且进一步优化其处理效果。目前，在实际安全技术管理机制建立过程中，也要对大多数网络设备的 MAC 地址等信息进行集中处理和综合管控，确保信息处理效果符合实际预期，也为某些软件重置提供平台，真正提高管理效果的实效性，为项目升级奠定坚实基础。例如，在黑客事件中，黑客能修改自己的 MAC 地址冒充合法用户，从而对信息和数据进行盗取，这就需要引起技术人员和管理人员的高度重视。MAC 过滤只能解决有限的安全问题，要想提高处理效果要进一步建立更加系统化的处理措施，不允许 AP 对服务级标识信号进行传递和管理，能借助无线工作站的一端主动和服务级标识建立关联，确保控制模型符合要求，也为信号处理措施和工作的全面开展奠定坚实基础。

### （二）无线局域网安全技术增强模型

在无线局域网安全技术增强体系建立过程中，要结合管理系统和控制措施。

第一，要利用IEEE802. 1X协议，能对实体网络设备的逻辑结构进行综合分析和检验，并且对其认证结果进行统筹管控，在认证通知结束后，能应用AP无线工作对AP进行全面关联，从而保证认证效果符合和实际标准，提高用户上网的频率。

第二，要利用无线VPN安全解决方案，能在提高公共平台对相关网络信息和数据进行统筹处理，确保网络安全性符合实际需求，也为技术模型的综合性认证提供支持，确保管理体系用户认证结构和计费效果符合预期。另外，WAP技术也具有自身的优势，能保证消息完整性检查符合标准，且具有序列功能的初始向量以及密钥生成项目，能实现整体结构和信息数据的定期更新。

## 四、无线局域网的安全标准协议

### （一）IEEE802. 11协议

这种协议比较容易访问，这种协议的存在主要是通过信标帧的广泛传播而存在的，这种广播形式是不需要采取函数的加密处理的，只要拥有无线网卡就很容易获得这一协议下的网络。这种网络很容易被未经过授权的AP接入，由于网络拓扑容易遭受混乱的操作，再加上管理上的不足就很容易造成被黑客无端侵入，无线客户端的信息数据很容易被窃取。

无线局域网的传输速率有限，再加上连接共享的人较多，MAC层不断开销，现实中的传输能力连一半都达不到，就很容易遭受到拒绝服务的攻击。

### （二）RADIUS协议

这一协议主要应用于服务器的终端，采用的主要是服务器的模型，这种网络接入服务器可以将用户的信息传递给对应的服务器上，然后接收另一端服务器传输过来的信息，收到连接请求之后就会认证用户。这一协议的应用需要加密传输，因此在使用的过程中需要共享密钥，在具体的认证过后就可以预防相关的信息被窃听。

### （三）EAP协议

这种协议是基于识别用户的框架协议，这一协议经过认证之后就可以打造自己的认证方式，简单的交换操作既可以将子协议进行更换，这种方式的目的不同，封装之后可以进行不同的链路层的运行操作。

## 五、安全接入技术的应用

### （一）认证过程

认证的过程就是对用户的个人信息的识别过程，可以直接给使用者一层身份的保护，每一名用户都是一个独立的个体，无线局域网的访问需要首先获得身份的认证，认证一旦通过用户就可以获取无线局域网的部分权限，用户获得相应的授权之后才能登录所要应用的网站。

认证所需的具体方式一共有三种，第一种就是 PPPoE 的认证方式，这一技术比较成熟，常用的宽带的连接就是这种方式，而在无线局域网的具体应用当中则需加入相应的后台操作的模块，才能够实现认证过程，此方式比较便捷而且节省部分成本，应用仍很广泛。第二种方式就是 Web 认证，这种方式的优点，就是无须在后台加入相应的操作软件，只要一个 IE 浏览器即可，用户连接网络更加方便快捷，避免安装软件的麻烦，维修省力，这种方式还可以间接地推动相关的网站，用户可以自行地开辟新业务，这一认证技术主要应用于商场和医院等服务行业领域。第三种方式就是 802. 1X 认证，这种方式是利用相关的协议加以严密地控制的，客户端、服务器之间可以相互协调，然后进行良好的通信。

### （二）访问控制过程

访问控制保证网络资源不被非法使用和非法访问，非法访问具体指在没有经过认证许可的情况下对网站进行访问。一般情况下，经过网络的认证过程之后才能获得相应的授权，即网络的认证是访问网络的第一步，第二步就是访问的控制过程。访问控制可以对申请接入的用户进行属性的识别，例如端口的类型和协议的具体类型，然后过滤掉非法访问，一旦没有授权就无法访问网络的资源，这一过程的控制机制就会严重受限，因此，访问的控制就是一种安全接入相应的控制技术，通过过滤非法访问，进而保护资源。

### （三）加密过程

这一技术的应用主要是通过数据的保密工作和业务的流程保密开展的，依据密码算法将密钥和解密的过程进行相应的制定，信息的安全得以保障，网络的传输环境也会良好。

加密可以保证信息不会泄露，在数据的保密工作当中，具体的数据窃取很难做到，这是由于信息量过大、数据系统的数据过多造成的，这样就可以起到很好的保护作用。在密码算法过程中，可以对加密的过程进行推导，具体的推导方向为解密的过程，当信息运行

就可以起到良好的保护作用。

无线局域网接入安全是人们一直关注的焦点，通过相应的认证技术、访问控制技术和加密技术，以及相关协议的应用可以很好地保障无线局域网的安全性。通过安全接入技术的有效应用，进而保障无线网络得以可持续发展。

# 第六节　企业局域网安全解决方案

从 21 世纪初开始，全球被互联网浪潮所席卷，网络规模及网民人数呈几何倍数增长。但是从网络诞生起，由于其特有的开放性和使用者的随机性，使得网络安全问题逐渐凸显。随着我国互联网的使用人员不断增多，规模和范围不断扩大，网络功能在发展的过程中已经不断地在升级，而网络安全问题已经成为全社会关注的问题之一。那么研究网络安全的学科也就应运而生，这是一个综合了多门专业知识的学科，主要涉及计算机、网络、统计学、法律法规、社会伦理学等。

网络安全主要涵盖了两个方面的内容：物理安全和逻辑安全。前者主要是建立网络各种物理设备的安全性，主要是针对网络设备的防护问题。而后者主要指的是网络信息的安全，即信息的安全保密发送、存储和接收。显然，逻辑安全是网络安全问题的重心。网络安全问题在技术方面与交换机技术、计算机操作系统、数据库、防火墙等相关，在管理上与网络管理策略的设置和网管人员培训等各方面相关，需要综合考虑制订方案。

## 一、企业局域网存在的安全问题

计算机网络已深入企事业单位、高校校园等，逐渐形成了一种具有特色的局域网，成为互联网的重要组成部分。网络建设已经是企业硬件建设的重要环节，成为衡量一个企业是否具有信息化和现代化设备的重要标志。局域网的全面普及和各类资源的有效配置，可以更好地对网络设备中的信息进行处理，提高工作效率，实现资源的共享，将在未来的单位建设中发挥重要的作用，也是各企事业单位提高管理水平和工作效率、降低运营成本的重要手段。

但是，开放性及共享性是网络与生俱来的特性，这种特性使得局域网安全问题日益突出，成为信息安全领域的重要研究课题。目前，经过采样分析，绝大多数企业的局域网安全问题可以从以下三个方面分析。

### （一）硬件方面

由于资金有限、建设周期长等问题，大部分单位在厂区建设时并没有意识到网络安全的重要性，这方面的投入也就很有限，甚至只安装一个防火墙软件了事。硬件设施的薄弱势必会导致严峻的网络安全问题，这是绝大多数单位所面临的问题。新老厂区和新旧网络并存，这种情况对网络管理造成了很大的挑战。

### （二）软件方面

缺乏统一的网络安全策略，针对性的网络安全防范措施缺失，管理软件功能滞后或者形同虚设，网络安全关键技术严重滞后。有些单位在建设初期购买安全软件后就搁置了，从来不进行升级和维护，安全软件的漏洞成为网络攻击的主要目标。

### （三）管理方面

企业管理者大部分作为非专业人士，信息安全意识弱。此外，由于缺乏一些相应的管理和技术方面的人才，网络安全管理机构和制度不健全。安全保障预警和检测工作基本无法开展，保护、应急和恢复等工作还存在很多的问题。

网络安全的定义主要是从狭义的角度来说的，是指计算机及其网络系统资源和信息资源不会受到自然环境和有害因素的干扰。从广义的角度来说，只要是在计算机上的网络资源机密性、完整性等方面的技术和理论都是网络安全需要分析的内容所在。

随着局域网安全问题的日益严重，人们逐渐开始研究影响局域网安全的因素以及针对性的解决方案。

## 二、网络安全理论模型的演变

理想的安全模型是一个"环"，一个包含输出到输入的反馈的环，它是可以实现自动控制与响应的闭环系统。此外，计算机网络不同于其他的控制对象，有其自身的特点。网络是一个分层的立体结构，这个特点决定了网络安全体系必须采用与之对应的分层次的结构设计，相对于静态安全模型，它应该具有全面、立体、动态的特点。

随着技术的不断进步和网络安全理论的不断成熟，更加灵活、快速、稳定的动态安全模型逐渐地得到了发展。演变过程中较为典型的有 PDR 模型、PPDR 模型、CISCO 安全模型等。动态安全模型的关键词为"动态"，即安全策略可以随着实际输入的具体情况自动进行调整，它在安全防护、安全检测、实时响应之间进行循环，直至达到设定的安全阈值才结束这次动态的防御工作。

## （一）PDR 模型

所谓 POR 模型包含防护（P）、检测（D）、响应（R）。该模型指出了网络安全有上述三个环环紧扣的要素，考虑的重要参数为每一个环节的时间。

三者形成了一个"防护—检测—响应—再防护—再检测—再响应"的循环。如前文所述，各个环节的时间是 PDR 模型考虑的主要因素，由此可以定义如下。

P（t）：防护时间，即所谓系统受到攻击时，通过相应的安全体系的全面保护，局域网可以免受攻击的持续时间。

D（t）：检测时间，即从发起攻击一开始进行计算，到系统安全体系可以探测到受到攻击的时间。

R（t）：响应时间，即从发现攻击时起，到安全体系做出有针对性的响应的时间。

在防护时间内，系统已经检测出攻击事件并做出了响应，如果忽略了响应的效果问题，仅从时间角度做出单一判断的话，认为系统处于安全状态。

## （二）PPDR 模型

对 PDR 的完善得到策略保护检测响应（PPDR）模型，它相对于上文介绍的 PDR 模型增加了重要一环就是安全策略（Policy）。显然，该模型以通过一系列技术措施如出口入口流量统计、异常情况分析、模式匹配、入侵扫描等方法形成的统一安全策略。针对不同目标系统，安全策略还可做出调整。这种携带策略的网络安全模型显然比 PDR 更为全面、完善和灵活，动态性能更为突出。

PPDR 模型主要由四个部分组成：策略（P）、防护（P）、检测（D）、响应（R）。针对目标系统的需求，制定整体安全策略。根据策略来综合地利用相应的检测技术和防护技术对系统的安全状态进行评判，调动相应机制，如此循环，直到达到阈值，系统进入安全状态。下面分环节进行详细说明。

1. 安全策略（Policy）

安全策略是 PPDR 模型的高级之处，也是其核心，但势必会提高安全体系的复杂度。策略是一个综合体系，首先根据需求分析制定安全策略，然后反过来安全策略在启动的过程中会对相应的系统需要达到的目标进行评估活动，最后根据评估结果启动响应机制，完成整个工作的实施。可以说，安全策略是整个网络的行为准则，策略的具体内容决定了各种防护方式、检测措施、响应动作的强度、时间和目标阈值。显然，因为目标系统为计算机网络，所以在制定策略时必须同时放眼本地和远端。不但要保障本地网络的安全，还要兼顾远端用户访问的机密性。此外，数据加密解密、用户实名认证以及上网行为统计分析等，都是策略评估的内容和制定策略的依据。

### 2. 安全防护（Protection）

安全防护是模型的重要环节，具体的防护措施都在此环节，策略的执行很大程度上取决于防护环节的效果。所谓防护就是对各种可能发生的安全问题，进行针对性的预防。按照防御对象的差异，可以划分为三类：网络安全防护、系统安全防护、信息安全防护。其中，系统安全防护指的是计算机终端和网络服务器的安全性，避免计算机操作系统受到安全威胁；而网络安全防护则重点保护信息传输载体——计算机网络的安全、稳定，这包括物理链路和网络节点上的交换机、路由器等设备的安全性；信息安全则主要针对网络中传送数据本身的安全性，涉及通信纠错编码、密码学、统计学等。根据防护的启动特性可以分为主动防御和被动防御。如实名认证、授权访问、信息加密解密、VPN 等都属于主动防御手段；而防火墙技术、入侵识别与检测、系统漏洞查找和升级等都属于被动防御手段。

### 3. 安全检测（Detection）

在模型中，前文介绍的防护环节和安全检测实为联动，或者称为互补关系。原因如下：防护针对的是已知攻击行为设计的防御行为，可以使系统避免暴露，但是面对新的漏洞和安全问题，相对静态的防护往往失去作用，那么检测就成为必不可少的手段。检测环节通过不断监控系统和扫描漏洞，通过实现设定的异常情况特征和阈值，发现新的威胁和漏洞，并驱动系统做出策略调整和有效的响应。检测时间的长短决定了系统是否能快速摆脱暴露，是动态响应的依据，也是确保安全的重要环节。此外，安全检测主要是对网络中薄弱环节和来自外部的攻击进行的检测活动。

### 4. 安全响应（Response）

响应是安全重要的执行环节，是对上一个环节检测结果的重要回应。当检测出攻击行为或者漏洞后，就需要快速启动响应，按照安全策略采取应对措施。响应环节的执行可以细分为两步：①快速响应。即当检测启动响应后，迅速按照预案进行分析和做出反应，并同时记录和发送日志报告给操作者。②恢复处理。指的是在完成了相应的作业之后，系统恢复到原始的稳定状态的过程。这是自动控制系统的特点，也是结束调整的前提。系统恢复不但指系统回到安全状态，完成漏洞的修补，也包括因受攻击而损坏丢失的信息的恢复。

# 第七章 网络空间信息安全

## 第一节 网络空间建构与信息安全

从古登堡印刷术的发明，到电话、广播、电视的普及，历史上每一次重大的信息通信革命不仅带来了技术革命，还带来了广泛和深远的社会变革，对既有的经济关系、文化生态、权力结构和管理体制等产生了解构和重构效应。当前人们面临的全球互联网浪潮，毫无疑问，对现实社会的解构和重构效应比任何时代都来得迅猛，也更加自发而无序。因此，如何充分利用互联网信息生产和传播的澎湃动力来推动社会经济的发展转型，同时将其对现实社会的破坏效应纳入可控范畴，最终推动社会的良性变革和有序竞争，就成为各国互联网信息安全工作面临的新课题。

### 一、计算机技术与互联网的发展

信息技术（Information Technology，IT），广义上指充分利用和扩展人类器官功能进行信息处理的各种方法、工具与技能的总和。自人类诞生以来，信息技术已经历了五次革命：第一次是语言的产生，发生在距今 50000～35000 年，拉开了人类系统传递信息之幕；第二次是文字的发明，大约发生于公元前 3500 年，使信息传递第一次突破了时间和空间的限制；第三次是造纸术和印刷术的发明与普及，始于 1040 年中国活字印刷的发明，大大降低了信息传递的成本，提升了信息传递的效率，初步为大众传播时代的到来奠定了基础；第四次是电报、电话、广播、电影和电视的发明与普及，始于 1837 年有线电报机的问世，电磁波的运用使信息传播再次显著突破时空限制，全面进入大众传播时代；第五次信息技术革命始于 20 世纪 40 年代，其标志是电子计算机的普及，计算机与现代通信技术的有机结合带领人类进入了数字信息传播时代。

狭义的信息技术概念以第五次信息技术革命为核心，指利用与计算机、通信、感知控制等各种软、硬件技术设备，对信息进行加工、存储、传输、获取、显示、识别及使用等高新技术之和，它强调信息技术的现代化与高科技含量，但在本质上仍是人类思维、感觉和神经系统等信息处理器官的延伸。

信息技术与通信技术的融合发展是第五次信息技术革命的显著特征和发展趋势。此前，信息技术与通信技术是较为独立的两个范畴。前者偏重信息的编码与解码，以及在通信载体中的传输方式，后者则注重传送技术。随着技术的融合发展，两者逐渐密不可分，现代信息通信技术（Information and Communication Technology，ICT）也逐渐发展成为 20 世纪 90 年代以来最具影响力和代表性的新技术集合。如今，以计算机及其网络为核心的现代信息通信技术已经渗透到人类经济和社会生活的各个领域，为全球网络空间的形成和发展奠定了技术基础。

## 二、网络空间的建构及其现实效应

### （一）网络空间的概念与建构

1. 网络空间的概念演进及其内涵

网络空间（Cyber Space）并非技术性词语，其最早诞生于文学领域。1981 年，美国科幻作家威廉·吉布森（William Gibson）在其所著的小说《全息玫瑰碎片》（*Burning Chrome*）中首次使用了"网络空间"一词，意为由计算机创建的虚拟信息空间。

随着人类生活与计算机网络系统的广泛融合，网络空间的概念一直处于演变之中。从狭义的视角理解，网络空间是一个由用户、信息、计算机（包括大型计算机、个人台式机、笔记本电脑、平板电脑、智能手机以及其他智能物体）、通信线路和设备、应用软件等基本要素构成的信息交互空间，这些要素的有机组合形成了物质层面的计算机网络、数字化的信息资源网络和虚拟的社会关系网络三种意义不同但相互依附的巨信息系统。从广义的角度来看，网络空间已经成为承载并创造人类社会各种生产、生活实践的现实空间（它不是物理概念的自然空间，但却是现实存在的人造空间），它依托于信息网络等新兴技术，将生物、空间（陆地、海洋、天空、太空）、物体等自然世界的元素建立起广泛联系并展开智能交互，一个不断扩展、智能互联的网络空间成为人类未来生存和发展至关重要的场域。

2. 全球网络空间的建构

网络节点、域名服务器、网络协议及网站等基本概念是解析网络空间架构的关键，它们不仅有助于理解复杂网络空间的基本架构和运行原理，而且是开展网络空间管理的重要抓手。

网络节点是网络空间中的基本单位，通常是指网络中一个拥有唯一地址并具有数据传送和接收功能的设备或人，因此，它可以是各种形式的计算机、打印机、服务器、工作站、用户，而在物联网环境下它也可以意味着是某个具体的物体（如汽车、冰箱）等。整个网络就是由许多的网络节点组成的。通信线路将各个网络节点连接起来，便形成了一定的几何关系，构成了以计算机为基础的拓扑网络空间。

在全球网络空间中，处于第一层级核心节点的是根域名服务器，它是互联网域名解析系统（DNS）中级别最高的域名服务器。目前，全球共有 13 台根域名服务器（1 台主根服务器和 12 台辅根服务器，它们分别以英文字母 A 到 M 依序命名。主根服务器 A 在美国，辅根服务器 B~M 中有 9 台放置在美国，其余分布在瑞典、荷兰和日本）。在 13 台根服务器中有 7 台通过任播（Anycast）技术，在全球多个地点设立多企镜像服务器。

在国家层面，以我国为例，网络空间的结构可分为核心层和大区层。核心层由北京、上海、广州、沈阳、南京、武汉、成都、西安 8 个城市的核心节点组成。核心层的功能主要是提供与国际互联网的互联，以及提供大区之间信息交换的通路，它们之间为不完全网状结构。其中，北京、上海、广州核心层节点各设有国际出口路由器，负责与国际互联网互联，其他核心节点分别以至少两条以上高速 ATM 链路与这三个中心相连。大区层是指全国 31 个省会城市按照行政区划分，以上 8 个核心节点为中心分别形成 8 个大区网络，它们共同构成我国网络空间大区层。每个大区设两个大区出口，大区内其他非出口节点分别与两个出口相连。大区层主要提供大区内的信息交换以及接入网接入 ChinaNet 的信息通路。大区之间通信必须经过核心层。再向下细分就是连接在城市级网络下面的企事业单位或个人网络用户。

网络协议（Internet Protocol，IP）是实现国际互联网中的各子网络互联互通的重要规则保障。不同的网络（如以太网、分组交换网）由于传输数据的基本单元（技术上称为"帧"）的格式不同而无法互通。网络协议就是为计算机网络相互连接进行通信而设计的协议，也是互联网中计算机实现相互通信的基本规则。它实际上就是通过一套由软件、程序组成的协议软件，将各种不同的"帧"统一转换成"IP 数据包"格式。这种互通规则也因此赋予了互联网以意义重大的开放性特征。网络协议中还有一项重要的内容，就是为互联网中的每一台计算机和其他设备配备地址，即人们所熟知的 IP 地址。它的功能类似于电话号码，用以标识机器或用户，便于实现数据传输。IPv4（Internet Protocol version 4），即网络协议开发过程中的第四个修订版本，是第一个被广泛部署的版本，迄今仍是使用最广泛的版本。IPv4 使用 32 位（4 字节）地址，随着互联网规模的快速增长，IPv4 地址枯竭问题也随之产生，IPv4 至 2011 年 2 月 3 日已分配完毕。IPv6（Internet Protocol version 6）是互联网工程任务组设计的用于替代现行版本 IP 协议（IPv4）的下一代网络协议，它的地址长度是 128 位，地址空间增大了 296 倍。它的推广应用不但可以保证互联网的可延展性，同时充足的 IP 资源能够实现网络用户与 IP 地址的一一对应，有助于实现网络空间的身份认证。

网站（Website）是网络空间的重要组成部分，它是依据一定的规则，使用 HTML 等工具制作的用来呈现信息内容的相关网页的集合，用户需要使用浏览器来转呈网页内容。网站通常是由域名、空间服务器、DNS 域名解析、网站程序和数据库等组成的。所有的网页集合构成了该网站的网络空间，它们由专门的独立服务器或租用的虚拟主机承担。网站源程序则放在网站空间里，表现为网站前台和网站后台。前者是绝大多数普通用户的活动场所。在互联网发展早期，网站仅能提供单纯的文本信息。如今网站的呈现手段已经相当丰富，图像、声音、动画、视频甚至 3D 技术都已成为常见的信息传播方式。不同类型的网站可分别为用户提供诸如新闻资讯、信息查询、社会交往、商务交易等纷繁多样的服务。

### （二）网络空间的现实效应

互联网是 20 世纪中后期全球军事战略、科技创新、文化需求等多种因素混合发展的产物，经过多年的发展，网络空间对现实世界各国的政治、经济、军事、社会、文化等无不具有广泛而深远的影响，它在一定程度上打破了传统主权国家发展和治理的边界，把全世界整合在一个共同的信息交流空间中，促使政府的运作方式、企业的经营模式、军队的作战手段以及人们的生活方式都在发生深刻的变革。

在国内政治方面，网络空间的形成和发展对于推动人类社会民主进程具有重大意义，并已发挥了显著效用。一方面，互联网极大地促进了公民的知情权、参与权、表达权和监督权等民主权利的实现；另一方面，互联网也是促使政治动荡的现实和潜在的威胁因素。传统意义的国家行为体偏好通过对信息资源和传统媒体的控制维护政局、巩固统治的模式面临挑战，互联网的普及消弭了政府对信息传播的优势地位，尤其是网络空间发展到 2.0 阶段以后，为普通民众提供了信息传播、政治参与、利益表达以及组织动员的便捷渠道。

在国际关系方面，网络空间使得国家主权和民族国家的概念呈现不同程度的弱化，建立在民族国家意识形态基础上的爱国主义和文化归属感也受到了巨大的冲击，而全球合作的价值理念得到进一步彰显，基于全球网络空间的各国相互依存度大大增加。从总体来看，网络空间的发展总体上促进了各国国际关系的稳定，任何打破网络空间国家合作格局和发展均势的行为都可能引起全球舆论的轩然大波。

在经济发展方面，网络空间已成为人类经济活动的重要场域，各国经济发展开始转向以信息技术为主要推动力的信息经济增长模式。在全球网络空间中，商品、服务、资本和劳动力通过网络信息资源，跨越地域限制和时间差异在全球范围内自由流动。网络空间成

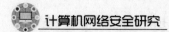 

为企业资源合理配置并开拓新兴市场不可或缺的平台。然而，网络空间为经济发展带来新机遇的同时，信息基础设施本身的脆弱也给经济安全带来了一些新问题。屡屡发生的网络犯罪已给各国经济造成了巨大损失。

在思想文化领域，全球网络空间的发展使得文化从纵向传承转为横向拓展，为不同文化相互碰撞、冲突、融合、升华提供了重要契机。在全球网络空间中，人们的聚合方式突破了传统的地缘、血缘和业缘等传统限制，以不同的信息需求分类聚集成组群，背后是全球思想观念和文化价值的重构。与此同时，网络空间的发展实现了向个体的传播赋权，信息的产生和传播模式发生了深刻变化，每个用户既是信息的生产者也是信息的接收者，信息传播的模式由自上而下的模式转变为网状模式，网络信息传播权得到了极大的普及。

综上所述，网络空间为人类提供了全新的信息交流体验和社会交往方式，对人类社会的生产方式和社会关系的变化起到了巨大的推动作用，给各国政治、经济、文化等领域发展均带来了重大的现实影响。其中，在现实发展中既有积极的效应也有消极的影响，但一个不争的事实是，网络空间的发展潮流不可阻挡，是继陆地、海洋、天空、太空之外人类又一个赖以生存的"第五空间"，因此，全面、科学地评估全球网络空间的发展现状，切实推动本国网络空间的安全和发展，对每个国家都具有极其重要的战略意义。

### 三、网络空间的信息资源与信息权力

#### （一）网络空间信息资源结构及其配置

1. 网络信息资源的概念及结构

信息技术的高速发展带领人类进入了信息时代，并拓展了国家关键性资源的范畴，信息资源成为人们工作和生活中最重要的资源种类之一。信息技术突破了自然时空的限制，构建出人类第五大空间——网络空间，如今已成为人类思维活动以及信息和知识流通与存储的主要空间。

网络信息资源（Network Information Resources），也称电子信息资源（Electronic Information Resources）、联机信息（on-line Information）、万维网资源（World Wide Web Resource）等，狭义的网络信息资源通常是指"以数字化形式记录的，以多媒体形式表达的，存储在网络计算机磁介质、光介质以及各类通信介质上的，并通过计算机网络通信方式进行传递的信息内容的集合，简单地说就是指借助网络环境可以利用的各种信息资源的总和"。广义的网络信息资源还包括与信息内容的产生、传播、存储等活动相关的设备、人员、系统等要素的总和。

与传统的信息资源相比，网络空间中的信息资源在数量、结构、分布和传播的范围、

载体形态和传递手段等方面都显示出新的特点。网络空间的海量信息资源是以网页和网站的形式呈现的。网站中网页间的链接形式决定了用户访问信息资源的浏览次序和效率。网页的链接结构通常可以分为树状结构（层级机构）和网状结构（平级机构）两种基本形式。

各种以不同方式组织起来的网页站点存在于不同级别的网络空间基础设施——服务器上。网络空间架构的先天不均衡性，以及前面所述的全球各国信息技术发展水平的巨大差异，导致网络信息资源在全球分布也呈现出明显的不均衡性。

2. 网络空间的信息资源配置

与网络信息资源概念相对应，网络空间的信息资源配置也存在广义和狭义之分。广义的信息资源配置，指将信息内容本身及其与信息传播相关的设施、人员、网络等资源在数量、时间、空间范围内进行分配、流动和重组；狭义的信息资源配置仅指对信息内容在不同时间和不同地区、不同行业、不同部门之间进行的匹配、流动和重组。

从理论上讲，全球网络空间的互联互通特性使得信息资源可以突破地理区域上配置的难题，实现全球范围内的合理分配。但实际上，由于受到各国信息技术发展水平的差异、管理体制、用户的支付能力和受教育水平等限制，网络信息资源在地理区域、行业类别、信息量等方面的分配存在显著的不均衡性。发达国家与发展中国家之间的信息鸿沟巨大。

## （二）网络空间信息权力嵌入及其规制

网络空间信息资源的不平衡引出了网络空间信息权力的概念。根据政治学、社会学和法学等学科范式，权力通常被理解为控制或影响他人的能力。美国国际关系专家约瑟夫·塞缪尔·奈（Joseph Samuel Nye）将权力分为硬权力和软权力。他认为，硬权力指支配性权力，包括军事实力、经济实力和科技实力等；软权力指吸引性权力，包括国家凝聚力、文化吸引力、价值观和政治制度吸引力以及创设国际机制的能力，并指出，在信息时代，软权力正变得比任何时候都更有影响力。

通常而言，权力都是与一定的资源条件和物质支撑联系在一起的。因而，在网络空间里，权力及其行使所依赖的就是与构成网络空间相关的信息基础设施、网络（互联网、电信网、计算机网等）、软件、人力资源和技术等要素资源。约瑟夫·塞缪尔·奈认为，网络空间是一个基于实体空间的虚拟空间，故网络权力是指"利用电子设备相互联系的网络领域，进行信息资源获取时，能够得到预期的结果的能力"，以及利用网络空间创造优势并影响发生在其他行动领域和权力形式之间的事件的能力。由于网络空间是人类凭借信息技术构建出的人造空间，因此在建造时权力关系就已经被嵌入网络空间系统中。

首先，网络信息技术的先发国家掌控网络空间的技术标准和系统设计的权力。网络空间在技术层面上具有可复制性，但是在政治和经济层面上却是不可复制的。也就是说，虽然任何一个国家或企业当其技术达到一定程度后，便可构建出一套类似的系统，但是从政治和经济层面而言，在一个统一的系统中获取信息的成本为最低，这就要求网络空间保持开放性和交互性，因此用户很难接受第二个互联网。

其次，从互联网的架构组织方式来看，它采取的是自上而下的层级管理模式，对每一层级的服务器权限进行分配。全球互联网有 13 台根服务器，它们分别负责管辖连接在其下的顶级域 TLD 服务器，TLD 则负责管辖其下层的权威 DNS 服务器。根服务器掌管网络空间的所有信息资源，并能决定所有 IP 地址的存在与否。低层级的服务器只能向上一级提出各种服务请求，却无法反向主控这些请求是否得到执行。目前，全球互联网的域名和地址仍主要掌握在美国一家名为"国际互联网名称和编号分配公司"（ICANN）的非营利性组织手中。该公司自 1998 年 10 月成立以来一直负责控制全球许多重要的互联网络的基础工作，包括互联网地址空间的分配、互联网协议参数的配置、域名系统与域名根服务器系统的管理等。虽然名义上独立于美国政府，但是 ICANN 仍对美国商务部负责，每年定期向美商务部报告。因此，随着网络的飞速发展，越来越多的国家开始质疑美国把持互联网控制权的合理性。

再次，从信息系统运行的程序来看，存在前台程序和后台程序，后台程序存在权力垄断。后台程序通常处于普通用户认识范畴之外，在系统的操控和监管的层面存在隐形权限，且几乎不受公众的制衡与监督。这种由于后台程序的隐匿性所赋予设备制造商、系统运营者和政府监管者的权力常被人们忽视，用户的权益也成因此被侵犯。作为信息系统使用者的普通用户，从一开始就处于信息权力的不对称地位。

最后，通过知识产权及相关法律来实现网络权力的规制。网络空间与传统空间一样，需要一套管理空间的规则。美国行政当局根据国家利益和其企业参与全球竞争的需要制定了相关法律法规，同时也不断修订传统的《专利法》《版权法》和《商标法》，以确保其在网络空间中的权力优势。

## （三）网络空间信息资源与信息权力的国际竞争

### 1. 网络空间信息资源的国际竞争

随着网络空间社会化程度的加深，包括资本、信息、技术、商品、服务和技术劳工等在内的各种资源开始在全球网络结构中流动。任何一个不能有效利用信息通信技术的国家，都有可能被排斥在全球新经济体系之外。然而，对于每一个接入网络空间的国家而言，需要对信息基础设施进行大量的投入，从而可能会短期提高社会运行成本；同时，也可能削弱国家对资源的掌控能力，从而导致传统主权在一定程度上的弱化。

如前所述，网络信息资源主要是指包括与信息内容的产生、传播、存储等活动相关的设备、人员、系统等各种要素的总和。因此，网络空间信息资源的国际竞争主要表现在以国家为主体的信息产品生产的国际分工竞争、网络空间资源的控制竞争和网络准备程度竞争三个方面。在国际分工竞争方面，参与国的着眼点在于有效利用本国生产要素，扩大信息技术类的国际贸易份额。信息技术类产品大致可分为三类：一是信息技术基础设施方面的产品；二是运行信息基础设施的软件产品；三是借助信息技术基础设施传播的内容产品。由于信息产业的生产链较长，因而各参与国在信息产品贸易中形成了深度的分工协作和依存关系。每个国家依据自身的资源优势条件，有选择、有目的、有策略地参与国际分工和竞争。在网络空间资源的控制竞争方面，首先，对资源的掌控意味着权力的提升，因此，核心信息和知识资源的稀缺性使得占有和控制它们成为各国竞争的主要目标；其次，网络空间资源的有限性导致各国在存储空间、运算空间、地址资源和无线电带宽资源等方面展开了竞争。在网络准备程度方面，国际上通常采用世界经济论坛与哈佛大学开发的"网络就绪指数"指标体系来比较各国运用信息技术推动经济发展和提升国际竞争力的综合情况。

在全球网络空间发展的竞争中，美国凭借完善的基础设施、丰厚的资本市场、开放的智力移民体系、完善的知识产权保护体系、众多的 IT 从业人员以及鼓励变革和冒险的社会氛围等综合素质在本轮技术变革中取得了领先地位，而德国、法国、日本等国家在信息技术方面曾经面临着同样的历史机遇，但因各种缘由没能成为网络空间发展的策源地。

2. 网络空间信息权力的国际竞争

网络空间信息权力的竞争突出地表现为管理权的国际竞争。1968 年，因军事需要，互联网的雏形阿帕网在美国诞生，美国因此有了首创者的优势。在全球化发展过程中，美国政府确立了对互联网域名管理的特权。在互联网全球化之前，美国政府扮演的是公共产品提供者的角色。对连接到美国境内根目录服务器上的国家和组织来说，美国当然成了管理者。进入 21 世纪后，随着互联网在全球的快速普及，对国际互联网管辖权的争议越来越大，出现了一面是各国关于互联网管理多元化的呼声，一面是美国极力维护互联网管理霸权地位的局面。

当网络空间发展成全球各国赖以生存的现实空间时，对其进行全球治理便成为一个正当而必然的要求。但是，既有的网络空间发展基础以及现实的全球政治、经济、文化格局，使得美国等发达国家仍然占据网络空间信息资源和信息权力的主导地位，这种不平衡使得各国围绕网络空间发展与治理所展开的制度选择和战略博弈将是一个长期而曲折的过程。

# 第二节  网络空间信息安全

　　人类的生产生活日益依赖互联互依的网络信息基础设施，尽管诸如能源、食品、水、健康和交通运输以及为之提供支持的基础设施行业依然至关重要，但是其服务提供能力日益受制于人们日常生活重要组成部分的信息通信技术。与此同时，全球化时代世界各国思想文化的交流、交融、交锋越发依赖智能化的网络空间展开，一个高度复杂的物理和逻辑互联的网络空间安全性问题日益凸显。从本质上看，网络空间信息安全的问题源于信息通信技术，但又不局限于信息通信技术本身，已全面渗透于社会、经济、政治、文化的各个领域，由此也要求各国立足全球化和信息化的时代背景，基于新的国家安全观的视角，科学地审视网络空间信息安全的内涵与外延，客观认识网络空间信息安全的威胁类型及保障领域，在此基础上尝试建构网络空间信息安全战略的研究框架，为全球信息安全战略提供考察依据。

## 一、从传统安全观到新安全观

　　国家安全是随着国家的产生而出现的，具体是指维护国家和民族的生存、主权、领土、社会制度、社会准则、生活方式以及社会、政治、经济、科技、军事等利益不受威胁的状态。从古至今，国家安全的内容和形式不断丰富且日益复杂，不同历史发展阶段的国家安全也有不同的侧重点。时至今日，国家安全既包括政治安全、军事安全、经济安全、社会安全、领土安全，也包括科技安全、文化安全、自然生态环境安全、信息安全等。

### （一）传统安全观的理论范式

　　国家安全观（也称安全观）是人们对国家安全的威胁来源、国家安全的内涵和维护国家安全手段的基本认识。它包括事实认知、价值评价和主观预期三个主要方面，即安全观首先是对国家安全状态的客观反映，此外安全观还应该包括主体对国家安全客观现实的价值评价，这种基于利益的或具有主观倾向性的价值判断在一定程度上会影响主体对国家安全客观现实的真理性认知；同时，安全观还包括主体对国家安全发展状态的预测和期望，以及如何主动建立国家安全保障机制，如何改善国家安全状态，需要进行的国家安全工作等提出一些想法、观点、意见和建议，这些也是国家安全观的重要内容。

　　传统安全观是人们的国家安全与国际关系相关思想观念的汇集融合，经过长期发展和验证，传统安全观逐步形成了较为稳定的理论范式，可从以下几个方面进行解析。

1. 从安全主体来看

国家是安全最重要的主体，一切安全问题都要围绕国家这个中心，它专注于解释国家的行为，对个人、公司、多国组织等角色有意识地加以忽视。因此，传统安全观以国家安全为中心和本位，把国家作为最主要的安全主体的逻辑是与人类历史发展相一致的。

2. 从安全目标来看

传统安全观认为国家的最终目的是最大限度地谋求权力或安全，在处理国家关系时，任何抽象的或理想主义的考虑都是没有意义的，只有对国家利益和权力的追求才是至高无上的。

3. 从安全性质来看

传统安全观认为国际体系在本质上是一种无政府状态，没有一个最高权威来提供和保证一国的安全，国家必须依靠自己的力量来保护其利益。由于国家追求各自利益是永无止境的，国家间又总是存在着利益的纠葛，因此，在国际体系中任何一个主权国家的存在对别国来说都是一种本质上的不安全。

4. 从安全手段来看

传统安全观认为军事手段是维护国家安全最基本、最重要的手段，国家倾向于以威胁或使用军事力量这种手段来保证其国际政治目标的实现。

5. 从安全主体间的关系来看

传统安全观认为国家在安全问题上总是处于两难境地，由于安全主体追求单边安全而非共有安全，追求单赢而非双赢或多赢，必将不可避免地导致安全困境（Security Dilemma）。

综上所述，传统安全观所关注的焦点是国家如何应对其他国家的军事、政治、经济等威胁，包括外部敌对国家可能对本国发动的军事攻击、经济命脉的控制、意识形态的颠覆等方面。因此，基于军事力量的国家生存安全构成了传统安全观的主要方面，国家安全更多地取决于军事等手段维护本国的地理疆界、政治稳定以及其他战略利益。

（二）新安全观的产生及其内涵

20世纪80年代后，随着"冷战"的结束以及全球化和信息化的飞速发展，国家安全所处的宏观背景、影响因素和实现手段等都发生了重大变化，传统安全观面临新的形势。具体表现以下方面：在政治方面，全球化进程使国家及国家主权的内涵发生了重大变化，"冷战"后国际社会相互依赖的程度加深，特别是区域一体化的发展，出现了主权让渡和主权弱化迹象，人们对以绝对主权来衡量国家安全的做法出现了不同的认识；在经济方面，全球金融、贸易和服务市场的监管体系更多的是以市场为中心，国家的经济面临着更大的风险和挑战，尽管各主权国家力图对本国经济的运行和发展实施有效控制，但是实际上各国对经济安全的保护能力客观上在不断受到削弱；在文化方面，现代通信及国际互联网的发展使得国际信息与文化交流的强度、总量、速度都大大增强，发达国家在信息传播中占据了主导地位，不同文化的互动必然会侵蚀维系国家存在、发展的社会认同；在军事方面，随着国家之间的依赖性和共存性不断增加，国家之间冲突的成本不断上升，依靠战争或动用军事手段来解决问题的方式会受到越来越多的限制，但从现实来看，军事安全在国家安全中的地位和作用在可预见的将来并未被"边缘化"，军事手段仍将是维护国家安全的重要保障。

在上述背景下，新国家安全观的概念应运而生，它主要是指对"冷战"后期开始出现的一些不同于传统安全观的新安全思想和观念的统称，因此也被称为"非传统安全观"。从总体来看，新安全观主要有以下特点。

1. 安全主体多元

安全保障的主体不仅包括国家，还延伸到了个人、群体和国际组织等，与此对应的是对国家产生威胁的主体也呈现出多元化特点，威胁主体不再仅仅是主权国家，也有可能是有经济和军事实力的政治或宗教组织，或具备高科技手段的黑客以及恐怖集团或恐怖分子。

2. 安全领域综合

新安全观主张安全的对象是包括政治安全、经济安全、军事安全、文化安全、信息安全、生态安全等多领域的综合安全体，各个领域的安全态势和保障方法虽然不同，但是相互联系、相互依存。

3. 安全手段柔性

新安全观认为当前的保障安全的基本手段仍是军事力量，但它已经不是唯一手段，未来国家之间的安全冲突更多地依赖于经济、政治、科技、文化等手段的综合运用。

4. 安全边界模糊

国家之间利益交错，国家安全成为相对概念，安全边界也始终处于变动中，也许一国军事实力远远强于其他所有国家，但该国也不一定能够确保其绝对安全。

5. 安全重心内化

随着国际机制的成熟与健全，外部威胁因素在减少，合作成了处理国家关系的主要选择，相对而言，影响国家安全的内部因素的地位和作用却在不断上升。

## 二、网络空间信息安全的威胁与保障

### （一）网络空间信息安全的多元内涵

"安全"通常被定义为"免受威胁的性质或者状态"，信息安全并非信息时代的新概念，它的内容伴随人类科技进步与社会发展不断丰富。事实上，人类自从有信息产生和交流以来就一直面临信息安全的问题，如古代为了书信传递的保密使用蜡封将书信封装在信封内，或是使用暗语口令等确认信息接收人的身份，这些均是信息安全实践的雏形。随着数学、语言学等学科的发展，密码学（Cryptography）诞生。这一研究"关于如何在敌人存在的环境中通信"的技术将信息安全研究引入了科学轨道。

随着网络信息技术的飞速发展和深度普及，全球网络空间兼具基础设施、媒体、社交、商业等属性，同时融合了现实社会的巨大利益，网络空间信息安全威胁成为各国综合性安全威胁的主要载体，谋取网络空间信息安全优势是各国政府巩固本国实力和拓展全球影响力的重要目标。

就信息安全的基本内涵来看，网络空间国家信息安全是指国家范围内的网络信息、网络信息载体和网络信息资源等不受来自国内外各种形式威胁的状态。但实践表明，网络空间国家信息安全具有极为丰富和复杂的内涵，如果仅从技术层面理解网络空间国家信息安全，通常难以有效解释和系统涵盖网络空间对政治、经济、文化和社会等带来的全方位冲击，尤其是以网络信息内容为核心的各类思想文化领域的安全威胁，如网络政治行动、网络虚假和不良信息传播等。

综上所述，为了准确理解网络空间信息安全的内涵，可以将网络空间信息安全分为技术性安全（硬安全）和非技术性安全（软安全）两个维度予以分析。其中，技术性安全主要是指维护网络空间的信息或信息系统免受各类威胁、干扰和破坏，核心是保障信息的保密性、可用性、完整性等基本安全属性；非技术性安全主要关系文化和政治领域，它受一国文化和法律环境的影响，网络空间信息内容的真实性、合法性、伦理性等主观性指标则是网络空间国家信息安全的评判标志。

如何在上述两个维度下实现网络空间的信息安全？从国家范围来看，信息保障、信息治理和信息对抗是三种主要手段。其中，信息保障强调针对信息资源和信息系统的保护和防御，重视提高各类关键信息系统的入侵检测、系统的事件反应能力以及系统遭到入侵引起破坏后的快速恢复能力；信息治理主要指面向信息内容的安全管理，强调通过多元主体依据法律来共同引导和规范网络空间的信息传播，打击网络犯罪和制止不良信息内容传播，消除社会安全隐患；信息对抗是为了应对网络霸权主义和网络恐怖主义的威胁，主动提升网络信息空间的威慑和反击能力，体现积极防御的主动性特征。三者各有侧重且相互支撑，是国家网络空间信息安全能力建设的基本方向。

### （二）网络空间信息安全的主要威胁

网络空间国家信息安全威胁是指对网络空间国家信息安全稳定的状态构成现实影响或潜在威胁的各类事件的集合。正如网络空间信息安全的多元内涵一样，网络空间信息安全威胁的形态多变且相互交织。从总体来看，网络空间信息安全威胁可以从以下三个维度加以划分：①从威胁的对象性质来看，包括技术性和非技术性威胁，其中技术性威胁又可分为物理层、系统层、网络层、应用层（平台的漏洞所造成的信息安全威胁，而非技术性威胁按性质可分别纳入政治、文化、社会、经济等中宏观安全威胁领域。②从威胁的实现形式来看，有网络病毒、僵尸网络、拒绝服务攻击、旁路控制、社会工程学攻击、身份窃取、高持续性威胁攻击（APT）等。③从威胁的实施主体来看，有各类黑客的攻击、恐怖主义分子和民族国家政府的信息战，工业间谍与有组织犯罪集团的非法入侵，信息窃取和非法网络公关（网络水军），以及相关利益主体的网络政治动员、网络舆论战等。

随着网络空间的价值和影响不断被放大，网络空间各行为主体围绕网络空间的战略博弈也在全面升级。全球网络空间信息安全威胁格局呈现出网络信息战广泛应用、网络政治动员全球交锋、网络地下经济全面泛滥等典型威胁态势。

#### 1. 网络信息战广泛应用

网络信息战是敌对双方为争夺信息权而展开的博弈。现代意义的信息战是伴随网络信息技术的发展和普及而产生的一种全新的战争和冲突状态，它是以覆盖全球的计算机网络为主要战场，以计算机技术和现代通信技术为核心武器，以争夺、获取、控制和破坏敌方的信息资源和信息系统为直接目标的一系列行动。

网络信息战有广义和狭义两种定义。广义的网络信息战不仅涵盖军事领域，还指向政治、经济、社会、科技、文化、金融等领域，是信息时代全球面临的共同威胁。狭义的信息战主要针对军事作战领域。从总体来看，网络信息战正从军事领域向民用领域拓展，并呈现出五个主要特点：①突袭性。网络信息战不受时间和空间的约束，可以随时随地发起并完成攻击，极大地增加了防范的难度。②模糊性。现代信息技术为攻击者提供了先进的伪装和转移手段，攻击的真实来源通常具有高度的模糊性和隐匿性。③非对称性。网络空间信息战不仅包括主权国家间，也包括国家与黑客、恐怖分子、有组织犯罪集团、竞争性企业等的对抗。④控制性。信息战的交战双方只是在网络空间展开斗争，强调控制对手而非消灭对手。⑤低成本性。信息战的技术门槛和成本较低，使得拥有较少资源的一方可以向拥有丰富资源的一方发起攻击，并使之产生较大的损失。

## 2. 网络政治动员全球交锋

网络政治动员（Internet Political Mobilization）是国家、利益集团以及其他动员主体为达到特定的政治目的，利用网络和传播技术在网络空间有目的地传播具有针对性的信息，诱发意见倾向，以获得人们的支持和认同，进而号召和鼓动人们在现实社会进行特定政治行动的行为过程。从全球视野来看，最常见的网络政治动员可归并为五类：①现实社会中的边缘群体和草根阶层进行公共抗议的网络政治动员。②各阶层和相关利益集团试图影响政府公共政策倾向的网络动员。③竞选政治中各层次候选人所进行的议题动员和投票动员。④恐怖主义组织、分裂势力招募追随者和煽动恐怖袭击的网络政治动员。⑤国家主流意识形态为实现政治目标主动进行的网络政治动员。

网络政治动员对国家政治稳定和社会进步具有双刃剑效用，从加强网络安全和维护社会稳定的角度去审视，需要对网络政治动员的危害有清晰的认识：①网络政治动员的泛主体性特征，可被反政府力量用作颠覆性的动员，通过制造流言、散布不满情绪、组织抗议等网络政治动员行为威胁国家政局稳定。②网络政治动员的群体认同性特征，可能削弱政府形象和国家权威。③网络政治动员的随机触发性特征，会极大地破坏社会稳定。④网络政治动员的跨国性特征，改变了国家安全的含义，给国际关系和全球治理带来了新的变量和挑战。

## 3. 网络地下经济全面泛滥

网络地下经济是不法分子利用互联网黑客技术攫取利益的网络犯罪商业模式，网络地下经济的产业化趋势严重威胁着国家经济、社会的正常秩序。当前网络地下经济主要呈现以下特征：①组织化和规模化。目前较完整的有垃圾邮件产业链、黑客培训产业链、恶意软件产业链、恶意广告产业链、信息窃取产业链、敲诈勒索产业链、网络仿冒产业链等。每一个黑色产业链都有非常完善的流水化作业程序，如"制造病毒—传播病毒—盗窃账户信息—第三方平台销赃—洗钱"等，作案团伙成员分工明确、各司其职，各个环节有不同的牟利方式。②公开化。病毒产业对网络财富的盗窃行为已从"暗偷"转变为"明抢"，如木马网站的公开化交易、一些知名网站上的病毒买卖、数据黑市，以及"黑客技术培训"等，甚至还能提供个性化服务，如顾客想要什么样的木马都可以定做。③低龄化。年龄在10~30岁的病毒产业从业者占了较高的比例。④转向对合法网站的攻击。基于人们对合法网站的信任，犯罪分子的"主战场"开始转移至有信誉的网站，使得"不要访问可疑网站"这样的警告作用锐减。

网络地下经济肆虐的主要原因有三个：①低门槛。网络犯罪的经济成本十分低廉。在产业化的基础上，不具备技术背景的犯罪分子也可以通过网络或 E-mail 攻击非法获利。犯罪分子不需要自己动手编写攻击程序，只需要从地下渠道购入一个软件套件，这个软件

套件就会担负起攻击任务。②高回报。犯罪团伙可以赚取零成本且免纳税的暴利。③低风险。网络安全的立法存在明显的滞后性，在打击新形式犯罪中存在立案难、取证难、定罪难等问题。在具体的法制层面上，面临跨行业管理、域保护等一系列问题。运用技术、法律和安全意识进行综合治理才能最大限度地控制地下网络经济的蔓延。

### （三）网络空间信息安全的保障重点

#### 1. 现代工业控制系统

工业控制系统是企业用于控制生产设备运行的信息系统的统称，由各种自动化控制组件和实时数据采集、监测的过程控制组件共同构成，其主要组件包括监控与数据采集系统（Supervisory Control and Data Acquisition，SCADA）、分布式控制系统（Distributed Control System，DCS）、可编程逻辑控制器（Programmable Logic Controller，PLC）、远程终端（Remote Terminal Unit，RTU）、智能电子设备（Intelligent Electronic Device，IED）以及确保各组件通信的接口技术。工业控制系统广泛运用于能源、军工、交通、水利、市政等关键基础设施领域，工业控制系统的安全性直接关系到国计民生。

早期的工业控制系统通常是与外部系统保持物理隔离的封闭系统，其安全保障主要在组织内部展开，并不属于网络空间信息安全的保障范畴，随着信息化与工业化的深度融合以及物联网的快速发展，工业控制系统越来越多地采用通用协议、通用硬件和通用软件，且以各种方式与企业管理系统甚至互联网等公共网络连接，工业控制系统因此正面临黑客、病毒、木马等信息安全威胁。

#### 2. 国家基础性信息资源

国家基础性信息资源是对一国的经济社会发展和国家管理具有基础性、基准性、标识性、稳定性、战略性的信息资源的集合。要深化国家基础信息资源的开发利用，建设国家基础信息资源库，具体建设内容包括五个方面：①人口信息资源库。②法人单位信息资源库。③空间地理信息资源库。④宏观经济信息资源库。⑤文化信息资源库。上述基础信息资源是国家重要的战略性信息资源，对其的开源、开发、开放是推动政府和企业创新的关键，但与此同时，强化政府、企业、个人在网络经济活动中保护国家基础信息资源的责任，依法规范各类企业、机构收集和利用上述信息资源的行为，也是各国保障国家基础性信息资源的基本共识。

#### 3. 金融信息系统

现代信息技术催生全新金融业态，金融信息系统成为联系国民经济各个领域的神经系统，作为数据密集、大型复杂、实时交互、高度机密的人机系统，金融信息系统安全是各类金融机构乃至国家经济发展和社会稳定的生命线。

金融信息系统的安全威胁主要表现在：①金融信息系统在采集、存储、传输和处理等方面的数据量大，业务复杂，对金融信息系统稳定运行的要求不断提高，业务连续性等成为衡量金融信息系统安全的重要指标。②金融信息系统日益开放互联，网上金融交易业务不断拓展，来自互联网等外部公共网络的攻击、病毒及非法入侵等安全威胁日益严峻。③金融信息资产的价值日益凸显，金融机构针对金融信息资源的开发力度不断加大，对用户信息保护构成威胁。

国内外金融信息系统安全保障的方法和手段趋同，银行、证券、保险等金融机构主要通过建立等级保护、容灾、应急响应体系等为基础的信息保障体系实现金融信息系统的安全稳定。其中，在等级保护层面主要根据金融信息、资产的重要程度合理定级实施信息等级安全保护，在容灾层面主要通过建立同城或异地的数据备份中心予以实现，应急响应则主要指建立并完善金融信息系统应急响应机制。

4. 网络个人信息

网络个人信息的采集日趋便捷和全面，除了涵盖公民身份类数据外，还包括公民的交易类数据（消费与金融活动）、互动类数据（网络言论）、关系类数据（社会网络）、观测类数据（地理位置）等，各类数据的关联聚合可以准确地还原并预测个人的社会生活全貌，当数据量达到一定规模时将产生巨大的经济效益。在此驱动下，围绕网络个人信息采集、加工、开发、销售的庞大产业链已经形成，其中合法与非法手段混杂、线上与线下途径并存，较为典型的个人信息产业流程是电信、银行、大型互联网企业等"个人信息的寡头"依法采集并加工公民的个人数据，企业"内鬼"或黑客将海量个人信息非法窃取并打包出售给信息中介机构和个人，进而再转手贩卖给销售企业、调查公司、网络犯罪团体等，以此对广大公民开展精准营销、隐私调查、金融诈骗、身份窃取等各类合法或非法活动。趋势科技、瑞星科技等机构的调查显示，围绕中国个人信息安全的灰色产业链规模近百亿元，有数十万黑客、广告商、中介及诈骗团伙从中牟取暴利。网络个人信息安全保护面临复杂严峻的形势，任何单一固化的保护模式均难以为继，须重点从法律体系、自律机制、管理标准、组织机构、技术应用等多个层面构建立体协同、动态发展的个人信息安全保障体系，从根本上遏制网络时代个人信息安全的系统性风险。

### 三、网络空间信息安全国家战略

#### （一）网络空间信息安全国家战略的基本概念

战略（Strategy）一词历史久远，其最早是军事领域的概念，即"战争的谋略"。

现代"战略"一词除了仍然适用于军事领域，还被引申至政治和经济领域（政治、经济和军事也被称为大战略的三大支柱），其含义演变为泛指统领性的、全局性的、左右胜败的谋略、方案和对策。国家战略的使用始于美国，主要指"在平时和战时，在组织和使用一国武装力量的同时，组织使用该国政治、经济、心理上的力量，以实现国家目标的艺术和科学"。日本关于国家战略的定义是"为了达成国家目标，特别是保证国家安全，平时和战时综合发展并有效运用国家政治、军事、心理等方面力量的方策"。

对于信息是否可以构成国家安全的独立战略，学术界主要存在三种观点：第一种观点认为信息从属于大战略的三大组成部分，即从属于经济、政治和军事；第二种观点认为信息在三大组成部分中具有至关重要的作用，大战略中的经济、政治和军事三大支柱将日益依赖信息来发挥各自的潜力；第三种观点的主要代表人物有美国著名研究机构兰德公司的学者戴维·伦菲尔德、理查德·亨得利等，他们支持信息安全战略是一种独立战略的观点，认为信息正发展成为大战略的独立部分。

在上述观点的基础上，本书认为国家安全是包含政治安全、军事安全、社会安全、经济安全、文化安全、信息安全等领域的一个"综合性"安全体，并呈现出高度系统化和高速传导性的"链式"安全结构。其中，信息安全的作用日益凸显，不仅是该"综合性"安全体系的重要组成部分，也是该"链式"安全结构的基础性保障，更是网络时代下其他诸多国家安全利益的交汇和纽带。因此，网络空间信息安全战略已然上升到国家核心战略层面，成为国家综合安全战略的制高点和新载体。例如，美国等国已经将其政治、外交、经济、文化、军事等战略目标陆续植入了国家信息安全战略中。

在此背景下，网络空间信息安全国家战略（也称网络空间国家信息安全战略）是网络时代国家安全大战略的重要子集，可以理解为：为达成国家综合性安全的目标，国家行为体维护网络信息空间利益、保障网络空间信息安全所制定的一系列中长期路线方针，它是一个由政策、法律、规划、指南等有机组成并能对国家信息安全实践产生刚性或柔性指导作用的多层次战略体系。鉴于网络空间国家信息安全战略是一个高度复杂的科学系统工程，需要从宏观形势、内在机理、思想源流、考察体系等方面展开理论构建，以此为全球各国信息安全战略思想和方针提供分析框架。

（二）网络空间信息安全国家战略的宏观形势

网络空间信息安全是国家安全的子集和抓手，当前各国的国家安全正出现形态复杂、边界拓展、重心转移等趋势，构成了网络空间信息安全国家战略的宏观形势。

首先，非传统安全威胁改变着国家安全形态。"冷战"结束后，国家间军事、政治和外交的直接冲突大大减少，取而代之的是非传统安全威胁与日俱增且影响广泛，并以跨国性、突发性、复杂性、隐匿性等特点，成为各国国家安全保障的重点和难点。与此同时，各国政府围绕非传统安全领域的合作与博弈并存，使得国家安全形态更加错综复杂。因此，在复杂的国际、国内环境中防范和应对不断出现的各类非传统安全威胁，是当前各国国家信息安全战略理论必须回应的重大现实问题。

其次，网络空间的兴起重塑着国家安全的边界。人类社会的疆域伴随科学技术的发展而不断拓展。当前，全球网络基础设施、网络系统和软件、计算机/手机等信息终端、全球网民的生产生活实践共同筑就了一个不断拓展、高度多元的网络空间。网络空间承载着各国巨大的现实利益和发展潜能，并超越传统国家主权管理范畴，不断创造出新的社会关系和权力结构，给国家安全带来新的威胁和挑战。因此，保障和拓展符合本国利益的"国家网络疆域"是各国国家信息安全战略必须回应的重大现实问题。

最后，社会经济转型发展决定国家安全前途。全球信息革命浪潮对现实社会的解构和重构效应显然比任何时代都更为迅猛而强大，也更加自发而无序，由此带来的是国家安全重心从抵御外敌威胁转向消除内部隐患。包括我国在内的许多发展中国家正处于经济社会的转型期，也处于各类公共危机和社会风险的高发期，如何充分利用互联网信息的澎湃动力推动社会经济的发展转型，同时又将其对现实社会的破坏效应纳入安全范畴，最终推动全社会的良性变革，也是各国国家信息安全战略理论必须解决的重大现实问题。

### （三）网络空间信息安全国家战略的内在机理

网络空间信息安全国家战略是一个高度复杂的系统工程，需要进行全方位的利弊权衡，必须充分考虑并科学平衡以下几对关系。

第一，信息化建设与信息安全在信息安全国家战略中的矛盾统一关系。一方面，信息化建设和应用普及不断催生新的信息安全威胁，信息安全成为信息化建设的有力保障；另一方面，国家信息安全问题的解决不仅有赖于信息化水平的提升，也有赖于国家信息优势的积累。因此，信息化与信息安全是事物的一体两面，二元目标需要在信息安全国家战略中得到充分体现。

第二，管理和技术在信息安全国家战略中的同步发展关系。国家信息安全问题的解决需要通过安全技术得以实现，支持信息安全先进技术和重点产业的发展是战略的重要任务。与此同时，通过法规、政策、教育、制度等完善安全管理，实现技术与管理的有机结合更不能忽视。国家信息安全战略是技术与管理的双轮驱动，过度偏重某一方面的发展必将导致战略的失效。

第三，成本与收益在信息安全国家战略中的综合平衡关系。信息安全的实现有赖于保障成本的持续投入，而与之对应的是信息安全收益通常无法客观测度，过度的安全保障必然导致成本畸高和效率低下。因此，寻求成本、收益、效率的综合平衡是国家信息安全战

略的关键，具体措施包括确定重点领域、优化资源配置、建立科学的风险收益评估体系和安全等超级标准等。

第四，国家安全与全球安全在国家信息安全战略中的动态交互关系。信息安全问题是全球各国共同面对的威胁与挑战，通过国际合作防范和应对信息安全威胁是理想途径。但是，由于各国在国家利益、法律、文化等方面的不一致，各国信息安全战略始终难以协调甚至存在对抗。为此，要立足国家利益和基本国情制定符合未来发展需要的国家信息安全战略，要立足全球层面，推动本国信息安全法律、政策与国际的接轨，推动平等互利的"国际信息安全新秩序"的形成。

### （四）网络空间信息安全国家战略的思想源流

信息安全国家战略不仅是一个中长期战略规划，更是一个适应信息社会发展规律的科学管理体系。当前可供资鉴的国内外相关思想源流丰富，可为网络空间信息安全国家战略的构建提供指引。

#### 1. 军事领域的"信息战"理论

信息战是为夺取和保持"制信息权"而进行的斗争，也指战场上敌对双方为争取信息的获取权、控制权和使用权，通过利用、破坏敌方和保护己方的信息系统而展开的一系列作战活动。

#### 2. 政治法律领域的"信息主权"理论

信息主权是在国家主权概念的基础上演化而来的，是信息时代国家主权的重要组成部分，它指一个国家对本国的信息传播系统进行自主管理的权利。从政治视角来看，信息主权是国家具有允许或禁止信息在其领域内流通的最高权威，包括通过国内和国际信息传播来发展和巩固本民族文化的权利，以及在国内、国际信息传播中树立维护本国形象的权利，还包括平等共享网络空间信息和传播资源的权利。从法律视角来看，信息主权是指主权国家在信息网络空间拥有的自主权和独立权。它具体包括主权国家对跨境数据流动的内容和方式的有效控制权；一国对本国信息输出和输入的管理权，以及在信息网络领域发生争端时，一国所具有的司法管辖权；在国际合作的基础上实现全人类信息资源的共享权。当前，国家信息主权的作用凸显，相关理论更加丰富成熟，成为国家信息安全战略的重要理论基石。

#### 3. 国际关系领域的"公共外交"理论

公共外交与传统外交的区别是"公共外交"试图通过现代信息通信等手段影响其他国家的公众，而传统外交则主要通过国家领导人及相应机构影响外国政府。长期以来，美国是"公共外交"理论的最佳实践者，美国通过"公共外交"积极开展意识形态、思想文化的宣传、输出。如今，网络信息空间成为美国"公共外交"的最佳实践场地。因此，无论是出于应对威胁或是构建中国"软实力"的需要，"公共外交"思想和方法都应该在国家信息安全战略中予以体现，并成为中国国家信息安全战略的重要理论支撑。

4. 战略管理领域的"博弈论"理论

博弈论最初是现代数学的一个分支，是研究具有对抗或竞争性质行为的理论与方法。当前，博弈论在战略规划和实践中得到了广泛应用，其核心价值在于分析对抗各方是否存在最合理的行为方案，以及如何找到这个合理方案，并研究其优化策略。当前，国家信息安全领域的斗争无一不具有显著的博弈属性，如国家间的信息对抗、密码的加密与破译、制毒与杀毒、网络思想文化的保护与渗透等，因此，从博弈论的视角认识和分析各类信息安全问题，并通过博弈论方法寻求信息安全的最佳解决方案，是优化国家信息安全战略的重要思路。如今，博弈论已经逐渐发展成为信息安全研究的重要方法论基础，借鉴博弈论的指导原则和原理方法研究国家信息安全战略是科学、有效的途径。

### （五）网络空间信息安全国家战略的考察体系

网络空间信息安全国家战略是各国保障本国网络空间安全和利益的战略性和系统性设计，尽管美国、俄罗斯、英国等国陆续出台了本国的网络信息安全国家战略规划，为各国信息安全战略的决策者和研究者提供了最佳蓝本，但从战略理论研究的角度尚需展开更为立体和全面的观察分析，而其他尚未正式出台网络信息安全战略规划的国家并不代表没有展开相应的战略部署。正如中国工程院院士倪光南所言："参照发达国家经验，一个国家的网络空间信息安全战略应是一个体系，它包括国际、国内战略和用以支撑的一系列法规、相应的组织机构等。"因此，为便于对全球各国信息安全战略进行比较分析，可以从战略环境、战略规划、法律法规、组织机构四大视角对全球各国网络空间信息安全进行梳理，以此来系统描述并比较分析各国网络空间信息安全战略脉络及其体系。

1. 战略环境——网络空间信息安全国家战略的实现基础

任何国家的网络空间信息安全战略都不能脱离本国经济、政治、文化以及信息技术的发展实际。以互联网为基础的全球网络空间不仅是技术基础设施和"超级媒体"。而且正在创造新的社会系统、权力结构、生活方式和价值观念。因此，网络空间信息安全战略环境包含了一国的政治、经济、军事、外交、科技等方面的客观条件及其所形成的安全态势。同时，战略环境又是一个动态发展的概念，政策、法律的实施对战略环境的发展变化具有重要的能动作用，客观准确地认识分析一国网络空间信息安全的战略环境是认识战略和制定战略的先决条件。

**2. 战略规划——网络空间信息安全国家战略的顶层设计**

网络空间信息安全政策规划是为维护网络空间利益、保障网络信息安全所制定的具有指导性的中长期发展战略性规划，宏观政策随着全社会信息活动的展开以及信息领域经济关系和社会关系的改变而调整，任何单独的信息安全政策都有局限性，因而各项政策之间难免存在相互矛盾和抵触的现象。信息安全宏观政策可以从多种维度进行划分：①从政策制定的主体和影响范围来看，可以分为国际（或国际组织）信息安全政策、国家信息安全政策、区域信息安全政策、行业信息安全政策等。②从安全领域来看，可以分为综合性安全政策、网络信息系统安全政策、网络内容安全政策等。③从政策的形式来看，可以从最高级的、具有较长时间跨度的、可统筹社会各领域的国家级战略，到次高级的可统筹相关产业的中期发展规划，以及一般级别的针对特定行业或具体管理对象的规定规范等。

## （六）法律法规——网络空间信息安全国家战略的制度基石

网络空间信息安全的法律法规是调整不同行为主体在保障信息安全过程中所产生的社会关系的法律法规总称。法律法规的调整对象是人类在信息互动中发生的各种与安全有关的社会关系，它依据信息和信息安全法律法规而产生并以主体之间的权利义务关系为表现形式，相较于宏观政策，网络空间信息安全法律更具强制性、稳定性和规范性，因此是一个国家（或区域）信息安全战略的制度保障，也是观察网络空间信息安全战略发展脉络的重要参考。从国际和国内两个视角出发，在法律层面对网络空间的使用进行规制乃是国际通例。迄今为止，国际社会尚没有制定出一部能够体现各国共同意识且能够对各国国内立法产生积极意义的网络安全法案，虽然在欧盟倡议下的《网络犯罪公约》备受各国期待，但其也面临一系列不适用的难题。如今，网络空间的安全立法处于不断发展中，所有潜在的网络威胁尚未有清晰的界定，新的网络威胁层出不穷，与之相对应的处置手段也需不断加以改进和完善。在应对网络恐怖主义和网络犯罪方面，国际社会也曾制定了一些国际法准则，但尚未制定防范和应对网络威胁的普遍性法律准则，对诸多网络威胁的界定也难以达成共识。一些概念性词汇，如网络战、网络攻击、网络恐怖主义和关键基础设施，虽被广泛使用，但都没有清晰的界定，其直接含义和用法皆取决于具体的应用环境。

## （七）组织机构——网络空间信息安全国家战略的实施载体

网络空间信息安全的管理组织是保障网络信息空间不受各种形式的危险、威胁、侵害和误导的管理体制和机构人员，是网络空间信息安全战略的体制保障。从全球范围来看，根据管理和工作范围，信息安全机构可以分为国际级、区域级、国家级、地区级和企业级五个级别。其中，国际级信息安全机构如国际刑警组织（International Criminal Police Organization，ICPO）；区域级信息安全机构如欧洲网络与信息安全局（European Network and Information Security Agency，ENISA，EU）；国家级信息安全机构如美国国防部网络战司令部（US Cyber Command）、英国网络安全和信息保障办公室（Office of Cyber Security and Information Assurance，OCSIA，UK）、中国国家互联网信息办公室等；地区级信息安全机构则包括各地区政府建立的地区性信息安全机构及上级信息安全机构在各地区的分机构等；企业级信息安全机构则主要为各企业设立的保护本方信息安全的企业内部组织机构。

综上所述，从战略环境、战略规划、法律法规以及组织机构等方面进行系统梳理，基本可以勾勒出一国网络空间信息安全战略的发展脉络，进而分析各国网络空间安全战略的共性和特性、优势和不足，并绘就全球网络空间安全战略博弈与合作的全貌，为各国网络空间信息安全国家战略的制定及其实施提供理论和实践参考。

and Show, ICP) 等等. 另外, 还将提供 TFTP (Trivial File Transfer and Applications Services Group, TFTP)、HTTP (Hypertext Transfer Protocol)、简单网络管理协议 (SNMP)、Finger 等服务。应用层的一些协议也提供相应的服务, 如 NFS (Network File System)、DNS (Domain Name Service)、有关信息存储服务器、日志信息系统 LOG (Complication Logging and Information Processing, LOG)、命名服务器的数据处理和检索、应用层的各种安全协议等等。

(这部分文字上半页模糊不清, 仅供参考)

# 第八章　计算机安全防范策略

## 第一节　网络安全策略及实施

### 一、安全策略概述

解决网络安全问题, 技术是主体, 管理是灵魂。只有将有效的安全管理自始至终贯彻落实于网络安全体系当中, 网络安全的可靠性、长期性和稳定性才能有所保证。而要进行有效的网络安全管理, 必须根据需要建立一套科学的、系统全面的网络安全管理体系, 即网络安全策略。

#### (一) 安全策略的定义

网络安全策略可以简单地认为是一个对网络相关各种资源进行可接受使用的策略, 也可以是关于连接要素和相关内容的详细文件。根据 RFC 2196 的定义, "安全策略是对访问规则的正式陈述, 所有需要访问某个机构的技术和信息准资产的人员都应该遵守这些规则"。安全策略为实现网络基础设施的安全性提供安全框架, 详细定义了用户允许及禁止的行为, 确定了实施网络安全必要的工具和程序, 对网络安全达成一致意见并由此定义各种角色, 并规定了发生网络安全事件后的处理程序与方法, 必要时可为法律行为提供依据。

一个企事业单位的安全策略的内容, 从宏观的角度反映了该单位整体的安全思想和观念。一般而言, 安全策略需要由高级管理部门负责制定, 来确保网络系统运行在一种合理的安全状态下, 既能满足安全需要, 又不得妨碍员工和其他用户从事正常的工作。这种安全策略对于网络安全体系的建设和管理起着举足轻重的作用。所有网络安全建设的工作其实都是围绕安全策略展开的, 它是制定具体策略规划的基础, 并为所有其他安全策略标明应该遵循的指导方针。而这些具体的策略内容则可以通过安全标准、安全方针、安全措施等来实现。

### （二）网络安全模型

在建立合适的安全策略之后，必须从方法上考虑把安全策略作为正常网络操作中的一部分，并把这种描述转化为具体的操作，如对路由器进行配置，安装防火墙，配置入侵检测系统，开发认证服务器和加密的 VPN 等。当开发并制定了安全策略后，就可以选用各种产品，采用各种技术方法来进行具体的实施。但在此之前，还需要全面了解用户需求、需要保护的内容以及网络拓扑结构。

安全策略处于网络安全模型的核心，它规定了网络系统中的各个实体在安全方面的技术要求，并定义了网络系统及管理员应该如何配置系统的安全性。

1. 保护阶段

在保护阶段，由负责组织安全的人员或部门实施安全解决方案以阻止或预防非授权访问，可采用的方法包括：

（1）身份认证和验证

这种方法规定了系统用户和管理员的主要认证机制，对每个用户身份、位置和确切登录时间的识别与映射，规定了密码的最小长度、密码的最长和最短使用期限以及对密码内容的要求等。身份认证一般和网络服务授权关联在一起。

（2）访问控制

主要指对文件实施的访问控制标准要求，一般需要指定两项要求，一是机制和文件的默认要求，对于计算机系统中的每个文件都应该有用户的访问控制措施。该机制应该与认证机制配合工作，以确保只有授权用户才能访问文件。二是机制本身至少应该指定哪些用户可以对文件拥有读、写和执行的权限。

（3）数据加密

这是一种确保网络数据通信的保密性、完整性和真实性的方法。规定在机构中使用的加密方法，可用的加密方法很多，包括 DES、3DES 和 AES 等。对于安全策略而言，没有理由规定只采用一种算法。当然，这里还需要规定密钥管理所需要的相关程序。

（4）防火墙

防火墙可以是置于网络上的一套关联设备，用它来保护私有网络的资源，使其免遭外网用户访问。防火墙也可能是一个或多个独立设备，甚至可以在大多数路由器上配置而成。

（5）漏洞补丁

这种方法规定安全程序应该在何处查找恶意代码，可以保证识别并弥补可能的安全漏

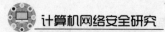

洞。安全策略应该规定这种安全程序的要求，可以包括这种安全程序要检查的特定文件类型，以及当文件打开时检查文件或按计划检查文件这类要求。

2. 监视阶段

围绕着安全策略，在实现了网络系统的安全技术措施后，接下来必须对网络系统进行监控，确保安全状态能够保持，对于所部署的这些安全系统需要加以更频繁的注意。如果不对网络进行安全监控，则在上一步所实施的这些安全措施就没有实际意义了，所以在这个阶段，系统管理员需要通过利用网络漏洞扫描器，定期对网络进行扫描监控，以便可以预先识别漏洞区域，进行漏洞的修补。

3. 测试阶段

监视阶段之后是测试过程，对网络系统安全进行测试与进行安全监视一样重要。没有测试，就无法知道现有的和最新的攻击方式，就无法模拟受到安全侵害后的及时响应。由于入侵者是一个不断变化的、具有高度技术能力的群体，如果单靠用户来进行测试，会具有相当的难度，而且实施的成本较高，需要高度的技术支撑。

4. 改进过程

用户应该利用监视和测试阶段得来的数据去改进安全措施，并根据识别的漏洞和风险对安全策略加以调整。系统改进可确保得到最新的安全修复。由于网络安全不是一个静态的过程，经过网络安全改进阶段后，系统又重新进入了新的保护阶段。

通过网络安全模型，可以看出网络安全是一个围绕安全策略而开展的持续不断的过程。一个完善的网络安全策略需要经过多次修改进行逐步完善，而不是一个一劳永逸的过程。不过，安全策略本身不用为不同的操作系统或应用规定专门的配置方法，这项工作应该由特定的配置过程去完成。

## 二、网络安全策略设计与实施

### （一）物理安全控制

物理安全控制是指对物理基础设施、物理设备的安全和访问的控制。对于网络而言，这部分相对变化较少，是最容易被管理员忽略的。对于网络系统，如果为了适应已经变化的环境而正在创建或修改安全策略，就有必要根据安全需求更改物理基础设施，或改变某些关键设备的物理位置，以使安全策略更容易实施。

物理网络基础设施包括选择适当的介质类型及电缆的铺设路线，其目的是要确保入侵者无法窃听网络上传输的数据，并且保证所有关键系统具备高度可用性。从安全角度看，由于光纤对于防止传统的网络窃听很有效果，在工程上得到了大量应用。而对于双绞线和同轴电缆，利用一些工具就可以方便进行信号窃听。然而，以目前这种网络环境而言，已经很少出现对线路物理上进行分隔与窃听的行为了。在大多数的情况下，入侵者只需找到一台联网的已授权的计算机，就可以方便地对网络资源进行非法的享用了。设计出优秀的网络拓扑结构，对于降低安全风险有重要作用，如单点的故障、突然停机等，一个好的网络拓扑可以有效遏制安全事故。

此外，网络资源的存放位置也极为重要，所有网络设施都应该放置在严格限制来访人员的地方，以降低出现非法访问的可能性。特别是涉及核心任务与机密信息的一些设备，这些基础设备包括交换机、路由器、防火墙以及提供各种网络应用与服务的服务器。系统越关键，需要设置的安全防护就越多，应不惜任何代价确保资源可用，包括环境安全保护，温度与湿度的控制，保护不受自然灾害及过量磁场的干扰等。

## （二）逻辑安全控制

逻辑安全控制是指在不同网段之间构造逻辑边界，同时还对不同网段之间的数据流量进行控制。逻辑访问控制通过对不同网段间的通信进行逻辑过滤来提供安全保障。对内部网络进行子网划分是进行逻辑安全控制的有效方法。由于子网由本地负责管理，从网络外部看到的是一个单独的大网络，入侵者对其内部子网的划分没有太详细的了解。但事实上，在网络内部，每个子网都按照实际的物理布线组成各自的 LAN。根据网络如何使用子网来进行逻辑划分，以及这些子网之间的通信如何进行控制，就可以大致判定网络的逻辑设施。

路由策略是安全策略的重要组成成分，安全策略中可以体现详细的路由安全策略。在路由策略中，通常根据实际的需要来发布和接收被分隔开的网络和子网的路由。如果不考虑所用的路由协议，大多数路由器都禁止发布特定的路由，并将接收到的这类路由忽略，不将它们放到路由地址表中。

对于设备和网段的访问必须明确限制到需要访问的个人，为此需要执行两类控制。一是预防性控制，用于识别每个授权用户并拒绝非授权用户的访问。二是探测性控制，用于记录和报告授权用户的行为，以及记录和报告非授权的访问，或者对系统、程序和数据的访问企图。

## （三）基础设施和数据完整性

在网络基础设施中，必须尽力保证网络上所有通信都是有效通信。为保证网络间的通信，当前常见的安全防护系统包括防火墙、入侵检测系统、安全审计系统、病毒防护系统等。

1. 防火墙

防火墙通常被用来进行网络安全边界的防护。事实证明，在内网中不同安全级别的安全域之间采用防火墙进行安全防护，不但能保证各安全域之间相对安全，同时对于网络日常运行中各安全域中访问权限的调整也提供了便利条件。

2. 入侵检测系统

入侵检测系统在网络中的部署很大程度上弥补了防火墙防外不防内的特性，同时对网络内部的信息做到了实时监控和预警。

3. 安全审计系统

利用安全审计系统的记录功能，对网络中出现的操作和数据等做详细的记录，为事后攻击事件的分析提供有力的原始依据。

4. 病毒防护系统

利用网关型防病毒系统可将病毒尽最大可能地拦截在网络外部，同时在网络内部采用全方位的网络防病毒客户端进行全网的病毒防护。

如何保证有效通信，对于网络服务和协议的选择是一项复杂而艰巨的任务。一个简单的方法就是先允许所有类型的服务和协议，然后再按需要把某些类型取消。这种处理方法实施起来比较方便，因为所需要做的只是启动所有服务并允许其在网络中通行，当出现安全漏洞时，就在主机或网络层次上限制出现漏洞的服务或为服务添加补丁。

为了确保数据完整性，对于大多数跨网段的通信需要进行验证，同时为了确保网络基础设施的完整性，对安全基础设施进行操作的通信也应该通过验证。

（四）数据保密性

数据保密性是指保证密的范畴。在加密技术中数据的保密，使其不能被非法修改，它主要确定哪些数据需要加密，以及哪些数据不需要加密。这个过程应该使用风险分析步骤来进行决策。在风险分析中，可以将不同敏感程度的数据进行分类，对于不同的类别要求制定相应的数据保密措施。在一个网络基础设施内，是否需要加密通信在很大程度上取决于信息的敏感程度和数据被窃取的可能性。

（五）人员角色与行为规则

人员角色管理是整个网络安全的重要组成部分，网络中所有的软硬件系统、安全策略等最终都需要人来实践，所以对人员角色的定义及行为规则的制定是非常重要的。

1. 安全备份

创建备份的过程是运行计算机网络环境的一个完整部分，对于网络基础设施框架，提供网络应用服务的服务器的备份以及网络基础设施设备配置和映射的备份都是很重要的。备份策略包括确保用户已经对所有网络基础设施设备的配置和软件映射进行了备份，确保用户已经对所有提供网络服务的服务器进行了备份，确保用户的备份文件不被存储在同一个存储点上。管理员应该认真选择数据存储点，不但需要考虑其安全性和可用性，还需要考虑为备份文件加密，使备份信息一离开原点就得到额外的保护。需要注意的是，用户还应该有良好的密钥管理体制，这样才能够在需要时恢复数据。

2. 审计跟踪

对通信方式以及所有非法行为进行记录，以及对用户名、主机名 IP 源地址、目的地址端口号和时间戳进行记录，并对这些数据进行分析，有可能会发现安全被突破的第一条线索。管理员根据数据的重要性，可以将其保存在资源本地，直到它被需要或在每个事件后被转存为止。由于审计数据可能是站点上和备份文件中一些最需要认真保护的数据，如果入侵者能够侵入审计记录，系统将会受到重要的安全威胁，所以有可能的话也需要将这些审计记录进行有效的备份。

## 三、相关安全策略考虑

在安全策略中，除了上述的方法外，对于普通用户而言，还需要注意以下几个方面的安全问题。

### （一）安全意识的培养

用户安全意识培养层面包含如下两方面含义。

1. 网络安全管理制度的建设

通常所说的网络安全建设"三分技术，七分管理"，也就是突出了"管理"在网络安全建设中所处的重要地位。长期以来，由于管理制度上的不完善、人员责任心差而导致的网络攻击事件层出不穷。尽管在所有的网络安全建设中，网络安全管理制度的建设都被提到极其重要的位置，但能按相关标准制定出具有全面性、可行性、合理性的安全制度并严格按其实施的项目数量并不是很多。

2. 网络使用人员安全意识的培养

通过长期分析网络安全事件，可以发现相当大的一部分攻击事件是由于工作人员的安全意识薄弱，无意中触发了入侵者设下的圈套，或打开了带有恶意攻击企图的邮件或网页造成的。针对这种情况，首要解决的问题是提高网络使用人员的安全意识，定期进行相关的网络安全知识的培训。全面提高网络使用人员的安全意识是提高网络安全性的有效手段，主要包括学习安全技术，学习对威胁和脆弱性进行评估的方法，选择安全控制的标准

和实施。

安全意识和相关技能的教育是企业安全管理中重要的内容，其实施力度将直接关系到企业安全策略被理解的程度和被执行的效果。为了保证安全策略的成功和有效，高级管理部门应当对企业各级管理人员、用户、技术人员进行安全培训。所有的企业人员必须了解并严格执行企业安全策略。在安全教育具体实施过程中，不同的人员有不同的安全需求。根据不同的需求，有针对性地对人员进行特定的安全培训。这种安全教育应当定期地、持续地进行。

尽管上面讲述了许多网络安全上的技术保证，但是事实证明，许多入侵者运用社会工程学比用黑客技术更为方便和有效。所以应该通过严格的培训使工作人员和用户不要轻易相信那些打电话给他们，要求他们做一些危及安全事情的人，如通过电话来询问密码和其他有关网络安全密码等。工作人员在透露任何有关机密前，必须明确鉴别对方的身份。在通过一项新的安全策略时，应该检查每个现有的系统与新策略是否符合，如果存在不符合的情况，则应采取措施修改它，使之符合安全策略。最好还设立内部审核部门，以便定期审核系统是否符合安全策略，并定期对每一项策略进行复查，以保证它仍然适合于机构。

## （二）用户主机保护

主机安全性主要包括客户计算机的安全防护以及到服务器的通信线路，对于提供网络服务的主机，需要通过各种技术手段进行安全防护。同样，对于普通用户的桌面系统的安全性也特别需要注意，在多数现代操作系统中，如对文件共享、个人 Web 和 FTP 服务器之类的特性使得工作站与服务器之间的安全有许多共同之处，需要遵守共同的安全准则。目前，普通用户的桌面系统主要有以下安全隐患。

### 1. 共享过多

当用户共享本系统多于必要的范围时，就会出现由文件共享带来的较大危险。通常，如果其他用户需要看到的仅是某个目录，但却共享了整个卷。在这里，安全危险主要来自网络内部而不是外部。用户必须认真配置防火墙，使之能阻止对文件共享连接的传送。在任何时候都不要长久地共享操作系统的主目录，如果确实需要，则应该建立特殊可共享目录而不是共享任一工作目录，可以新建一个如"D：\ Share"的目录以提供访问，并确保只有此目录包含的文件才可共享。还需要保证共享在最小的范围内实施，需要认真了解如何共享文件和文件夹，不要为系统留下隐患。

### 2. Web 和 FTP 服务

在常用的 Windows 操作系统中，在默认情况下并不启用 Web 和 FTP 服务器，但是可以通过其他方式对其安装并提供服务。由于 Web 和 FTP 的脆弱性，使其极容易受到攻击，带来的安全隐患主要是密码窃取。通常 FTP 服务器没有加密认证过程，所以本域用户可通过网络监听与分析捕获用户名和密码。另外，不正确的配置 Web 和 FTP 服务，会提供并不愿提供的一些共享数据。随着操作系统的不断更新，系统包含的功能越来越多，功能越来越强大，但随之而来的是潜在的危险也越来越严重。用户计算机开放的服务越多，入侵者可利用的人口就越多，所以最好关闭及删除所有用不上的服务，关闭不用的端口，以免遭受意外攻击。

3. 电子邮件服务

用户可能会收到来自陌生人的邮件附件，也可能会收到来自熟人意外的文件，一些宏病毒会利用 Outlook 的通信簿将病毒复制作为附件发送给朋友，而这些朋友会毫无戒心地打开执行附件。入侵者也可能附加一个伪装的木马，如远程控制的 BO（Back Orifice），来控制用户计算机。通过邮件客户端传播病毒已经是一个非常普遍的现象，所以要尽可能在邮件客户端中加装杀毒和防木马软件，用以扫描进来的信息，否则极易遭到攻击。

4. 协议安全

我们知道各种 Microsoft Windows 系统都是按在网络上运行服务的需要配置协议的，包括 Net BEUI（主要提供 Windows 联网服务，包括连接打印机、对等文件共享等）、TCP/IP、IPX/SPX 等。从某种意义上来说，在网络中启用的每种协议都会有安全弱点。要确认用户所需的联网协议，禁用或删除一切不必要的协议。协议越少，意味着安全性越高。需要明确安全不是选择"正确"的协议，而是正确使用。

5. 密码

对于桌面用户而言，密码保护是第一道关口。一般情况下，可以通过 BIOS 设置开机密码，然后通过操作系统设置系统密码。建议用户为了保证系统安全，尽可能按照密码设置的要求设置密码，保证系统安全。

6. 软件更新和补丁程序

实际上，没有哪个软件是安全的。软件包越大、越复杂，它的安全漏洞就越多。有些漏洞会被制造商、安全团队等发现，产品的开发商会发布更新、补丁或者围绕漏洞的工作来尽快解决该问题。一旦安全漏洞被公布，入侵者就会尝试这些新的漏洞，用户必须及时了解这些安全漏洞，并安装补丁或采取相应的措施。

7. 其他需要注意的

需要使用正版操作系统，并及时安装系统补丁，消除操作系统本身的安全隐患。使用正版的应用软件和工具软件，并安装防火墙及防病毒软件，还应该通过某种形式的自动更新机制来保持更新。不要安装来历不明的软件，上网时留意一些恶意插件，在没有搞清楚

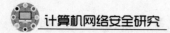

其具体功能时不要轻易下载安装，不要访问不良站点等，未经许可或安全咨询不要更改网络设置。

通过网络安全策略的定义与设计，有效地开发安全策略，是保证网络系统安全运行的关键。一定要牢记网络安全是一个系统，是策略、处理生命周期、技术与运行流程的结合，以及促使环境持续安全的设计方法。除了要求系统管理员对于整个网络系统采取各种措施外，用户本身也需要在思想上和技术上重视网络安全，安全合理地使用自己的桌面系统，加强安全管理，从而有效地保障整个网络的安全。

# 第二节　操作系统安全

## 一、操作系统安全概述

### （一）操作系统安全的基本要求

一般而言，计算机系统的安全威胁可以归纳为软件设计和实现方面的缺陷与漏洞、系统的配置和操作不当两个主要方面。

计算机系统软件设计和实现的缺陷与漏洞包括作为计算机核心的操作系统、作为系统软件的编译器和数据库以及提供服务的应用程序等。这些软件由于功能复杂、规模庞大，如果没有安全理论的指导，因而会导致诸如缓冲区溢出、符号连接、特洛伊木马等各种各样的系统漏洞。这些漏洞一旦被发现，就会对系统的安全构成致命的威胁。

由于在使用计算机系统的过程中，对操作系统的配置和应用不当，很容易就会被攻击者突破系统的安全防范体系。一些操作系统默认的安装配置并不安全，需要根据要求对系统进行加固。经过安全配置，系统的安全性会得到较大的提高，可以抵御大部分常见的对于本系统的安全威胁。

安全操作系统是在传统操作系统的基础上实现了一定安全技术的操作系统，它提供了访问控制、最小特权管理和安全审计等机制，采用各种安全策略模型，在系统硬件和资源以及用户和应用程序之间进行符合预定义安全策略的调用，限制对系统资源的非法访问和阻止黑客对系统的入侵。其主要功能如下。

1. 进程的管理与控制

在多用户计算机系统中，必须根据不同授权范围将用户隔离，但同时又要允许用户在受控路径上进行信息交换。构造一个安全操作系统的核心问题就是具备多道程序功能，而多道程序功能得以实现又取决于进程的快速转换。

2. 文件的管理与保护

包括对普通实体的管理和保护及特殊实体的管理和保护。

3. 运行域的控制

运行域包括系统的运行模式、状态和上下文关系。运行域一般由硬件支持，也需要内存管理和多道程序支持。

4. 输入/输出的访问控制

操作系统安全不允许用户在指定存储区之外进行读、写操作。

5. 内存管理与保护

内存的管理是指要高效利用内存空间，内存的保护是指在单用户系统中，在某一时刻，内存中只运行一个用户进程，要防止它不影响操作系统的正常运行。在多用户系统中，多个用户进程并发，要隔离各个进程的内存区，防止它影响操作系统的正常运行。

6. 审计日志管理

安全操作系统负责对涉及系统安全的操作做完整的记录以及报警或事后追查，而且还必须保证能够独立地生成、维护和保护审计过程免遭非法访问、篡改和毁坏。

（二）操作系统安全的设计原则

操作系统安全的设计是一个复杂而艰巨的过程，涉及信息保护机制的设计和安全内核的设计。对于信息保护而言，人们以保护机制的体系结构为中心，给出了信息保护机制的八条设计原则。

1. 经济性原则

安全保护机制应尽可能设计得简洁，这样可以减少设计和实现错误，一旦产生这样的错误，在进行软件排错时才能较好地找到出错代码。

2. 失败-安全默认原则

访问判定应建立在显式授权的基础上。在默认的情况下，没有明确授权的访问方式将被视作不允许的方式。如果主体想以该种方式进行访问是不会成功的，因此，对系统而言就是安全的。

3. 完全仲裁原则

对每一个客体的每次访问都必须经过检查，以确认是否已经得到授权。

4. 开放式设计原则

将保护机制的抗攻击能力建立在设计公开的基础上，通过开放式的设计，在公开的环境中设法增强保护机制的防御能力。

5. 特权分离原则

为一项特权划分出多个决定因素，仅当所有决定因素均具备时，才能行使该项特权。

6. 最小特权原则

分配给系统中的用户（组）或程序的特权是其能完成特定工作所必须具有的特权的最小集合。

7. 最少公共机制原则

把由两个以上用户共用和被所有用户依赖的机制的数量减到最小。每一个共享机制都是一条潜在的用户间的信息通路，要谨慎设计，避免无意中破坏安全性。

8. 方便使用的原则

为使安全机制能得到贯彻，系统应该为用户提供友好的用户接口，便于用户使用。在用户界面的设计上要简单易用。对于安全内核的设计原则而言，安全内核的软件和硬件是可信的，它有三个基本的设计原则。

（1）隔离性原则

要求安全内核有防篡改能力，即原始的操作系统要尽可能地保护自己，以防遭到偶然的破坏。在实际实施隔离原则时需要软硬件的结合。硬件的基本特性是使安全内核能防止用户程序访问安全内核代码和数据，同时还必须防止用户程序执行安全内核用于控制内存管理机制的特权指令。将安全机制和操作系统的其他部分及用户空间分离，可以很容易地防止操作系统或用户的侵入。

（2）完整性原则

要求所有信息的访问都必须经过安全内核，同时对支持安全内核系统的硬件提出要求，如果安全内核不检查每条机器指令就允许有效地执行不可信程序，硬件就必须保证程序不能绕过安全内核的存取控制。

（3）可验证性原则

通过利用最新的软件工程技术，注意安全内核接口功能的简单性，实现安全内核尽可能地小。支持安全内核的可验证性的基本技术是开发一个安全数学模型，其精确定义了安全需求并形式化地检验模型中的功能是否符合定义。

（三）　操作系统的安全机制

操作系统安全的主要目标是标识用户身份及身份鉴别，按访问控制策略对系统用户的操作进行控制，防止用户和外来入侵者非法存取计算机资源，以及监督系统运行的安全性和保证系统自身的完整性等。要完成这些目标，需要建立相应的安全机制，包括硬件安全机制和软件安全机制。软件的安全机制主要包括标识与鉴别机制、访问控制机制、最小特权管理机制、可信通路机制、隐通道的分析与处理以及安全审计机制等。

1. 硬件系统的安全机制

操作系统的最底层是硬件系统，操作系统软件运行在硬件系统之上，要保证操作系统的安全运行，必然要保证硬件层操作的安全性。因此，硬件层必须提供可靠的、高效的硬件操作。硬件安全机制一般有以下三种基本的措施，分别是内存保护、运行域保护和 I/O 保护。

（1）内存保护

内存保护是操作系统中最基本的安全要求，它要求确保存储器中的数据能够被合法地访问。保护单元是存储器中最小的数据范围，可以分为块、段或页等。保护单元越小，存储保护的精度越高。在多任务的环境中，应该防止用户程序访问操作系统内核的存储区域以及进程间非法访问对方的存储区域。内存保护与内存管理是紧密相关的，内存保护是为了保证系统各个进程间互不干扰以及用户进程不去非法访问系统空间，而内存管理则是为了更有效地利用系统的资源（内存空间）。系统会区分用户空间和系统空间，在用户模式下运行的非特权程序应该禁止访问系统空间，而在内核模式下则可以访问任何内存空间，包括用户空间。用户模式和内核模式的切换应该通过一条特权指令来完成，这种访问控制一般可以由硬件来实现，如 Intel 的 CPU 可以运行在四个不同的等级下，其中 0 级为特权级，3 级为用户级，在 Linux 的实现中，0 级对应于内核模式，而 3 级则对应于用户模式，中间两级没有使用。除了通过硬件的限制来实现内存保护，还可以通过软件实现对内存的保护，如基于描述符的地址解释机制，该机制可以解决段/页访问权限的标识问题。

（2）运行域保护

进程运行的区域被称为运行域。一般操作系统都会包含硬件层、内核层、应用层、用户层等几个层次，而每个层次又包含子层。这种分层的设计方法是为了隔离运行域，达到保护运行域的目的。运行域可以看成是一系列的同心圆，最内层的特权最高，最外层的特权最低，一个进程的可信度和其访问权限可以通过它与中心的接近程度来衡量，特权等级越高则越接近中心。它是一种分级的环结构，以最底层硬件层为中心，最后到特权最低的用户层。等级域机制可以保护内层环不被其他外层环侵入。每一个进程都在特定的环层运行，特权越高的进程在环号越低的层上运行。环号越低，特权越高，相对于该层的操作保护越少。等级域机制和进程隔离机制是互不影响的，一个进程可以在任意时刻任意环内运行，在运行时还可以在各环间转移。当进程在特定环运行时，进程隔离机制将避免该进程遭受同环内其他进程的破坏，系统会隔离在同一环内同时运行的进程。

（3）I/O 保护

在操作系统的所有功能中，I/O 部分一般是最复杂的。安全的缺陷往往可以从操作系统的 I/O 部分找出来，因此，为保证安全性，I/O 应该只能由操作系统才可以完成特权操作。对于一般的 I/O 设备，操作系统都会提供该设备的系统调用。对于网络访问一般也提供标准的调用接口，用户不需要操作 I/O 的细节。I/O 设备最简单的访问控制方式是把一个 I/O 设备看成是一个客体，所有对 I/O 设备的操作，例如读设备、写设备等，都必须经过相应的访问控制机制，如操作系统内核通过比较安全策略数据库来决定相应主体对相应客体的访问权限。

2. 软件系统的安全机制

有关软件安全机制方面，主要包括身份标识与鉴别机制、访问控制机制、最小特权管理机制、可信通路机制、隐蔽通道机制、安全审计机制和病毒防护机制。

（1）身份标识与鉴别机制

标识与鉴别是涉及系统和用户的一个过程。标识是系统要标识用户的身份，并为每个用户提供用户标识符。将用户标识符与用户联系的动作称为鉴别，为了识别用户的真实身份，它总是需要用户具有能够证明其身份的特殊信息。身份的标识与鉴别是对访问者授权的前提，并通过审计机制使系统保留追究用户行为责任的能力。一般情况下，它可以是只对主体进行鉴别，某些情况下也可以对客体进行鉴别。

（2）访问控制机制

在计算机系统中，安全机制的主要内容是访问控制机制，其基本任务是防止非法用户进入系统及合法用户对系统资源的非法使用。一般来说，它包括三个任务：授权、确定存取权限和实施存取权限。在安全操作系统领域中，存取控制一般都涉及自主访问控制、强制访问控制和基于角色的访问控制三种形式。自主访问控制是一种普遍的访问控制手段，它根据用户的身份及允许访问权限决定其操作，文件的拥有者可以指定系统中的其他用户（组）对其文件的访问权。强制访问控制是指用户与文件都有一个固定的安全属性，系统用此属性来决定一个用户是否可以访问某个文件。这个属性是强制性的规定，由安全管理员或操作系统根据安全策略来确定，用户（组）或用户程序不能修改安全属性。

（3）最小特权管理机制

最小特权指将超级用户的特权划分为一组细粒度的特权，分别给予不同的系统操作员/管理员，使各种系统操作员/管理员只具有完成其任务所需的特权，从而减少由于特权用户密码丢失或错误软件、恶意软件以及误操作所引起的损失。最小特权原则是系统安全中最基本的原则之一，它限定每个主体所必需的最小特权，使用户所得到的特权仅能完成当前任务。最小特权一方面给予主体"必不可少"的特权，保证了所有的主体能在所赋予的权限下完成所需要完成的操作或任务；另一方面又只给主体"必不可少"的特权，从而限制了每个主体所能进行的操作。常见的最小特权管理机制有基于文件的特权机制、基于进程的特权机制等。

（4）可信通路机制

在计算机系统中，用户是通过不可信的中间应用层和操作系统相互作用的，操作系统必须保证用户在与安全核心通信时不会被特洛伊木马截获通信信息，提供一条可信通路。该机制只能由有关终端人员或可信计算机启动，并且不能被不可信软件模仿。其主要应用在用户登录或注册时，能够保证用户确实是和安全核心通信，防止不可信进程窃取密码。

当系统识别到用户在一个终端上输入的 SAK 时，便终止对应到该终端的所有用户进程，启动可信的会话过程，以保证用户名和密码不被盗走。

（5）隐蔽通道机制

隐蔽通道是指系统中利用那些本来不是用于通信的系统资源绕过强制存取控制进行非法通信的一种机制。系统内充满着隐蔽通道，系统中的每一个信息，如果它能由一个进程修改而由另一个进程读取，则它就是一个潜在的隐蔽通道。隐蔽通道具有容量和带宽两个基本参数，容量是指通道一次所能传递的信息量，带宽是指信息通过通道传递的速度。由于安全模型缺陷而导致的信息泄露可以通过改变安全模型来修补，而隐蔽通道所导致的信息泄露可以在不改变安全模型的情况下消除或减少。

（6）安全审计机制

安全审计是指对操作系统中有关安全的活动进行记录、检查及审核，它作为一种事后追查的手段保证系统的安全性。其主要目的就是检测和阻止非法用户对计算机系统的入侵，并显示合法用户的误操作。安全审计作为安全系统的重要组成部分，在 TCSEC 中要求 C2 级以上的安全操作系统必须包含。审计为系统进行事故原因的查询、定位，事故的预测、报警以及事故发生之后的实时处理提供详细、可靠的依据和支持。一般而言，审计过程是一个独立的过程，它应与系统的其他功能隔开。操作系统必须能够生成、维护及保护审计过程，防止其被修改、访问和毁坏。特别是要保护好审计数据，严格限制未授权的用户访问。

（7）病毒防护机制

操作系统作为一个大型的软件代码集，不可避免地会受到病毒的入侵，病毒会用它自己的程序加入操作系统或者取代部分操作系统进行工作，从而导致整个系统瘫痪。由于操作系统感染了病毒，病毒在运行时会用自己的程序片段取代操作系统的合法程序模块。根据病毒自身的特点和被替代的操作系统中合法程序模块在操作系统中运行的地位与作用，以及病毒取代操作系统的取代方式等，对操作系统进行破坏。

计算机网络安全研究

## 二、Linux 操作系统的安全

世界各地的编程爱好者自发组织起来对 Linux 进行改进和编写了各种应用程序，Linux 已发展成一个功能强大的操作系统，可以自由地发行和复制。用户可以根据需要，修改其源代码，向系统添加新部件、发现缺陷和提供补丁，以及检查源代码中的安全漏洞。Linux 具有很多解决机密性、完整性、可用性以及系统安全本身问题的集成部件。包括 IP 防御、认证机制、系统日志和审计、加密协议和 API、VPN 内核支持等。此外，系统安全可以由软件应用程序来支持，这些开放源代码的应用程序提供安全服务、加固和（或）控制 Linux 系统、防止并检测入侵、检查系统和数据的完整性，并提供防止不同攻击的屏障。

Linux 与不开放源代码的操作系统之间的区别在于开放源代码开发过程本身。由于软件的每个用户和开发者都可以访问其源代码，因而有很多人都在控制和审视源代码中可能的安全漏洞，软件缺陷很快会被发现。一方面，这会导致这些缺陷更早被利用；另一方面，很快就会有可用的安全补丁。如此反复，使得 Linux 系统在安全上表现得相当优异。也正因为如此，对于 Linux 操作系统的管理员而言，要求更高。如何以一种安全的方法来计划、设计、安装、配置和维护运行 Linux 的系统，是每个系统管理员需要认真考虑的问题。

Linux 系统本身是稳定和安全的，其系统安全与否和系统管理员有很大的关系。安装越多的服务，越容易导致系统的安全漏洞。在构建 Linux 操作系统时，由于默认的配置文件并不是按照安全最大化的原则来定义的。因此，在网络上利用其构建应用平台时，在安装时就必须对其各种配置文件加以了解，熟悉其配置方法、内容与特点。在安装 Linux 系统前，首先需要系统管理员制订一个详细的安全配置计划，来确定系统将要提供什么服务，需要使用什么硬件平台，需要什么应用软件，如何组织安装。如果在实际安装前认真地制订这样一个计划，在安装的初期就可以确定并排除很多可能的安全问题，有助于减少系统入侵或者突发事件造成系统危害的风险。

### （一）确定系统提供的服务和需要的软件

Linux 系统一般在网络上作为服务器对外提供各种网络服务，首先我们需要确认系统要提供哪些网络服务，以及提供这些服务的相对应的软件程序。如 Web、DNS、电子邮件、数据库等，以及包括提供这些服务所需要的相对应的软件 Apache、Bind 等程序包。这些应用需求应该记录在安装部署规划之中，这个计划还包括此计算机是配置为客户机、服务器还是同时具备两个角色。由于操作系统上提供的服务越多，系统的安全漏洞就越多，系统管理员应该遵循安全原则，在安装系统时，根据需求安装一个只包含必需软件的

— 190 —

最小化的操作系统，然后根据具体的应用需要再安装相应的软件，这样可以大大减少某个服务程序出现安全隐患的可能性，使安装好的 Linux 系统带有隐藏安全漏洞的可能性降到最低。

### （二） 规划用户种类和访问权限

对于网络服务器而言，规划并确定用户种类及其权限通常非常复杂。一般是根据用户的角色来分配权限，实现管理用户的权限分离，授予管理用户所需的最小权限的服务，提供严格限制默认用户的访问权限，重命名系统默认用户，修改这些用户的默认密码的服务，并禁止默认用户的访问等；对于已经确认好的用户角色，定义他们需要访问和操作哪些数据资源。管理员可以通过访问相应的服务或操作系统提供的工具来进行相应的配置。

### （三） 选择 Linux 发行版本

由于 Linux 只是一个内核，只能提供基本的运行服务。一个完整的操作系统还包括大量的应用程序及开发工具等，因此，有许多个人、组织和企业开发了基于 GNU/Linux 的 Linux 发行版。Linux 的发行版本大体上可以分为两类，一类是商业公司维护的发行版本，一类是社区组织维护的发行版本。前者以著名的 Red Hat（RHEL）为代表，后者以 Debian 为代表。选择哪一类的 Linux 系统需要管理员进行仔细的考虑。在很多情况下，由于企业的政策、企业许可证协议或者可用的技术，要使用的 Linux 发行版本已经确定。而有的时候，用户会先关注可以满足安装用途的软件程序包，然后根据程序包的先决条件、哪个发行版本包含立即可用的程序包，或者发行版本的价格，来选择发行版本。对于每一种应用服务，如邮件服务器、文件服务器、Web 服务器、字处理等，都有多种软件程序包可以满足需要。尤其当用户不直接与软件程序包打交道时，那么选择更为安全的软件程序包时所受的限制就会更少。

### （四） 选择服务器软件程序包

为了方便用户的安装，发行版本通常会默认安装一些保持系统运行和满足其用途所不必要的软件程序包，比如在运行没有用户交互的系统中，图形用户界面、多媒体软件和游戏都属于这种不必要的软件。而任何安装到机器上的软件都必然会占用资源并降低机器的安全性，引入可能被利用的潜在的 BUG，这会导致外部攻击者利用不必要的服务在服务器上执行代码，比如通过缓存溢出破坏系统。即使所安装的软件不是一直在运行，也没有暴露在网络上，它们也会增加管理员的负担。此外，有人会利用社会工程技巧来欺骗合法用户（或管理员）去运行最终影响安全的程序，这就是要尽可能少地安装程序的另一个原

因。当然，在安装系统时，为了增加系统的安全性，管理员也需要考虑额外安装一些用来增强安全性的程序包，这些程序包有的可以在用户安装系统时选择性安装，也可以安装完毕后通过手工进行补充安装。

### （五）选用安全的工具程序版本

由于网络应用的迅速发展和成长，有些传统的应用程序在安全性上变得很脆弱，已经不适于当前的应用。因此，人们开发了新的应用程序来替代，这些替代的程序可以以安全的方式执行相同的任务。"安全的方式"是指对传输的数据进行加密，以防止第三方可以窃听传输的信息。使用用户名和密码或者数字签名等技术来识别用户和系统。尽管这些替代者通常被称为"安全的标准的应用程序"，但这并不是说明它们绝对不会受攻击。

### （六）规划系统硬盘分区

当选择完应用程序以及安装所使用的软件包后，下一步就是要考虑操作系统与应用程序正常运行所需要的环境，如果不考虑运行的环境或考虑太少，会引起不良后果，简单的会使系统无法正常安装，或者安装后不能正常运行，如果安装不当，还会引起系统安全性下降，特别要防止那种试图填满可用磁盘空间的 DOS 攻击带来的危害。

### （七）校验软件版本

Linux 发行版本众多，人们获取的途径各有不同，可以来自 CD/DVD 发行版本、从其他人那里复制、网络下载等。如果用户得到的操作系统在安装的时候就已经被破坏或已包含非法代码，那么前面所讨论的系统安全根本毫无意义，对于用户而言，这个操作系统也是毫无价值的。所以必须确保得到的操作系统是基于"干净"的来源进行安装，确认代码没有后门。

计算出的校验和必须与发行者公开的相匹配。如果通过 Web 得到发布的校验和，那么要确保使用 HTTPS 协议，并查看连接中使用的证书是否合法，以确保校验和的发布者是真实的。此外，刚刚安装的操作系统如果接入网络内提供服务，会产生大量的安全问题，因为我们得到的系统一般情况下都不是最新的版本，由于 Linux 系统的开放性，随时会有一些新的漏洞发现，而发行者会及时将这些安全补丁发布，而我们得到的系统可能没有安装最新安全补丁，此时最容易受到攻击。

## 三、UNIX 系统安全

UNIX 系统的运行是否安全稳定，与系统管理员对系统的安全配置有着直接的关系。

在 UNIX 系统中，系统管理员一般是以超级用户的身份进入系统的，因为 UNIX 的一些系统管理命令只能由超级用户运行。超级用户拥有其他用户所没有的特权，它不管文件存取许可方式如何，都可以读写任何文件，运行任何程序。系统管理员通常使用命令"/bin/su"或以 root 进入系统从而成为超级用户。

## （一）系统安全管理

安全管理主要分为五个方面。

1. 防止未授权存取

这是计算机安全最重要的问题。要防止未被授权使用系统用户进入系统。用户意识、良好的密码管理、登录活动记录和报告、用户和网络活动的周期检查，这些都是防止未授权存取的关键。

2. 防止泄密

这也是计算机安全的一个重要问题。防止已授权或未授权的用户相互存取重要信息。文件系统查账、登录和报告、用户意识、加密都是防止泄密的关键。

3. 防止用户拒绝系统的管理

这一方面的安全应由操作系统来完成。一个系统不应被一个有意试图使用过多资源的用户损害。不幸的是，UNIX 不能很好地限制用户对资源的使用，一个用户能够使用文件系统的整个磁盘空间，而 UNIX 基本不能阻止用户这样做。

4. 防止丢失系统的完整性

这一安全方面与一个好系统管理员的实际工作和保持一个可靠的操作系统有关。

5. 运行权限

UNIX 系统要采用单用户方式启动，使系统管理员在允许普通用户登录以前，先检查系统操作，确保系统一切正常。当系统处于单用户方式时，控制台作为超级用户，命令提示符是"#"。

## （二）安全检查

像 find 和 secure 这样的程序称为检查程序，它们搜索文件系统，寻找出 SUID/SGID 文件、设备文件、任何人可写的系统文件、设有密码的登录用户、具有相同 UID/GID 的用户等。

1. 记账

UNIX 记账软件包可用作安全检查工具，除最后登录时间的记录外，记账系统还能保存全天运行的所有进程的完整记录。对于一个进程所存储的信息包括 UID、命令名、进程开始执行与结束的时间、CPU 时间和实际消耗的时间、该进程是否是 root 进程等，这将有助于系统管理员了解系统中的用户在干什么。

2. 其他检查命令

du：报告在层次目录结构中各目录占用的磁盘块数。可用于检查用户对文件系统的使用情况。

df：报告整个文件系统当前的空间使用情况。可用于合理调整磁盘空间的使用和管理。

ps：检查当前系统中正在运行的所有进程。对于用了大量 CPU 时间的进程、同时运行了许多进程的用户及运行了很长时间但用了很少 CPU 时间的用户进程应当深入检查。还可以查出运行了一个无限制循环的后台进程的用户和未注销户头就关终端的用户。

who：可以告诉系统管理员系统中工作的进展情况等信息，检查用户的登录时间和登录终端。

su：每当用户试图使用 su 命令进入系统用户时，命令将在//usr/adm/sulog 文件中写一条信息。若该文件记录了大量试图用 su 进入 root 的无效操作信息，则表明了可能有人企图破译 root 密码。

login：在一些系统中，login 程序记录了无效的登录企图。若本系统的 login 程序不做这项工作而系统中有 login 源程序，则应修改 login。每天总有少量的无效登录，若无效登录的次数突然增加了两倍，则表明可能有人企图通过猜测登录名和密码，非法进入系统。

3. 安全检查程序的问题

若有诱骗，则这些方法中没有几个能防诱骗。如 find 命令，如果碰到路径名长于 256 个字符的文件或含有多于 200 个文件的目录，将放弃处理该文件或目录，用户就有可能利用建立多层目录结构或大目录隐藏 SUID 程序，使其逃避检查。但 find 命令会给出一个错误信息，系统管理员应手工检查这些目录和文件。也可用 ncheck 命令搜索文件系统，但它没有 find 命令指定搜索哪种文件的功能。

4. 系统泄密后怎么办

发现有人已经破坏了系统安全的时候，系统管理员首先应做的是面对肇事用户。如果该用户所做的事不是蓄意的，而且公司没有关于"破坏安全"的规章，也未造成损坏，则系统管理员只需清理系统，并留心该用户一段时间。如果该用户造成了某些损坏，则应当报告有关人士，并且应尽可能地将系统恢复到原来的状态。如果肇事者是非授权用户，那就表明肇事者已设法成为 root 且本系统的文件和程序已经泄密了。系统管理员应当想法查出谁是肇事者，他造成了什么损坏。还应当对整个文件做一次全面的检查，并不只是检查 SUID 和 SGID 及设备文件。

（三）安全意识

1. 用户安全意识

UNIX 系统管理员的职责之一是保证用户安全，这其中一部分工作是由用户的管理部门来完成。但是作为系统管理员，有责任发现和报告系统的安全问题，因为系统管理员负责系统的运行。

避免系统安全事故的方法是预防性的，当用户登录时，其 shell 在给出提示前先执行/etc/profile 文件，要确保该文件中的 PATH 指定最后搜索当前工作目录，这样将减少用户能运行特洛伊木马的机会。将文件建立屏蔽值的设置放在该文件中也是很合适的，可将其值设置成至少要防止用户无意中建立任何人都能写的文件。要小心选择此值，如果限制太严，则用户会在自己的 profile 中重新调用 umask 以抵制系统管理员的意愿，如果用户大量使用小组权限共享文件，系统管理员就要设置限制小组存取权限的屏蔽值。系统管理员必须建立系统安全和用户的"痛苦量"间的平衡。

定期地用 grep 命令查看用户 profile 文件中的 umask，可了解系统安全限制是否超过了用户痛苦极限。系统管理员可每星期随机抽选一个用户，将该用户的安全检查结果（用户的登录情况简报和 SUID/SGID 文件列表等）发送给他的管理部门和他本人。主要有四个目的：大多数用户会收到至少有一个文件检查情况的邮件，这将引起用户考虑安全问题；有大量可写文件的用户，将一星期得到一次邮件，直到他们取消可写文件的写许可为止。冗长的烦人的邮件信息也许足以促使这些用户采取措施，删除文件的写许可；邮件将列出用户的 SUID 程序，引起用户注意自己有 SUID 程序，使用户知道是否有不是自己建立的 SUID 程序；送安全检查表可供用户管理自己的文件，并使用户知道对文件的管理关系到数据安全。

管理意识是提高安全性的另一个重要因素。如果用户的管理部门对安全要求不强烈，系统管理员可能也忘记强化安全规则。最好让管理部门建立一套每个人都必须遵守的安全标准，如果系统管理员在此基础上再建立自己的安全规则，就强化了安全。管理有助于加强用户意识，让用户明确信息是有价值的资产。

2. 保持系统管理员个人的登录安全

若系统管理员的登录密码泄密了，则窃密者离窃取 root 只有一步之遥了。因为系统管理员经常作为 root 运行，窃密者非法进入系统管理员的户头后，将用特洛伊木马替换系统管理员的某些程序，系统管理员会作为 root 运行这些已被替换的程序。正因为如此，在 UNIX 系统中，管理员的账户最常受到攻击。即使 su 命令通常要在任何都不可读的文件中记录所有想成为 root 的企图，还可用记账数据或 ps 命令识别运行 su 命令的用户。也正是

如此，系统管理员作为 root 运行程序时应当特别小心，因为最微小的疏忽也可能"沉船"。

### 3. 保持系统安全

要考虑系统中一些关键的薄弱环节：系统是否有 MODEM？电话号码是否公布？系统是否连接到？还有什么系统也连接到该网络？系统管理员是否使用未知来处或来处不可靠的程序？系统管理员是否将重要信息放在系统中？系统的用户是熟悉系统的使用还是新手？用户是否很重视关心安全？用户的管理部门是否重视安全？保持系统文件安全的完整性。检查所有系统文件的存取许可，任何具有 SUID 许可的程序都是非法者想偷换的选择对象。要特别注意设备文件的存取许可。要审查用户目录中具有系统 ID/系统小组的 SUID/SGID 许可的文件。

只要系统有任何人都可调用的拨号线，系统就不可能真正的安全。系统管理员可以很好地防止系统受到偶然的破坏。但是那些有耐心、有计划、知道自己在干什么的破坏者，对系统直接的有预谋的攻击却常常能成功。如果系统管理员认为系统已经泄密，则应当设法查出肇事者。若肇事者是本系统的用户，与用户的管理部门联系，并检查该用户的文件，查找任何可疑的文件，然后对该用户的登录小心地监督几个星期。如果肇事者不是本系统的用户，可让本公司采取合法的措施，并要求所有的用户改变密码，让用户知道出了安全事故。

# 第三节　黑客防范技术

## 一、黑客概述

### （一）黑客类型

#### 1. 好奇型

这类黑客喜欢追求技术上的精进，只在好奇心驱使下进行一些并无恶意的攻击，以不正当侵入为手段找出网络漏洞，一旦发现了某些内部网络漏洞后，会主动向网络管理员指出或者干脆帮助修补网络错误以防止损失扩大，使网络更趋于完善和安全。

#### 2. 恶作剧型

这类黑客的数量也许是最多最常见的。他们闯入他人网站，以篡改、更换网站信息或者删除该网站的全部内容，并在被攻击的网站上公布自己的绰号，以便在技术上寻求刺激，炫耀自己的网络攻击能力。

### 3. 隐匿型

这类黑客喜欢先通过种种手段把自己深深地隐藏起来，然后再以匿名身份从暗处实施主动网络攻击。有时干脆冒充网络合法用户，通过正常渠道侵入网络后再进行攻击。他们大都技术高超、行踪不定，攻击性比较强。

### 4. 定时攻击型

这是极具破坏性的一种类型。为了达到某种个人目的，黑客通过在网络上设置陷阱或事先在生产或网络维护软件内置入逻辑炸弹或后门程序，在特定的时间或特定条件下，根据需要干扰网络正常运行或导致生产线或网络完全陷入瘫痪状态。

目前，黑客的本质正在发生明显的改变。他们已经从独立个体演变为有共同目标并合作出击的"黑客群"。而黑客的目标也由只求成名变成以金钱为目标，这个转变令黑客的行为大受影响，以致他们不再以破坏为主导，反而利用系统漏洞，在用户不知情之下，盗取企业机密、网上银行密码等重要资料。现在黑客则主要依靠远程攻击，一则针对服务器，寻找对方程序漏洞，进行侵入，既而蔓延对方网络；另一则是针对个人用户，远程植入木马程序。"技术好的黑客所用的木马程序，都是定制的，一般病毒软件和防火墙都不会有反应。"

## （二）黑客的行为特征

无论哪类黑客，他们最初的学习内容都将是本部分所涉及的内容，而且掌握的基本技能也都是一样的。即便日后他们各自走上了不同的道路，但是所做的事情也差不多，只不过出发点和目的不一样而已。黑客的行为主要有以下几种。

### 1. 学习技术

互联网上的新技术一旦出现，黑客就必须立刻学习，并用最短的时间掌握这项技术，这里所说的掌握并不是一般的了解，而是阅读有关的"协议"，深入了解此技术的机理。否则一旦停止学习，那么依靠他以前掌握的内容，并不能维持他的"黑客"身份超过一年。

初级黑客要学习的知识是比较困难的，因为他们没有基础，所以学习起来要接触非常多的基本内容，然而今天的互联网给读者带来了很多的信息，这就需要初级学习者进行选择，太深的内容可能会给学习带来困难，太"花哨"的内容又对学习黑客没有用处。所以初学者不能贪多，应该尽量寻找一本书适合自己的完整教材，循序渐进地进行学习。

### 2. 伪装自己

黑客的一举一动都会被服务器记录下来，所以黑客必须伪装自己使得对方无法辨别其真实身份，这需要有熟练的技巧，用来伪装自己的 IP 地址、使用跳板逃避跟踪、清理记录扰乱对方线索、巧妙躲开防火墙等。真正的黑客，不赞成对网络进行攻击，因为黑客的成长是一种学习，而不是一种犯罪。

**3. 发现漏洞**

漏洞对黑客来说是最重要的信息，黑客要经常学习别人发现的漏洞，并努力自己寻找未知漏洞，并从海量的漏洞中寻找有价值的、可被利用的漏洞进行试验，当然他们最终的目的是通过漏洞进行破坏或者修补上这个漏洞。

**4. 利用漏洞**

对于正派黑客来说，漏洞要被修补。对于邪派黑客来说，漏洞要用来搞破坏。而他们的基本前提是"利用漏洞"，黑客利用漏洞可以做下面的事情。

（1）获得系统信息

有些漏洞可以泄露系统信息，暴露敏感资料，从而进一步入侵系统。

（2）入侵系统

通过漏洞进入系统内部，或取得服务器上的内部资料，或完全掌管服务器。

（3）寻找其他入侵目标

黑客充分利用自己已经掌管的服务器作为工具，寻找并入侵其他目标系统。

（4）做一些好事

正派黑客在完成上面的工作后，就会修复漏洞或者通知系统管理员，做出一些维护网络安全的事情。

（5）做一些坏事

邪派黑客在完成上面的工作后，会判断服务器是否还有利用价值。

目前还出现了越来越多的释放特洛伊木马的自动工具以及其他入侵复杂系统的工具，它们非常快地沿"食物链"升级。窃取信息正在成为木马的主要目的。现在的趋势是，病毒开始集中进攻特定的组织，并试图种木马。因此，提高安全防范意识，建立起综合的网络安全监控防御体系，及时下载操作系统和应用程序的补丁，堵住存在的漏洞将是十分必要的。

**（三）黑客攻击的目的**

**1. 窃取信息**

黑客攻击最直接的目标就是窃取信息。黑客选取的攻击目标往往是重要的信息和数据，在获得这些信息与数据之后，黑客就可以进行各种犯罪活动。政府、军事、邮电和金融网络是黑客攻击的首选目标。窃取信息包括破坏信息的保密性和完整性。破坏信息的保密性是指黑客将窃取到的需要保密的信息发往公开的站点。而破坏信息的完整性是指黑客对重要文件进行修改、更换和删除，使得原来的信息发生了变化，以至于不真实或者错误的信息给用户带来难以估量的损失。

2. 获取密码

事实上，获取密码也是窃取信息的一种，由于密码的特殊性，所以单独列出。黑客通过登录目标主机，或使用网络监听程序进行攻击。监听到密码后，便可以顺利地登录到其他主机，或者去访问一些本来无权访问的资源。

3. 控制中间站点

在某些情况下，黑客登上目标主机后，不是为了窃取信息，只是运行一些程序，这些程序可能是无害的，仅仅消耗一些系统的处理时间。比如，黑客为了攻击一台主机，往往需要一个中间站点，以免暴露自己的真实所在。这样即使被发现，也只能找到中间站点的地址，而真正的攻击者可以隐藏起来。再比如，黑客不能直接访问某一严格受控的站点或网络，此时就需要一个具有访问权限的中间站点，所以这个中间站点就成为首先要攻击的目标。

4. 获得超级用户权限

黑客在攻击某一个系统时，都企图得到超级用户权限，这样就可以完全隐藏自己的行踪，并可在系统中埋伏下方便的后门，便于修改资源配置，做任何只有超级用户才能做的事情。

## （四）黑客攻击方式

1. 远程攻击

指外部黑客通过各种手段，从该子网以外的地方向该子网或者该子网内的系统发动攻击。远程攻击的时间一般发生在目标系统当地时间的晚上或者凌晨时分，因为此时网速较快，网络管理也较松懈，攻击不容易发现。远程攻击发起者一般不会用自己的机器直接发动攻击，而是通过跳板的方式，对目标进行迂回攻击，以迷惑系统管理员，防止暴露真实身份。

2. 本地攻击

本地攻击指本单位的内部人员通过所在的局域网，向本单位的其他系统发动攻击。在本机上进行非法越权访问也是本地攻击。还有一种叫伪远程攻击，它是指内部人员为了掩盖攻击者的身份，从本地获取目标的一些必要信息后，攻击过程从外部远程发起，造成外部入侵的现象，从而使追查者误认为攻击者是来自外单位。

## 二、黑客攻击的主要防范措施

### （一）使用服务器版本的操作系统

在选择网络操作系统时，要注意其提供的安全等级，尽量选用安全等级高的操作系统。美国国防部 1985 年提出的计算机系统评价准则，是一个计算机系统的安全性评估的标准，它使用了可信计算机 TCB 这一概念，即计算机硬件与支持不可信应用及不可信用户的操作系统的组合体。网络操作系统的安全等级是网络安全的根基，如果基础不好则网络安全先天不良，在此基础上很多努力将无从谈起。如有的网络采用的 UNIX 系统由于版本太低从而导致安全级别太低，只有 C4 级，而网络系统安全起码要求是 C2 级。

在网络上提供服务的计算机一定要安装高版本的 UNIX 操作系统或者服务器版的操作系统，对于个人计算机最好安装专业版的 Windows/XP，并随时注意操作系统厂商推出的补丁程序。

### （二）堵住系统漏洞

1. 安装操作系统时要注意

因为现在的硬盘越来越大，许多人在安装操作系统时希望安装越多越好，却不知装得越多所提供的服务就越多，而系统的漏洞也就越多。如果只是要作为一个代理服务器，则只安装最小化操作系统和代理软件、杀毒软件、防火墙即可。不要安装任何应用软件，更不可安装任何上网软件用来上网下载，甚至输入法也不要安装，更不能让别人使用这台服务器。

2. 安装补丁程序

上面所讲的利用输入法的攻击其实就是黑客利用系统自身的漏洞进行的攻击。及时下载微软提供的补丁程序来安装，就可较好地完善系统和防御黑客利用漏洞的攻击。可下载 Windows 最新的 Service Pack 补丁程序，也可直接运行"开始"菜单中的 Windows Update 进行系统的自动更新。

3. 关闭无用的甚至有害的端口

计算机要进行网络连接就必须通过端口，而黑客要种上木马控制电脑也必须要通过端口。所以，可以通过关闭一些暂时无用的端口（但对于黑客却可能有用），即关闭无用的服务，来减少黑客的攻击路径。

4. 卸载 WSH 功能

由于部分蠕虫病毒是采用 VB Script 脚本语言编写的，而 VB Script 代码必须由 WSH

（Windows Script Host）解释执行。由于 WSH 一般不影响计算机的正常工作，所以，可以将 WSH 功能卸载掉，使蠕虫病毒失去出发运行的环境。

### （三）防火墙

在黑客防范体系中，防火墙是特别重要的一种，是安全策略实施的核心要素。各个功能区域通常也被称为安全区，这些区域包括专业区、公用区和非军事区。

防火墙通常是软件和硬件的组合体。它是基于被保护网络具有明确定义的边界和服务，并且网络安全的威胁大部分来自外部网络。它通过监测、限制以及更改跨越防火墙的数据流尽可能地对外部网络屏蔽有关被保护网络的信息、结构，实现对网络的安全保护。

### （四）攻击检测

对于黑客攻击的防范，如果能够在黑客攻击的前期就能发现其行踪，阻断黑客攻击的过程，就会大大减少攻击造成的损失。目前，发现黑客攻击的手段一般采用网络攻击检测。网络攻击检测的基本假定前提是任何可检测的网络攻击都有异常行为，所以，网络攻击检测主要是检测网络中的异常行为。根据检测网络异常行为的不同方法、检测网络异常行为的不同位置，可以形成不同的攻击检测方案。

为了进行网络攻击的检测，必须能够描述网络攻击的特征。网络攻击包括了攻击者和受害者。从攻击者角度出发，网络攻击主要采用攻击的意图、攻击被暴露的危险程度等特征描述；从受害者角度出发，网络攻击主要采用攻击的显露程度、攻击可能造成的损失等特征描述。目前采用的攻击检测方法通常是从攻击者角度分析和研究网络攻击的特征。

### （五）身份认证与安全密码

#### 1. 安全密码

可重用密码的弱点有很多。统计证明，许多用户倾向于使用安全性弱的密码。另外，经验告诉我们，用户很容易就会违背密码安全策略中定义的规则。为了改进可重用密码的安全性，可以开发和实施更易于理解的标准和策略，使大家都具有对可重用密码弱点的意识。如今，有很多商业化的认证机制可作为补代方案，例如，挑战/响应和时间同步机制、令牌以及生物识别技术。

#### 2. 身份认证

身份认证是网络安全系统中的第一道关卡，是网络安全技术的一个重要方面。身份认证机制限制非法用户访问网络资源，是其他安全机制的基础，是最基本的安全服务，其他的安全服务都要依赖于它。一旦身份认证系统被攻破，那么系统的所有安全措施将形同虚

设。黑客攻击的目标往往就是身份认证系统。

### （六）内部管理

**1. 注重选择网络系统管理员**

必须慎重选择网络系统管理人员，对新职员的背景进行调查，网络管理等要害岗位人员调动时要采取相应的防护措施。

网络管理人员要有高度的责任心，有足够的安全意识随时提高警惕不要轻易相信自己的系统安全已经是万无一失。网络运行时，要严密监视网络，判断哪些信息是用户的，哪些信息不是用户的。一旦发现正受到攻击，要及时防范减少不必要的损失。从某种意义上说，网络安全与网络系统管理员的责任具有密切的联系。

**2. 制定详细的安全管理制度**

确保每个职员都了解安全管理制度，如掌握正确设置较复杂密码的要求，分清各岗位的职责，有关岗位之间要能互相制约，及时更新系统补丁和杀毒软件。

**3. 签订法律文书**

企业与员工签订著作权转让合同，使有关文件资料、软件著作权和其他附属资产权归企业所有，以避免日后无法用法律保护企业利益不受内部员工非法侵害。

**4. 安全等级划分**

将部门内电子邮件资料及 Internet 网址划分保密等级，依据等级高低采取相应的安全措施及给予不同的权限。

**5. 定期改变密码**

永远不要对自己的密码过于自信，也许就在无意当中泄露了密码。定期改变密码，会使自己遭受黑客攻击的风险降到一定限度之内。一旦发现自己的密码不能进入计算机系统，应立即向系统管理员报告，由管理员来检查原因。系统管理员也应定期运行一些破译密码的工具来尝试，若有用户密码被破译出，说明用户的密码设置过于简单或有规律可循，应尽快地通知他们及时更改密码。

# 第四节　网络安全系统

## 一、防火墙

防火墙是指设置在不同网络（如可信任的企业内部网和不可信的公共网）或网络安全

域之间的一系列部件的组合。它是不同网络或网络安全域之间信息的唯一出入口，通过监测、限制、更改跨越防火墙的数据流，尽可能地对外部屏蔽网络内部的信息、结构和运行状况，有选择地接受外部访问，对内部强化设备监管、控制对服务器与外部网络的访问，通过在被保护网络和外部网络之间架起一道屏障，来防止发生不可预测的、潜在的破坏性侵入。因此，对用户来讲，防火墙一般是部署在公共的不可信的互联网与用户可信的内部网之间，比较好的是进一步把用户的内部网用防火墙分隔为用户外部网（非军事区 DMZ）和用户内部网，其中用户外部网主要用于提供给外部访问的服务器，而内部网主要是提供给内部访问的服务器。

防火墙有硬件防火墙和软件防火墙两种，它们都能起到保护作用并筛选出网络上的攻击者。而对于企业网络环境的实际应用来说，更为常见的是拥有更全面、更高效、更完整的安全性能的硬件防火墙。

## （一）防火墙的原理

防火墙的主要功能是控制内部网络和外部网络的连接。利用它既可以阻止非法的连接、通信，也可以阻止外部的攻击。一般来讲，防火墙物理位置位于内部网络和外部网络之间。防火墙是目前主要的网络安全设备。

防火墙是不同网络或网络安全域之间信息的唯一出入口，能根据单位的安全政策控制（允许、拒绝、监测）出入网络的信息流，且本身具有较强的抗攻击能力。它是提供信息安全服务，实现网络和信息安全的基础设施。简而言之，防火墙就是一个或一组实施访问控制策略的系统。

防火墙处于网络安全体系中的最底层，属于网络层安全技术范畴。作为内部网络与外部公共网络之间的第一道屏障，防火墙是最先受到人们重视的网络安全产品之一。虽然从理论上看，防火墙处于网络安全的最底层，负责网络间的安全认证与传输，但随着网络安全技术的整体发展和网络应用的不断变化，现代防火墙技术已经逐步走向网络层之外的其他安全层次，不仅要完成传统防火墙的过滤任务，同时还能为各种网络应用提供相应的安全服务。

在内部网络系统与 Internet 连接处配置防火墙是保证 WEB 系统安全的第一步，也是系统建设时首要考虑的问题。防火墙通过监测、限制、更改通过防火墙的数据流，可以保护 WEB 系统不受来自 Internet 的外部攻击。

一个防火墙在一个被认为是安全和可信的内部网络和一个被认为是不那么安全和可信的外部网络（通常是 Internet）之间提供一个封锁工具。在使用防火墙的决定背后，潜藏着这样的推理：假如没有防火墙，一个网络就暴露在不那么安全的 Internet 诸协议和设施面前，面临来自 Internet 其他主机的探测和攻击的危险。在一个没有防火墙的环境里，网络的安全性只能体现为每一个主机的功能，在某种意义上，所有主机必须通力合作，才能达到较高程度的安全性。网络越大，这种较高程度的安全性越难管理。随着安全性问题上的失误和缺陷越来越普遍，对网络的入侵不仅来自高超的攻击手段，也有可能来自配置上的低级错误或不合适的口令选择。因此，防火墙的作用是防止不希望的、未授权的通信进出被保护的网络，迫使单位强化自己的网络安全政策。

## （二）防火墙的功能及重要性

### 1. 防火墙能实现的功能

防火墙功能：防火墙的最基本的功能是防止攻击，如防御 SYNATTACK、ICMP-FLOOD、PORTSCAN、DOS 以及 DDOS 等常见的攻击方式，还有防火墙自身的扩展性，不断地升级新的版本。

NAT 功能：NAT（网络地址翻译）和 PAT（端口地址翻译）也是防火墙的基本的功能之一，它可以有效地隐藏内部无法路由的 IP 地址。

VPN 功能：VPN（虚拟专用网）是目前最为常用的安全传输方式，它可以有效地保证数据的安全性和完整性。

流量管理：流量管理在网络安全的策略中也占有很重要的位置，可以确保对于流量要求比较苛刻的网段，最大限度地满足其需求。

防火墙自身的管理：一款好的防火墙设备要有非常友好的用户管理界面，以及可以进行集中管理的功能。

日志以及监控：防火墙要能够产生并保存日志，对所有产生的可能威胁要能够实时通知网络监管人员。

冗余机制：防火墙的冗余机制包括自身结构的冗余和双机线路的冗余，作为骨干线路的防火墙设备应该至少包括两种冗余机制中的一种。

### 2. 防火墙在网络安全中的重要性

保护脆弱的服务：通过过滤不安全的服务，防火墙可以极大地提高网络安全和减少子网中主机的风险。例如，防火墙可以禁止 NIS NFS 服务通过，防火墙同时可以拒绝源路由和 ICMP 重定向封包。

控制对系统的访问：防火墙可以提供对系统的访问控制。如允许从外部访问某些主机，同时禁止访问另外的主机。例如，防火墙允许外部访问特定的 Mail Server 和 Web Server。

集中的安全管理：防火墙对企业内部网实现集中的安全管理，在防火墙定义的安全规则可以运行于整个内部网络系统，而无须在内部网每台机器上分别设立安全策略。防火墙可以定义不同的认证方法，而不需要在每台机器上分别安装特定的认证软件。外部用户也只需要经过一次认证即可访问内部网。

增强的保密性：使用防火墙可以阻止攻击者获取攻击网络系统的有用信息，如 Figer 和 DNS。

记录和统计网络利用数据以及非法使用数据：防火墙可以记录和统计通过防火墙的网络通信，提供关于网络使用的统计数据，并且，防火墙可以提供统计数据，来判断可能的攻击和探测。

策略执行：防火墙提供了制定和执行网络安全策略的手段。未设置防火墙时，网络安全取决于每台主机的用户。

## 二、入侵检测与防御系统

网络相互连接以后，入侵者可以通过网络实施远程入侵。而入侵行为与正常的访问或多或少有些差别，通过收集和分析这种差别可以发现大部分的入侵行为，入侵检测技术就是应这种需求而诞生的。经入侵检测发现入侵行为后，可以采取相应的安全措施，如报警、记录、切断或拦截等，从而提高网络的安全应变能力。

### （一）入侵检测基本概念

入侵检测是指通过对行为、安全日志、审计数据或其他网络上可以获得的信息进行操作，检测到对系统的闯入或闯入的企图。入侵检测是检测和响应计算机误用的学科，其作用包括威慑、检测、响应、损失情况评估、攻击预测和起诉支持。入侵检测技术是为保证计算机系统的安全而设计与配置的一种能够及时发现并报告系统中未授权或异常现象的技术，是一种用于检测计算机网络中违反安全策略行为的技术。进行入侵检测的软件与硬件的组合便是入侵检测系统（Intrusion Detection System，IDS）。IDS 是从多种计算机系统及网络系统中收集信息，再通过这些信息分析入侵特征的网络安全系统。

1. 基于数据源分类

基于主机的入侵检测：系统通常部署在权限被授予和跟踪的主机上，通过日志文件分析入侵行为，最后得出结果报告。

基于网络的入侵检测网络入侵系统用于监视网络数据流。网络适配器可以接收所有在网络中传输的数据包。并提交给操作系统或应用程序进行分析。这种机制为入侵检测提供了必要的数据源。

基于内核的入侵检测：监视器从操作系统内核收集数据，作为检测入侵或异常行为的根据。目前主要针对开放的是 irmx 系统。

基于应用程序的入侵检测：监视器从运行的应用程序中收集数据，如 Web 服务程序、FTP 服务程序、数据库包括了应用事件日志和其他存储于应用程序内部的数据信息。

2. 基于检测方法的分类

按照所采用的检测方法，入侵检测技术可分为误用检测技术和异常检测技术。

误用检测：根据已定义好的入侵模式，通过判断在实际的安全审计数据中是否出现这些入侵模式来完成检测功能。这种方法由于基于特征库的判断，所以检测准确度很高。缺点在于检测范围受已有知识的局限，无法检测未知的入侵行为。此外，对系统依赖性大，通用性不强。

异常检测：根据使用者的行为或资源使用状况的正常程度来判断是否入侵，而不依赖于具体行为是否出现来检测。异常检测的优点在于通用性较强。但由于不可能对整个系统内的所有用户行为进行全面的描述，而且每个用户的行为是经常改变的，所以它的缺陷是误报率高。

3. 基于检测定时的分类

入侵检测系统在处理数据时可以是实时的，也可以采用批处理方法，定时处理原始数据。

4. 基于检测系统的工作方式分类

离线检测系统：离线检测系统是非实时工作的系统，它在事后分析审计事件，从中检查入侵活动。事后入侵检测由网络管理人员进行，他们具有网络安全的专业知识，根据计算机系统对用户操作所做的历史审计记录判断是否存在入侵行为，如果有就断开连接，并记录入侵证据和进行数据恢复。事后入侵检测是管理员定期或不定期进行的，不具有实时性。

在线检测系统：在线检测系统是实时联机的检测系统，它包含对实时网络数据包分析，实时主机审计分析。其工作过程是实时入侵检测在网络连接过程中进行，系统根据用户的历史行为模型、存储在计算机中的专家知识以及神经网络模型对用户当前的操作进行判断，一旦发现入侵迹象立即断开入侵者与主机的连接，并收集证据和实施数据恢复。这个检测过程是不断循环进行的。

（二）入侵检测技术的检测方法

入侵检测系统常用的检测方法有特征检测、统计检测与专家系统。目前入侵检测系统中绝大多数属于使用入侵模板进行模式匹配的特征检测系统，其他是少量采用概率统计的统计检测系统与基于日志的专家系统知识库系统。

1. 特征检测

特征检测对已知的攻击或入侵的方式做出确定性的描述，形成相应的事件模式。当被审计的事件与已知的入侵事件模式相匹配时则立即报警。特征检测在原理上与专家系统相仿，在检测方法上与计算机病毒的检测方式类似。目前基于对特征描述的模式匹配应用较为广泛。该方法预报检测的准确率较高，但对于没有先验知识（专家系统中的预定义规则）的入侵与攻击行为无能为力。

2. 统计检测

统计检测常用于异常检测，在统计模型中常用的测量参数包括审计事件的数量、间隔时间、资源消耗情况等。常用的统计入侵检测的五种模型为操作模型、方差、多元模型、马尔可夫过程模型、时间序列分析。

3. 专家系统

专家系统使用规则对入侵进行检测。所谓的规则就是知识，不同的系统与设置具有不同的规则，且规则之间往往无通用性。专家系统的建立依赖于知识库的完备性，知识库的完备性又取决于审计记录的完备性与实时性。入侵的特征抽取与表达是入侵检测专家系统的关键。在系统实现中，将有关入侵的知识转化为 if-then 结构（也可以是复合结构），条件部分为入侵特征，then 部分是系统防范措施。运用专家系统防范有特征入侵行为的有效性完全取决于专家系统知识库的完备性。

该技术根据安全专家对可疑行为的分析经验来形成一套推理规则，然后在此基础上建立相应的专家系统，由此专家系统自动进行对所涉及的入侵行为的分析工作。该系统应当能够随着经验的积累而利用其自学习能力进行规则的扩充和修正。

### （三）入侵检测技术的发展方向

1. 分布式入侵检测

传统的 IDS 局限于单一的主机或网络架构，对异构系统及大规模的网络检测明显不足，不同的 IDS 之间不能协同工作。为解决这一问题，需要发展分布式入侵检测技术与通用入侵检测架构。第一层含义是针对分布式网络攻击的检测方法；第二层含义是使用分布式的方法来检测分布式的攻击，其中的关键技术是检测信息的协同处理与入侵攻击的全局信息的提取。

2. 智能化入侵检测

智能化入侵检测即使用智能化的方法与手段来进行入侵检测。所谓的智能化方法，现阶段常用的有神经网络、遗传算法、模糊技术等方法，这些方法常用于入侵特征的辨识与泛化。利用专家系统的思想来构建入侵检测系统也是常用的方法之一。特别是具有自学习

能力的专家系统，实现了知识库的不断更新与扩展，使设计的入侵检测系统的防范能力不断增强，具有更广泛的应用前景。应用智能化的概念来进行入侵检测的尝试已经开始。较为一致的解决方案应为高效常规意义下的入侵检测系统与具有智能检测功能的检测软件或模块的结合使用。目前，尽管已经有智能化、神经网络与遗传算法在入侵检测领域的应用研究，但这只是一些尝试性的研究工作，仍需对智能化 IDS 加以进一步的研究，以解决其自学习与自适应的能力。

3. 应用层入侵检测

许多入侵的语义只有在应用层才能理解，而目前的 IDS 仅能检测如 Web 之类的通用协议，而不能处理如 Lotus Notes，数据库系统等其他的应用系统。

4. 高速网络的入侵检测

在 IDS 中，截获网络的每一个数据包，并分析、匹配其中是否具有某种攻击的特征需要花费大量的时间和系统资源，因此大部分现在的 IDS 只有几百兆的检测速度，随着千兆甚至万兆网络的大量应用，需要研究高速网络的入侵检测。

5. 入侵检测系统的标准化

在大型网络中，网络的不同部分可能使用了多种入侵检测系统，甚至还有防火墙、漏洞扫描等其他类别的安全设备，这些入侵检测系统之间以及 IDS 和其他安全组件之间如何交换信息、共同的协作来发现攻击、做出响应并阻止攻击是关系整个系统安全性的重要因素。例如，漏洞扫描程序例行的试探攻击就不应该触发 IDS 的报警，而利用伪造的源地址进行攻击，就可能触动防火墙关闭服务器，从而导致拒绝服务，这也是互动系统需要考虑的问题。可以建立新的检测模型，使不同的 IDS 产品可以协同工作。

## 三、身份认证

### （一）身份认证的分类

计算机网络技术是通信技术与计算机技术结合的技术，同样网络安全系统中的身份认证技术也是通信系统身份认证技术与计算机系统身份认证技术结合的技术。

在网络环境下，人们都需要通过某个计算机（客户机 A）连接上网，然后通过网络与远程一台提供网络服务的计算机（服务器 B）交互。远程提供网络服务的计算机就是一台网络服务器，它可以同时支持多个用户的访问。网络服务器也相当于传统的多用户计算机系统。对于配置了安全控制功能的网络服务器，就需要使用多用户计算机系统中身份认证技术，即每个用户都需要设置账户和密码，登录到网络服务器中才能使用网络服务。

为了保证在客户机 A 和服务器 B 之间传递的报文不会被第三方攻击，A 和 B 之间就需要进行身份认证，A 需要确定 B 就是真实的服务器，而 B 需要确定 A 就是真实的客户机。这样，就需要利用通信安全系统中的安全身份认证协议。

基于以上网络环境中身份认证的特征，网络安全中的身份认证技术可以分成"人机交互类"身份认证技术和"报文传递类"身份认证技术。

### （二）身份认证的方式

在网络安全中，根据身份认证参与方的数目，身份认证可以分成双方身份认证方式和三方身份认证方式。

双方身份认证方式是指在身份认证过程中，只需要涉及身份认证方和被认证方两个网络实体。双方通过交互身份认证协议，单向或者双向认证身份。单向身份认证指只有身份认证方认证对方的身份，双向身份认证指身份认证方和被认证方相互进行身份认证。

在人机交互类身份认证技术中，如果用户客户端软件需要与服务器端软件进行交互，完成身份认证的过程，则就是双方身份认证方式。如果用户客户端软件为了登录到服务器 B 中，还需要专门与另外一个身份认证服务器 C 交互，则就不是双方身份认证方式。

双方身份认证方式适用于身份认证双方处于同一个信任域的应用环境，即身份认证双方的行为不需要提交给第三方进行认证，不需要相互防范。所以，这种双方身份认证方式实际上不适用于电子商务环境。在这种身份认证方式下完成的身份认证，一旦出现商业交易纠纷，无法提交给第三方进行仲裁。

三方身份认证方式是指身份认证过程中，需要涉及三个网络实体，其中包括身份认证的双方以及参与身份认证的双方都信任的第三方。在三方身份认证方式中，身份认证的交互双方需要通过作为公证方的第三方，才能相互认证身份。

## 四、虚拟专网

### （一）虚拟专网基本原理

虚拟专网是虚拟私有网络，它是一种利用公共网络来构建的私有专用网络。目前，能够用于构建 VPN 的公共网络包括 Internet 和服务提供商（ISP）所提供的 DDN 专线、帧中继（Frame Relay）、ATM 等，构建在这些公共网络上的 VPN 将给企业提供集安全性、可靠性和可管理性于一身的私有专用网络。

"虚拟"的概念是相对传统私有专用网络的构建方式而言的，对于广域网连接，传统的组网方式是通过远程拨号和专线连接来实现的，而 VPN 是利用服务提供商所提供的公共网络来实现远程的广域连接。通过 VPN，企业可以以明显更低的成本连接它们的远地办

计算机网络安全研究

事机构、出差工作人员以及业务合作伙伴。

### （二）VPN 的分类及用途

根据不同需要可以构造不同类型的 VPN，不同商业环境对 VPN 的要求和 VPN 所起的作用是不一样的。下面分三种情况说明 VPN 的用途。

1. 企业内部虚拟专网（Intranet VPN）

在公司总部和它的分支机构之间建立 VPN，称为内部网 VPN。内部网是通过公共网络将某一个用户的各分支机构的 LAN 连接而成的网络。这种类型的 LAN 到 LAN 的连接带来的风险最小，因为用户通常认为它们的分支机构是可信的，这种方式连接而成的网络被称为 Intranet，可把它作为公司网络的扩展。

当一个数据传输通道的两个端点被认为是可信的时候，用户可以选择"内部 VPN"解决方案，安全性主要在于加强两个 VPN 服务器之间加密和认证的手段。

大量的数据经常需要通过 VPN 在局域网之间传递，把中心数据库或其他计算资源连接起来的各个局域网可以看成是内部网的一部分。

这里仅是用户的分支机构中有一定访问权限的用户才能通过"内部网 VPN"访问用户总部的资源，所有端点之间的数据传输都要经过加密和身份鉴别。如果一个用户对其分支机构或个人有不同的可信程度，那么用户可以考虑基于认证的 VPN 方案来保证信息的安全传输而不是靠可信的通信子网。这种类型的 VPN 主要任务是保护用户的 Intranet 不被外部入侵，同时保证用户的重要数据流经 Internet 时的安全性。

2. 访问虚拟专网（Access VPN）

在用户内部和远地雇员或旅行之中的雇员之间建立 VPN，称为访问 VPN0 现在，人们意识到通过 Internet 的远程拨号访问所带来的好处。用 Internet 作为远程访问的骨干网比传统的方案更容易实现，而且花钱更少。如果一个用户无论是在家里还是在旅途之中，他想同自己的内部网建立一个安全连接，则可以用访问 VPN 来实现。典型的访问 VPN 是用户通过本地的 Internet 服务提供商（ISP）登录到 Internet 上，并在现在的办公室和用户内部网之间建立一条加密信道。访问 VPN 的客户端应尽量简单，因为普通雇员一般都缺乏专门训练。客户应可以手工建立一条 VPN 信道，即当客户每次想建立一个安全通信信道时，只需安装 VPN 软件。在服务器端，因为要监视大量用户，有时需要增加或删除用户，这样可能造成混乱，并带来风险，因此服务器应集中并且管理要容易。

3. 扩展企业内部虚拟专网（Extranet VPN）

在用户与商业伙伴、顾客、供应商和投资者之间建立的 VPN，称为扩展企业内部VPN。扩展企业内部 VPN 为用户合作伙伴、顾客、供应商和在异地的用户雇员提供安全

性。它应能保证包括 TCP 和 UDP 服务在内的各种应用服务的安全，如 E-mail、HTTP、FTP、RealAudio 和数据库以及一些应用程序，如 Java 与 ActiveX 的安全。因为不同用户的网络环境是不同的，一个可行的扩展企业内部 VPN 方案应能适用于各种操作平台、协议、各种不同的认证方案和加密算法。

扩展企业内部 VPN 的主要目标是保证数据在传输过程中不被修改，保护网络资源不受外部威胁。安全的扩展企业内部 VPN 要求用户在同它的顾客、合作伙伴及在外地的雇员之间经 Internet 建立端到端的连接时，必须通过 VPN 服务器才能进行在这种系统上，网络管理员可以为合作伙伴的职员指定特定的许可权，例如可以允许对方的销售经理访问一个受到保护的服务器上的销售报告。

扩展企业内部 VPN 并不假定连接的用户双方之间存在双向信任关系。扩展企业内部 VPN 在 Internet 内打开一条隧道，并保证经数据包过滤后信息传输的安全。当用户将很多商业活动都通过公共网络进行交易时，一个扩展企业内部 VPN 应该用高强度的加密算法密钥应选在 128 bits 以上。此外，应支持多种认证方案和加密算法，因为商业伙伴和顾客可能有不同的网络结构和操作平台。

扩展企业内部 VPN 应能根据尽可能多的参数来控制对网络资源的访问参数，包括源地址、目的地址、应用程序的用途所用的加密和认证类型、个人身份、工作组及子网等。管理员应能对个人进行身份认证，而不仅仅根据 IP 地址来进行身份认证。

## 五、病毒防范系统

### （一）病毒防范的技术措施

在完善的管理措施基础上防治计算机病毒还应有强大的技术支持。对于重要的系统，常用的病毒防治技术措施有系统安全、软件过滤、文件加密、备份恢复等。

1. 系统安全

许多计算机病毒都是通过系统漏洞进行传播的，如利用 Windows 操作系统漏洞的蠕虫病毒、利用 Outlook 服务软件漏洞的邮件病毒、利用 Office 漏洞的宏病毒。所以，构造一个安全的系统是国内外专家研究的热点。而各种系统的不断升级也正是为了抵御病毒的侵袭，提高系统的防护能力。有效的杀毒软件也可以防御病毒的侵害，现在大多数杀毒软件和工具都具有实施监测系统内存、定期查杀系统磁盘的功能，并可以在文件打开前自动对文件进行检查。除软件防病毒外，采用防病毒卡和防病毒芯片也是十分有效的方法。这是一种软、硬件结合的防病毒方法。防病毒卡和芯片可与系统结合成一体，系统启动后，在加载执行前获得控制权并开始监测病毒，使病毒一进入内存即被查出。同时自身的检测程

序固化在芯片中，病毒无法改变其内容，可有效地抵制病毒对自身的攻击。

**2. 软件过滤**

软件过滤的目的是识别某一类特殊的病毒，以防止它们进入系统和复制传播。这种方法已被用来保护一些大、中型计算机系统。如国外使用的一种 T-cell 程序集，对系统中的数据和程序用一种难以复制的印章加以保护，如果印章被改变，系统就认为发生了非法入侵。

**3. 文件加密**

文件加密是将系统中可执行文件加密，以避免病毒的危害。可执行文件是可被操作系统和其他软件识别和执行的文件。若病毒不能在可执行文件加密前感染该文件，或不能破译加密算法，则混入病毒代码的文件不能执行。即使病毒在可执行文件加密前感染了该文件，该文件解码后，病毒也不能向其他可执行文件传播，从而杜绝了病毒复制。文件加密对防御病毒十分有效，但由于系统开销较大，目前只用于特别重要的系统。为减少开销，文件加密也可采用另一种简单的方法，将可执行程序作为明文，并对其校验和进行单向加密，形成加密签名块，并附在可执行文件之后。加密的签名块在执行文件执行之前用公密钥解密，并与重新计算的校验和相比较，如有病毒入侵，造成可执行文件改变，则校验和不符，应停止执行并进行校验。

**4. 备份恢复**

数据备份是保证数据安全的重要措施，可以通过与备份文件的比较来判断是否有病毒入侵。当系统文件被病毒侵害，可用备份文件恢复原有系统。数据备份可采用自动方式，也可采用手动方式；可定期备份，也可按需备份。数据备份不仅可以用于被病毒侵害的数据恢复，而且可以在其他原因破坏了数据完整性以后进行系统恢复。

**（二）病毒防范体系**

防范网络病毒的过程实际上就是技术对抗的过程，反病毒技术也得适应病毒繁衍和传播方式的发展而不断调整。网络防病毒应该利用网络的优势，使网络防病毒逐渐成为网络安全体系的一部分。从防病毒、防黑客和灾难恢复等几个方面综合考虑，形成一整套安全机制，才可以最有效地保障整个网络的安全。今天的网络防病毒解决方案主要从以下几个方面着手进行病毒防治。

**1. 以网为本，防重于治**

防治病毒应该从网络整体考虑，从方便管理人员的工作着手，透过网络管理 PC。例如，利用网络唤醒功能，在夜间对全网的 PC 进行扫描，检查病毒情况。利用在线报警功能，当网络上哪台机器出现故障、被病毒侵入时，网络管理人员都会知道，从而在管理中心就加以解决。

2. 与网络管理集成

网络防病毒最大的优势在于网络的管理功能，如果没有把网络管理加上，很难完成网络防毒的任务。管理与防范相结合，才能保证系统的良好运行。管理功能就是管理全部的网络设备，从 Hub、交换机、服务器到 PC、软盘的存取和局域网上的信息互通及与 Internet 的接入等。

3. 安全体系的一部分

计算机网络的安全威胁主要来自计算机病毒、黑客攻击和拒绝服务攻击三个方面，因而计算机的安全体系也应从这几个方面综合考虑，形成一整套的安全机制。防病毒软件、防火墙产品、可调整参数能够相互通信形成一整套的解决方案，才是最有效的网络安全手段。

4. 多层防御

多层防御体系将病毒检测、多层数据保护和集中式管理功能集成起来，提供了全面的病毒防护功能，从而保证了"治疗"病毒的效果。病毒检测只是病毒防护的支柱，多层次防御软件使用了三层保护功能实时扫描、完整性保护、完整性检验。

后台实时扫描驱动器能对未知的病毒，包括异形病毒和秘密病毒，进行连续的检测。它能对 E-mail 附加部分、下载的 Internet 文件（包括压缩文件）、软盘及正在打开的文件进行实时的扫描检验。扫描驱动器能阻止已被感染过的文件复制到服务器或工作站上。完整性保护可阻止病毒从一个受感染的工作站扩散到服务器。完整性保护不只是病毒检测，实际上它能制止病毒以可执行文件的方式感染和传播，还可以防止与未知病毒感染有关的文件崩溃和根除。完整性检验使系统无须冗余扫描并且能提高实时检验的性能。

5. 在网关、服务器上防御

大量的病毒针对网上应用程序进行攻击，这样的病毒存在于信息共享的网络介质上，因而要在网关上设防、网络前端实时杀毒。防范手段应集中在网络整体上，在个人计算机的硬件和软件、LAN 服务器、服务器上的网关、Internet 及 Intranet 的 Web site 上层层设防，对每种病毒都实行隔离、过滤。

# 第九章 计算机安全设计

## 第一节 计算机的物理安全设计

### 一、机房环境

#### （一）机房场地安全

1. 地域安全

机房地域安全性主要考虑以下因素：①选择水源充足、电源稳定可靠、自然环境清洁、交通便利的地方。②为防止周围的不利环境对机房造成破坏，应避开生产或贮存具有腐蚀性、易燃、易爆物品的工厂、仓库等场所，如油料库、液化气站、煤厂等。③为防止周围环境恶化对机房造成损坏，应避开环境污染区，粉尘、油烟、有害气体来源区，如化工污染区、石灰厂、水泥厂等。④远离强振源、噪声源及强电磁场干扰，如车间、工地、机场等。若不能避免，应采取消声、隔声或电磁屏蔽措施。⑤应远离无线电干扰源，如广播电视发射塔等。⑥应远离雷区。

2. 地质安全

地质安全性主要考虑下列因素：①避免建立在淤泥、杂填土、流沙层及断裂层等地址区域上。山区机房应避开泥石流、滑坡、溶洞等地质不牢靠区域。②应远离地震频发区。③避开低洼、潮湿区域。

3. 位置安全

机房在建筑物的位置安排应考虑如下：①应避免设在建筑物的高层或地下室，机房宜设置在多层建筑或高层建筑的第二层、第三层。避免设在建筑物用水设备的下层或隔壁，若已设置，则应实施防渗漏措施，如在屋顶或墙壁上涂抹防水涂料等。②在外部容易接近的进出口处设置屏障、栅栏、围墙及监控、报警设施。

（二）机房环境安全

机房内的环境应着重考虑以下几方面。

1. 温度

温度（包括元器件自身发热和环境温度）会影响计算机内部电子元器件的性能。若温度过高，集成电路和半导体器件性能不稳定，加速自身老化，并易使存储信息的磁介质损坏而丢失信息；若温度过低，导致硬盘无法正常启动，设备表面易于凝聚水珠或结露而影响设备绝缘，使机器锈蚀。

2. 湿度

湿度是影响计算机网络系统正常运行的重要因素之一。若湿度过高，电路和元器件的绝缘能力降低，使设备金属部分易于生锈，并且因灰尘的导电性能增强而使电子器件失效的可能性增大；若湿度过低，将导致系统设备中的部分器件龟裂，静电感应增加，使机房人员的服装、地板和设备机壳表面等处带有静电，易使机器内存储的信息异常或丢失，甚至出现短路或损坏。

3. 洁净度

机房的洁净度要求较高，若机房灰尘较多，将导致计算机接插件接触不良，发热元器件散热效率降低、绝缘性能下降，机械磨损增加，因此，机房必须配备防尘、除尘设备，控制和降低机房空气中的含尘浓度。一般地，机房的洁净度要求灰尘颗粒直径小于0.5 μm，空气含尘量小于1万粒/升。常见的防尘措施有以下几种：①机房装修材料应选择不吸尘、不起尘的材料。②在机房的入口应设置缓冲间，或安装风淋通道。③机房应封闭门窗，新鲜空气可通过过滤器过滤后进入机房。④机房工作人员宜着无尘工作服和工作鞋。⑤制定合理卫生制度，如禁止在机房内吸烟、进食，勿乱扔垃圾等。

4. 照明

为了保证操作的准确性，减少视觉疲劳，机房应保证充足的照明度。一般地，机房照明要求照明度大、光线分布均匀、光源不闪烁、光线不直射光照面等。

具体而言，机房对照明的有如下要求：①采用发光表面积大、亮度低、光扩散性能好的灯具。②每平方米照明功率应达到20 W。③使视觉作业不处在照明光源与眼睛形成的镜面反射角上。④视觉作业处家具和工作房间内应采用无光泽表面。⑤机房应配置应急照明系统，以便在正常照明熄灭时供机房继续工作或疏散人员。⑥主要通道应设置事故照明和安全出口标志灯，其照度在距离地面0.8 m处，照度不应低于1 lx。⑦机房应设置事故照明，其照度在距离地面0.8 m处，照度不应低于5k。⑧机房照明线路宜穿钢管暗敷，或在吊顶内穿钢管明敷。⑨大面积照明场所的灯具宜分区、分段设置开关。

5. 机房布局

机房的布局通常遵循是缩短走线、便于操作、防止干扰、保证荷重和注意美观等基本原则，不仅能满足网络系统运行环境的技术要求，而且能形成一个良好的视觉环境，做到实用、整洁及美观。

机房的布局主要考虑以下几点：①机房面积根据机房功能的不同而大小各异，如操作机房应配置较大面积，主机房宜配置较小面积。②为减少干扰和信号延迟，信号线与电力线应保持尽可能大的距离。③机房内各设备应预留适当的间隙以便于人员操作。④机房内设备应排列有序，为主要设备留出足够空间，形成纵深感。⑤考虑机房空间余量以满足日后扩展需要。⑥大中型机房应采用具备一定承重能力的高架地板，较重设备应安装在承重梁位置上。

（三）机房安全

机房的建设应符合国家标准规定的相关条件，如机房装修、空调系统、接地系统、电源保护、静电防护及防电磁辐射泄漏、防雷、防震、防水、防火等规定。

具体而言，机房的建设应重点考虑以下几个系统。

1. 机房装修

机房装修包括天花吊顶、活动地板、墙面、隔断、门、保温层等部分。

（1）天花吊顶

机房棚顶装修宜采用吊顶方式。机房吊顶主要有如下作用：①在吊顶至顶棚之间的空间可作为机房静压回风风库，可布置通风管道。②便于安装固定照明灯具、各类风口、自动灭火探测器及线缆。③防止屋顶灰尘下落。④应选择金属铝天花，具有质轻、防火、防潮、吸音、不起尘、不吸尘等性能。

（2）活动地板

机房地面应铺设抗静电活动地板。铺设活动地板具有如下特点：①活动地板可拆卸，便于设备电缆的连接、管道的连接及检修。②活动地板以下空间可作为静压送风风库，通过气流风口活动地板将机房空调送出的冷风送入室内及发热设备的机柜内。由于气流风口地板与一般活动地板的可互换性，因此，可自由调节机房内气流的分布。③活动地板下的地表面一般应进行保温、防潮处理。

（3）墙面

机房内墙装修的目的是保护墙体结构，保证室内使用条件，创造一个舒适、美观、整洁的环境。机房墙面装饰应注意：常用的贴墙材料有铝塑板、彩钢板等，其特点是表面平整、气密性好、易清洁、不起尘、不变形。墙体饰面基层应做防潮、屏蔽、保温、隔热处理。

（4）隔断

机房按照计算机运行特点及设备的具体要求设置不同的功能分区，采用隔断墙将大的机房空间分隔成较小的功能区域。隔断墙要既轻又薄，还能隔音、隔热，要求具有通透效果，一般采用钢化玻璃隔断。

（5）门

机房门的设置应考虑以下三点：①机房安全出口不应少于两个，并宜设于机房的两端。②门应向疏散方向开启并能自动关闭。③机房外门通常采用防火防盗门，机房内门通常采用玻璃门，既保证机房安全，又保证机房内通透、明亮。

（6）保温层

高档机房一般要求在天花顶部、地面、墙板内（铝塑板、彩钢板）贴保温棉。

2. 接地系统

所谓接地，是指使整个计算机网络系统中各处的电位均以大地电位为基准，为各电子设备提供 0V 参考电位，从而保证网络系统设备安全和人员安全。一般地，机房有以下四种接地方式。

（1）计算机系统直流地（逻辑地）

将系统中各设备的直流地通过一条铜条连接起来，作为公共逻辑地线，并将其埋于建筑物附近的地下，用以构成低电平信号，为计算机系统的数字电路提供一个稳定的电位参考点。

（2）交流工作地

将系统中各设备交流电源的中性点用绝缘导线连到配电柜的中线上，通过接地母线将其接地。

（3）安全保护地

将系统中各设备的金属外壳接地，使机壳对地电位为 0V，从而迅速排放外壳上积聚的电荷和故障电流，用以防止设备金属外壳的进线绝缘皮损坏而带电，危及人身安全。

（4）防雷保护地

将避雷针安置于建筑物的最高处，引下导线接到地网上，形成短且牢固的对地通路，从而引泄雷击电流，用以防止建筑物及其内部人员和设备遭受雷击。

3. 电源系统

稳定可靠的电源系统是网络系统正常运行的首要条件。电源系统要求不仅能保证外部供电线路的安全，更重要的是能保障机房内的主机、服务器、网络设备、通信设备等的电源供应，且在任何情况下均不间断，因此，必须为网络系统设计稳定、可靠的电源系统，通常可从系统设计和电源供给方式设计两方面加以考虑。

（1）电源系统设计

电源系统设计主要考虑以下三点：①维持低电阻的地线系统。②对电源馈电压降作一定的控制。③电源馈电设计时应考虑防止电磁干扰窜入系统。

（2）电源供给方式设计

电源供给方式设计主要考虑以下三点：①一般可采用一条电力线路配备足够容量的发电机组模式，若机房规模大、要求高，则可采用双路供电系统（其中一路为备份系统）配备一套后备电力供给系统。②各类别电气设备的供电应独立设计，分别控制，以使某类设备故障时避免影响其他设备。一般地，可将机房用电分为设备系统电源、照明系统电源、空调系统电源和后备电源四个电源控制系统。③各相负载不平衡会引起中性线上的电流发生变化，一旦中性线上保险丝熔断而使电压偏移 220 V，将导致设备损坏，因此，供电系统中中性线避免安装保险丝。

4. 静电防护系统

静电会导致机房计算机元器件被击穿或损坏，引起计算机误操作或运算错误，并且还影响机房操作人员的身心健康。

一般地，机房静电防护措施包括以下几点：①机房建立接地系统，地面铺设防静电地板。②采用防静电装置，如防静电工作台、静电消除剂和静电消除器等。③保持机房内的温度和湿度适宜。④主机箱设置导线与接地系统相连。⑤机房人员着防静电衣帽。⑥机房维护人员在拆装、检修机器前应释放身体携带的静电。⑦机房内应严禁使用挂毯、地毯等易产生静电的物品。

5. 火灾防护系统

火灾毁灭性极强，使机房设备、软件和数据彻底损毁且无法恢复，因此，应高度重视对火灾的防范。引起机房火灾的原因主要包括设备起火、电线起火或人为事故起火等。

（1）火灾检测

火灾检测系统通常包括以下两种。

1）手工火灾检测系统

手工火灾检测系统主要通过人员的响应、触发警报从而抑制火灾来实现。

2）自动火灾检测系统

自动火灾检测系统最常见的是烟检测系统，其检测方式有三种：一是通过光电传感器执行和检测跨越某区域的红外线，若红外线被打断，则报警系统激活；二是利用电离传感器检测机房内所含的少量无害的辐射物质，当燃烧产生的某些辐射物质进入机房，使机房导电性改变，则检测器激活；三是空气除尘监测器，将机房空气过滤后移入包含激光束的房间，若激光束由于烟尘微粒而转向或折射，则报警系统激活。后两种检测系统更灵敏、速度更快，适用于核心机房。

（2）火灾防护

机房火灾防护的措施主要包括以下几点：①机房所在建筑物的耐火等级应不低于二级，部分重要位置应达到一级，并远离易燃、易爆地。选择绝缘性能好的材料作为设备、导线和开关的绝缘材料。②选择阻燃材料装修机房，如防火石膏板、防火漆等。③配备自动消防系统，自动报警、灭火，并与空调系统联动控制，指定专人负责维护该系统的运行。④配置消防器材并置于明显标志处，设置紧急出口并醒目标注。⑤在活动地板下、吊顶上、空调管道及易燃物附近设置烟感器或温感器。⑥加强防护安全管理，强化防火意识和防火器材使用的培训；明确防火安全责任制；易燃品单独存放。⑦机房应采取区域隔离防火措施，将重要设备与其他设备隔离开。

## 二、物理实体

### （一）设备布置安全

设备布置安全通常应考虑以下几方面：①为减少干扰，设备应采取分区布置，可分为主机区、存储器区、数据输入区、数据输出区、通信区和监控调度区等。②需要经常监视或操作的设备布置应便利操作。③敏感数据的信息处理与存储设施应处于有效的监视区域内。④产生尘埃及废物的设备应远离对尘埃敏感的设备，并宜集中布置在靠近机房的回风口处。⑤两相对机柜正面之间的距离不应小于 1.5 m；机柜侧面（或不用面）距墙不应小于 0.5 m；走道净宽不应小于 1.2 m。

### （二）设备供电安全

设备供电的安全直接影响网络设备的安全运行，因此，应采取有效措施保障设备的供电安全。设备供电安全设计主要从以下几点考虑。

1. 隔离

将电网电压首先输入隔离变压器、稳压器和滤波器组成的设备上，然后再通过滤波器输出电压供给系统中各设备，以隔离和衰减电网的瞬变干扰。

2. 稳压稳频

稳压稳频器通过电子电路来稳定电网输入的电压和频率，其输出供给各计算机设备，稳压稳频器通常由整流器、逆变器、充电器和蓄电池组组成。

### 3. 不间断电源（UPS）

UPS 由大量蓄电池组组成，当出现交流电断电、过压、频率误差等情况时启动，继续为系统供电，同时兼具稳压作用。若机房较大，则需 UPS 电源容量很大，因此，从经济角度出发，UPS 供电适用于小型机房。

### 4. 备用供电系统

建立备用供电系统（如备用发电机），以备常用供电系统停电时启用。备用供电系统能较长时间保证供电，较适用于大型机房。

### 5. 分散供电

空调、照明系统应与主机分开供电，即计算机系统供电可由 UPS 供给，其他可由外电直接供给。

### 6. 负荷均衡

设计电源分配时应计算功率平衡，将负荷均匀分配在电源的三相上。如由 UPS 提供的电源应通过辅配电柜二次分配，供给设备的电源通过辅配电柜上的开关加以控制，以均衡负荷。

### 7. 定期维护

为使供电设备运行良好，延长其使用寿命，应对供电设备做定期维护，包括：定期检查 UPS 以确保其电量充足；定期测试发电机组并配备充足燃料，以保障其持续工作的能力。

### （三）传输介质安全

#### 1. 常用传输介质

目前网络系统中常用的传输介质主要包括同轴电缆、双绞线和光纤。

（1）同轴电缆

同轴电缆最早应用于电视、广播，后来在网络上使用，由于其中心线与辫状金属屏蔽共同组成而得名，是最容易受攻击的传输介质，其不稳定性较高，缺少容错能力。通常分为细同轴电缆和粗同轴电缆。

1）细同轴电缆

用于网络的细同轴电缆类型是 RG-58，电阻为 50 Ω 电缆段与计算机系统之间是通过网卡上的 T 形连接器来完成的，在细同轴电缆段的两端必须有一端装端接收器，另一端接地。

2）粗同轴电缆

粗同轴电缆的直径大约是细同轴电缆的两倍，硬件较大，不易加工，类型是 RG-8，通常用于 IBM 硬件上。一般地，用吸式分接头切开塑料外皮把里面的线与计算机连接起来，还需要一个有 15 针适配器单元接口的接发器连接到吸式分接头上，而网卡要通过电缆连接到接发器上。与细同轴电缆类似，在粗同轴电缆段的两端也必须有一端装端接收器，另一端接地。

（2）双绞线

双绞线在同轴电缆的基础之上提升了一步，它在金属线与外皮之间有一层屏蔽材料，其类型较多，各自有不同的编号。

（3）光纤

光纤又称为光导纤维电缆，在网络电缆中是最新、最好的，它由玻璃或塑料拉成的细线，外部包裹着保护层。光纤传输光，而光发送器在电缆的一端，电缆的另一端连接接收器，而且需要一对光纤才能建立一个双向的通信信道。

2. 传输介质安全设计

用于传送数据或支持信息服务的传输介质被截断或截获后，将会造成信息丢失、秘密泄露，甚至会导致整个系统的运行中断。因此，应采取适当的措施保障传输介质的安全，防止其被截断或损坏。

一般地，保护传输介质安全的通用措施包括：①应符合国家的有关标准，如线路噪声不超标等。②应采用屏蔽电缆埋于地下，或增加露天保护措施（如金属、PVC 套管等）。③远离强电路线路或强辐射源，减少电磁干扰。④电缆检查点和接线箱应安置于带锁的房间，或接线箱单独上锁。⑤定期利用专用检测工具来检测传输线路的信号强度，以防止非法装置接入。⑥定期对传输线路、接线盒等进行维护，如线路巡视检查、线路技术指标测试等。⑦配备必要的检查设备，以发现非法窃听。⑧调制解调器应放置于受监控的区域，并定期检查其连接情况，以检验是否存在外来连接或篡改等行为。

（四）存储介质安全

所谓存储介质，是指信息临时或长期驻留的物理媒介，是保证信息完整安全存放的方式或行为。存储介质主要包括磁介质、光介质、半导体介质等，如磁带、光盘、硬盘驱动器、软盘、闪存卡、智能卡等。

1. 磁带

磁带是一种早期比较常用的移动介质，可以存储几亿字节的数据，既快速又比较可靠，但其漏洞在于它的便携性，若没有良好的保护措施，磁带可以从一个网站上删除，然后再用相同的磁带机在其他系统中恢复，在恢复数据的过程中以前任何访问限制都是无效的，因此，入侵者可以毫不费力地获得对安全数据的访问权。

避免上述漏洞的方法是：①要求大部分备份程序对要备份的数据进行加密的功能，由此虽然增加了运行备份所必需的时间，但提高了安全性。②加强对存储数据的磁带的保护，若入侵者不能把磁带带出安全区，就不可能在远程系统上恢复数据，因此，可以在数据中心门口安装大型的电磁体，若磁盘或磁带等磁性介质通过电磁体，则磁性介质会被磁场消磁，从而变为无用之物。

### 2. 光盘

光盘是目前使用最广泛的移动存储介质，其成本低、性能高、容量大，并且不受磁体的影响，因此在工业和制造业的环境中就比磁带更可靠。光盘的不足之处是容易被刮花，需要小心使用。

### 3. 硬盘驱动器

硬盘驱动器是一种磁性介质，是一个金属外壳中具有内置读写机制的磁盘，可以用读写机制读出或写入数据，能存储比磁带或光盘更多的数据，其安全性主要涉及两个方面：加密安全和物理安全。

#### （1）加密安全

对硬盘进行加密能确保任何把硬盘带出机房的人无法访问硬盘驱动器上的内容，虽然加密算法有可能被破解，但一般入侵者都不会花费过多的时间和精力去获取加密后的数据。

#### （2）物理安全

应确保计算机存放于安全的地方，如许多有热交换机壳的服务器，在机壳上通过加锁来保护驱动器，或者有些服务器在机壳上安装了可锁门来保护硬盘。

### 4. 软盘

软盘也是一种用于传输数据的磁性介质，是在光盘普及之前最常用的方法。磁带和光盘的安全策略同样适用于软盘，另外还可以通过从计算机中移除软盘驱动器来避免数据的删除和引入。

### 5. 闪存卡

闪存卡是一种便携式数据存储器的芯片式解决方案，它不会被磁场破坏，而且由于使用整体线路技术来储存数据而使其长时间存储信息也不衰减，性能比较稳定。闪存卡应用范围非常广泛，从 PC 卡端口的简单数据存储到存储设备备份或路由器的引导信息都可以用到闪存卡，且体积小、易携带。目前常用的闪存卡主要有压缩闪存、智能介质、安全数字卡、存储棒、个人计算机存储器卡国际联合会类型Ⅰ和类型Ⅱ存储卡、视频游戏控制台存储卡、拇指驱动器。

6. 智能卡

智能卡形同信用卡大小，其内部嵌入了一个或两个芯片以存储信息，与具有读卡能力的读卡器配合使用。智能卡对信息的保护体现在：①设计了防篡改功能，若对智能卡进行了修改，则卡就无法使用。②对卡中的数据进行加密，避免为授权读取智能卡的数据。③智能卡抗物理损坏能力较强，其嵌在塑料片中，不受磁场和静态振动的影响。

## （五）存储介质安全

为避免存储介质损坏、存储的信息丢失或信息被窃取等情况对网络系统造成损失，必须对存储介质实施安全措施。

对存储介质的保护措施主要包括以下几种：①建立专用存储介质库，访问人员限于管理员。②旧存储介质销毁前进行应清除数据。③存储介质不用时均于存储介质库存放，并注意防尘、防潮，远离高温和强磁场。④避免使存储介质受到强烈震动，如从高处坠落、重力敲打等，以防介质中存储的数据丢失。⑤对介质库中保存的介质应定期检查，以防信息丢失。⑥明确存储介质的保质期，并在保质期内转储需长期保存的数据。

# 第二节　计算机的网络安全设计

## 一、网络系统结构

### （一）网络系统结构概述

1. 网络系统安全设计原则

一般地，设计安全的网络系统结构应满足以下原则。

（1）规范性原则

网络系统结构应基于国际开放式标准，能满足应用系统的变化，符合信息规划中的长远目标和适应未来环境的变化。

（2）可靠性原则

根据信息规划中的安全策略对网络结构、网络设备、服务器设备等各方面进行高可靠性的设计和建设。

（3）先进性原则

采用先进成熟的技术满足当前的业务需求，并尽可能采用先进的网络技术以符合信息

规划的要求，使整个系统在一段时间内保持技术的先进。

（4）扩展性原则

具有良好的扩展性和发展潜力，满足未来业务的发展和技术升级的需要。

（5）经济性原则

应以较高的性价比构建网络系统，使资金的产出投入比达到最大值，尽可能保留并延长已有系统的投资，充分利用以往在资金与技术方面的投入。

（6）可管理性原则

建立一个全面的网络管理解决方案，监控、监测整个网络的运行状况，合理分配网络资源、动态配置网络负载，可以迅速确定网络安全漏洞、网络故障等。

2. 安全网络结构模式

安全网络结构采用层次设计模型，通常采取三层结构：核心层、汇聚层和接入层。

核心层的主要功能是实现骨干网络之间的优化传输，是所有流量的最终承受者和汇集者。因此，核心层设计的重点通常是冗余能力、可靠性和高速的传输性能，对网络设备要求十分严格。

汇聚层的主要功能是连接接入层节点和核心层中心，也是连接本地的逻辑中心。因此，汇聚层在设计时须考虑较高的性能和较丰富的功能。为减轻核心交换机的处理压力，分布层交换机必须具备高性能的 2/3/4 层交换能力，具备 VLAN 划分能力，为今后再次扩展、管理和增加设备提供方便。

接入层的主要功能是用户与网络的接口，提供即插即用的特性，易于使用和维护。因此，接入层在设计上应使用性价比高且稳定性好的设备，还应该考虑端口密度的问题。接入交换机由于下连用户，必须具备划分 VLAN 能力，使接入层的数据交换无须通过分布层交换机以减轻核心交换机的压力。

（二）安全区域划分

利用区去隔离网络上的不同区域是现代网络安全设计中的关键思想之一。区根据不同区域中设备的不同安全需求而提供保护，因此，分区使网络更易度量、更稳定。

1. 区域划分原则

区域划分的一般原则如下：①综合考虑整体网络系统的需求。整体网络的安全区域设计规范用于规范整个系统进行安全部署时各个安全区域的安全策略的相互协调，减少故障点，提高可用性。②定义清楚的安全区域边界。设定清楚的安全区域边界，明确安全区域策略，从而确定需要部署何种安全技术和设备。③专用网络设备于最安全区中。通常情况下，该区很少或禁止从公共网络进行访问，使用防火墙等安全部件控制访问，并需要严格的认证和授权。④设置内部访问的服务器于单独的专用安全区中。使用防火墙控制对该区的访问，并需要严密的监控和记录访问过程。⑤设置需要从公共网络上访问的服务器于隔离区中。各种类型服务器的隔离区按照最安全的类型配置。将服务器置入一个同其他服务器完全隔离的区中，当该服务器受到攻击时，避免其他服务器受到访问或攻击。⑥设置分层的防火墙于通向网络中最易受攻击的路径中。在网络层中使用不同类型的防火墙，以防止因防火墙软件中的漏洞而使专用网络受损。

2. 非武装区

（1）非武装区（DMZ）的定义

所谓非武装区，是指根据所包含的设备性质不同而将其同网络的其他部分分隔开来的区。DMZ 是安全网络设计的一个网站组件，通常驻留于专用网络和公共网络之间的一个子网，使用防火墙来控制对它们的访问。

（2）创建 DMZ 的方法创建 DMZ 的常用方法

1）使用三脚防火墙创建 DMZ

使用一个三脚防火墙是创建 DMZ 最常用的方法。该方法使用一个有三个接口的防火墙提供区之间的隔离，每个隔离区成为该防火墙接口的一员。

2）在公共网络和防火墙之间创建 DMZ

该方法创建的 DMZ 置于防火墙之外，通过防火墙的流量首先通过 DMZ。在朝向公共网络的方向上建立路由器，只允许以特定的端口号访问 DMZ 中的成员机器。该方法的缺点是无法使配置中防火墙的安全特性起效。

3）在防火墙之外创建 DMZ

该方法创建的 DMZ 与第二种 DMZ 相似，但它不位于公共网络和防火墙之间，而是位于公共网络边缘路由器的一个隔离接口。该配置中的边缘路由器能拒绝所有从 DMZ 子网到防火墙所在子网的访问，当 DMZ 子网的主机受到攻击时，能防止攻击者利用该主机对防火墙和网络做进一步攻击。

4）在层叠的防火墙之间创建 DMZ

该方法采用了两个防火墙，并将两个防火墙之间的网络作为 DMZ。由于 DMZ 前面设置了防火墙而使得安全性得以提高，但缺点是所有经由专用网络流向公共网络的流量必须经过 DMZ 网络。

（三）物理隔离

为了降低来自网络的各种威胁，广泛地采用了各种复杂的软件技术，如防火墙、代理服务器、侵袭探测器、通道控制机制等，但由于这些技术都是基于软件的保护，是一种逻

辑机制，这对于黑客而言可能被操纵，无法满足军队、政府等关键部门提出的高度数据安全的要求，因此，实施物理隔离尤为重要。

1. 物理隔离概述

若内部网络与外部网络之间没有相互连接的通道，则实现了物理隔离，就能够确保外网无法通过网络入侵内网，同时，也防止内网信息通过网络泄露到外网。目前对于物理隔离产品国家要求在该领域所使用的安全产品必须是由国内独立开发完成的，从而使在物理隔离市场上民族企业具有特殊性和唯一性。

通常在某些特殊行业需要一种足以保障自身安全又可以实现网络通信的隔离产品，这些行业包括：①政府机关。使政府网络在物理隔离的基础上实现 WWW 浏览和 E-mail 邮件的收发。②涉密单位。受国家保密政策的影响，涉密单位迫切需要将已建成的办公局域网同 Internet 或上一级专网实行物理隔离。③金融、证券、税务、海关等行业。在物理隔离的条件下实现安全的数据交换。

随着技术的不断发展、需求的不断增加，许多新的物理隔离思路应运而生，如服务器端的物理隔离，使用户在实现内外网安全隔离的同时，以较高的速度完成数据的安全传输。物理隔离产品也其卓越的安全性、稳定性，将逐步在安全领域占有更多的市场份额，成为主流的网络安全产品，如第四代物理隔离产品是一种动态的隔断，内、外网自动切换一秒钟内达 1000 次，操作者根本感觉不到有任何延迟；第五代物理隔离产品是通过反射的原理代替切换开关来进行内外网的物理隔离，并能对内、外网的信息进行筛选。

2. 物理隔离原理

物理隔离设备隔离、阻断了网络的所有连接，也隔离、阻断了网络的连通，那两个独立的主机系统之间如何进行信息交换？

物理隔离设备是通过数据"摆渡"的方式实现两个网络之间的信息交换的，何谓"摆渡"？即物理隔离设备在任何时刻只能与一个网络的主机系统建立非 TCP/IP 协议的数据连接，当它与外部网络的主机系统相连接时，它与内部网络的主机系统必然是断开的，反之亦然，这样就保证了内、外网络不能同时连接在物理隔离设备上。

因此，网络的外部主机系统通过网络隔离设备与网络的内部主机系统连接起来，物理隔离设备将外部主机的 TCP/IP 协议全部剥离，将原始的数据通过存储介质以"摆渡"的方式导入内部主机系统，实现信息的交换。物理隔离设备在网络的第七层将数据还原为数据文件，再通过"摆渡文件"的形式来传递还原数据，而任何形式的数据包、信息传输命令和 TCP/IP 协议都不可能穿透物理隔离设备，其不同于透明桥、混杂模式、代理主机等。

3. 物理隔离产品

在物理隔离产品方面，通常桌面级物理隔离技术有物理隔离卡和物理隔离集线器，企业级物理隔离技术有物理隔离网闸。

（1）物理隔离卡

物理隔离卡也称为网络安全隔离卡是物理隔离的初级实现形式，一个物理隔离卡仅控制一台 PC 机，它被设置在 PC 中最低的物理层上，通过卡上一边的 IDE 总线连接主板，另一边连接 IDE 硬盘，每次切换都需要开关机一次。

物理隔离卡的工作原理是：将一台 PC 机虚拟为两台计算机，使工作站拥有两个完全隔离的双重状态——安全状态和公共状态。在这种网络结构中，即可在安全状态，又可在公共状态，两个状态是完全隔离的，从而使一台工作站可在完全安全状态下连接内、外网。

当工作站处于安全状态时，主机只能通过硬盘的安全区与内网连接，而此时外网连接断开，硬盘公共区的通道封闭；当工作站处于公共状态时，主机只能通过硬盘的公共区与外网连接，而此时内网断开，硬盘安全区封闭，从而使一台工作站可在安全状态下连接内、外网。

（2）物理隔离集线器

物理隔离集线器也称为网络线路选择器是一种能够对需要隔离保护的多个终端集中进行内外网连接的多路开关切换设备，具有标准的 RJ-45 接口，通常与网络隔离卡配合使用，入口与网络隔离卡相连，出口分别与内外网的集线器相连。

物理隔离集线器配备了 IP 切换软件，利用其多路开关切换功能，当用户切换内外网络时，只需点击 IP 切换软件的切换图标而不需重启机器即可自动完成 IP 地址转换，并向物理隔离集线器发出切换信号，物理隔离集线器随即实现切换和内、外网的隔离。物理隔离集线器实现了多台独立的安全计算机仅通过一条网线即可与内外网络的进行安全连接，并自动切换，进一步提高了系统的安全性。

一般地，通过在电线上增加一个 DC 电压信号来控制两个不同网络间的转接，而信号的极性可以测定哪一个网络通过网络安全隔离集线器与工作站连接。此时若没有检测到 DC 电流，两个网络都会被全部切断，这样减少了安全区的工作站被错误地连接上未分类网络的风险，并且安全隔离集线器操作透明、无须维修，对以太网/快速以太网的标准通信没有任何影响。

（3）物理隔离网闸

物理隔离网闸又称为网络安全隔离网闸是使用带有多种控制功能的固态开关读写介质连接两个独立主机系统的信息安全设备，利用双主机形式从物理上隔离阻断潜在攻击的连接，包括诸多阻断特性，如无通信连接、无命令、无协议、无 TCP/IP 连接、无应用连接、无转发包等。

### 4. 物理隔离方案

通过合理部署上述三种常用的物理隔离产品来实现内外网的安全访问，通常有以下几种物理隔离方案。

（1）主机隔离方案

主机隔离方案采用物理隔离卡进行物理隔离，属终端隔离解决方案，适用于内外网络均直接布线到桌面信息点的双网布线环境，用户可访问内网和 Internet 外网，同时确保内网的绝对安全。该方案广泛应用于安全级别要求较高的客户端电脑，如电子政务、电子商务中的涉密网络的安全保护。

（2）信道隔离方案

信道隔离方案采用物理隔离集线器进行物理隔离，属终信道隔离解决方案，适用于单网布线环境下终端 PC 不存储涉密信息，用户需要访问内网和 Internet 外网，但同时确保内网的各类数据库的绝对安全。

（3）主机-信道双网隔离方案

顾名思义，主机-信道双网隔离方案采用物理隔离卡和物理隔离集线器两类产品进行物理隔离，属终混合隔离解决方案，适用于桌面信息点为单网线布线环境下的物理隔离，用户可以访问内网和 Internet 外网，同时确保内网的绝对安全。

（4）主机-信道多网隔离方案

主机-信道多网隔离方案与方案（3）类似，不同之处在于隔离的可能不止两个网络，也许是三个、四个网络。该方案适用于多个网络之间的物理隔离，一台主机要分别访问多个不同密级的网络，同时确保涉密网络的绝对安全。

## 二、网络系统访问控制

### （一）网络访问控制

所谓网络访问控制，是指对网络中的数据进行控制，按照一定的控制规则来允许或拒绝数据的流动。

#### 1. 网络访问控制策略

防火墙实现了对网络的访问控制，通过一系列的规则控制信息流的流动。网络中可以实施的信息流控制主要包括以下几种：①信息流方向。入网信息流是从外部不可信的信息源进入内部可信网络；出网信息流是从内部可信网络发送到外部不可信网络。②信息流来源。包括来自内部可信网络和外部不可信网络的信息流。③IP 地址。通过使用源地址和目的地址对特定信息流进行过滤。④端口号。端口号可以区分并过滤不同类型的服务。⑤认证。通过认证对应用进行控制，审核服务的访问对象。

防火墙的访问控制策略主要包括下述三种。

（1）包过滤

该方法用于决定允许或拒绝接收数据包。根据过滤规则分析数据包，若数据包与某一规则匹配并允许该数据包，则该包发送至请求系统；若数据包与某一规则匹配并拒绝该数据包，则该包被丢弃；若数据包不与任一规则匹配，则采用默认丢弃或默认转发的策略处理数据包。

（2）代理服务

该方法用于控制各种应用服务。网络管理员通过为应用服务安装代理代码来管理 Internet 服务。若应用没有安装代理代码，则该应用服务不提供，并不能通过防火墙系统转发。

（3）状态检测

监控从防火墙内传出的信息，并提供特征定义生成状态表，将该特征与流入信息流进行比较，若匹配成功，则允许信息流通过，否则丢弃。

2. 网络访问控制设计

一般地，对 Internet 的访问控制设计形式有如下四种。

（1）在内部网络与 Internet 的连接之间防火墙的设置

防火墙一般有三个接口：一是用以连接 Internet；二是用以隔离提供给 Internet 用户的服务（如 E-mail、FTP 和 HTTP 等）；三是用以隔离 AAA 服务器。

（2）局域网和广域网之间防火墙的设置

若网络设置了边界路由器，则利用其包过滤功能及相应的防火墙配置就使原有的路由器具有了防火墙的功能，而 DMZ 区中的服务器可以直接与边界路由器相连，这样边界路由器和防火墙就一起组成了两道安全防线。

（3）内部网络不同部门之间防火墙的设置

在企业内部需要对安全性要求较高的部分进行隔离保护，可采用防火墙进行隔离，并对防火墙进行相关的设置，其他部门用户访问时会对其身份的合法性进行识别。通常采用自适应代理服务器型防火墙。

（4）用户与中心服务器之间防火墙的设置

利用三层交换机的 VLAN 功能在三层交换机上将有不同安全要求的服务器划分至不同的 VLAN，然后借助高性能防火墙模块的 VLAN 子网配置，将防火墙分为多个虚拟防火墙，便于使用和管理。

（二） 拨号访问控制

所谓拨号访问控制，是指对远程访问网络的用户进行控制，按照一定的控制规则来允许或拒绝用户的访问。

1. 拨号访问环境

拨号访问通常包括不同地域的分支机构间的访问、远程工作者和移动用户对内部网络的访问等，可通过公共交换电话网络（PSTN）来实现，例如，调制解调器连线和 ISDN 等。不同地域的分支机构间可通过 T1 线路连接，远程工作者可通过 ISDN 拨号连接，移动用户可通过调制解调器拨号连接。

为了进行安全的拨号访问，必须根据拨号访问的用户和试图建立连接的位置等因素严格控制他们对内部网络的访问，因此，可结合防火墙的功能和入侵检测系统等措施确保准确的连接和数据流量的分析。

2. AAA 组件

所谓 AAA，即认证（Authentication）、授权（Authorization）和统计（Accounting）的简称，是指安全设备实现安全特征的一个整体组件，用于认证和授权用户的访问权限，并对认证或授权用户所做行为进行统计。

（1） 认证

认证是指在访问不同类型的资源之前，设备或用户进行身份验证的过程。用户提供口令至认证设备，认证设备根据数据库中的口令检查该口令是否正确，若正确，则用户可以访问和使用提供的资源。

当认证范围较小时，则认证可通过使用接入设备（如路由器或 PIX 防火墙等）上提供的口令列表来完成；当认证范围较大时，则对口令进行认证的设备通常由一个专用的服务器（如 RADIUS 或 TACACS+服务器等）来完成，认证方法包括一次性口令、可变口令和基于外部数据库的认证等。

（2） 授权

授权是指用户或设备被给予访问网络资源权限的过程。当授权启用时，网络接入服务器从用户配置文件检索信息，并以此来配置用户的会话，若用户配置文件信息允许，则用户就被授予访问特定服务的权限。

（3） 统计

统计是指网络接入服务器统计认证或授权用户及设备所做行为的过程。

统计消息以统计记录的形式在接入设备和安全服务器之间交换。统计记录包含统计属性—值（AV）对，存储于安全服务器上，利用该记录可对网络管理、客户统计和审计等进行分析。

## 三、网络系统入侵防范

### （一）入侵防范概述

1. 入侵防范系统的定义

入侵防范系统（Intrusion Prevention System，IPS）是指任何能够检测已知和未知攻击并能有效阻断攻击的硬件或软件系统。

IPS 是一种主动的、积极的入侵防范和阻止系统，它直接嵌入网络流量中，通过一个网络端口接收来自外部系统的流量，经检查，若发现异常数据包，则将该数据包及所有来自该数据流的后续数据包全部被拦截，若确认不包含异常活动或可疑内容，则通过另外一个端口将它传送到内部系统中，对网络较好地进行了实时防护。

2. 入侵防范系统的关键技术

入侵防范系统采用了如下关键技术。

（1）主动防御技术

所谓主动防御技术，是指通过关键主机和服务的数据进行全面的强制性保护，对其操作系统进行加固，并对用户权利进行适当限制，以达到保护驻留在主机和服务器上的数据的效果。该技术不仅能够主动识别已知攻击方法，而且能够对恶意的访问给予拒绝，并成功防范未知的攻击行为。

（2）防火墙和 IPS 联动技术

防火墙和 IPS 联动技术有如下几种实现方式。

1）开发接口方式

通过开发接口实现联动方式是指防火墙或 IPS 产品开放一个接口供对方调用，安装一定的协议进行通信，传输报警。在该方法中，防火墙完成访问控制防御功能 IPS 完成入侵检测防御功能，并通知防火墙对恶意通信进行阻断。

2）紧密集成方式

通过紧密集成实现联动方式是指将防火墙技术和 IPS 技术集成到同一个硬件平台上，在统一的操作系统管理下有序地运行。在该方法中，所有通过该硬件平台的数据不仅要接受防火墙规则的验证，而且还需检测是否包含攻击，以此实现真正的实时阻断。

（3）综合多种检测方法

常用入侵检测方法包括误用检测和异常检测，增加状态信号、协议和通信异常分析功能，以及后门和二进制代码检测。IPS 综合采用以上多种检测方法来最大限度地正确判断

已知和未知攻击。该方法能较好地避免发生因误操作、阻塞合法的网络事件等而导致有效数据丢失的情况。

（4）硬件加速系统

为了使 IPS 具有高效的处理数据包的能力，IPS 必须基于特定的硬件平台，采用专用硬件加速系统（如网络处理器、专用 FPGA 编程芯片及专用 ASIC 芯片）来提高其运行效率，以实现百兆、千兆及以上网络流量的深度数据包检测和阻断功能。

3. 入侵防范系统的分类

根据部署方式的不同，入侵防范系统可分为三类：网络入侵防范系统（NIPS）、主机入侵防范系统（HIPS）和应用入侵防范系统（AIPS）。

网络入侵防范系统 NIPSO 网络入侵防范系统采用在线工作模式，在网络中起着"网关"的作用。流经网络的数据流均经过 NIPS，NIPS 实时监视网络流量，识别在不同网段恶意的或未认证的活动并将其阻止。

主机入侵防范系统 HIPSO 主机入侵防范系统主要预防黑客对关键资源的入侵。HIPS 通过安装软件代理程序到服务器、工作站和重要主机上，处于操作系统内核与应用程序之间，与操作系统紧密结合来提供对主机的保护。

应用入侵防范系统 AIPSO 应用入侵防范系统是网络入侵防范系统的特例，其扩展了 HIPS 并成为位于应用服务器之前、用于保护特定应用服务（如 Web 服务器、数据库等）的网络设备。AIPS 通常配置于应用数据的网络链路上，防止因应用协议漏洞和设计缺陷形成的恶意攻击。

## （二）网络入侵防范系统

### 1. 网络入侵防范系统概述

网络入侵防范系统（NIPS）又称为嵌入式入侵检测系统（in-line IDS），它串联于网络中，通过对流经的网络流量进行检测来实现对网络系统的安全保护。NIPS 作为一种细粒度网络安全设备对网络第二层到第七层协议进行深度分析，实时检测入侵攻击行为，一旦检测到攻击行为，则发出警报，立即加以拦截。

网络入侵防范系统在线串联于网络中，为了避免其成为网络瓶颈，并对网络中的入侵能够准确地检测、报告和阻止，NIPS 在实现过程中采用了高效的数据包处理技术、千兆网络流量的线速处理能力和高效高性能的匹配算法等技术来保障其实现防御功能。

数据包处理技术。数据包处理是指从网络上接收到帧，经过协议分析、IP 碎片重组、TCP 流重组等一系列处理后而形成应用层数据流的过程。在这个过程中的主要工作是协议解析、IP 碎片重组和 TCP 流重组。

线速处理能力。线速处理能力是指在千兆网络流量的网络中线速处理的能力。千兆网络入侵防御系统不仅要具备千兆的处理能力，而且还要保证在做完检测和防御之后仍能够保证千兆的网络流量。

模式匹配算法。模式匹配是入侵防御系统中用于检测在网络数据包中是否存在攻击行为的技术。该技术从待查的数据包中取出与攻击代码长度相同的字节序列进行比较，如果相同，则数据包中含有攻击行为，否则做下一次的匹配。常见的模式匹配算法主要单模式匹配算法和多模式匹配算法两类。

### 2. 网络入侵防范系统的部署

网络入侵防范系统（NIPS）以在线方式安装于网络中，对流量实时控制，其部署于边界防火墙和内部重要网段之间，使得相应位置的流量必须完全流经它，以便于实现过滤功能。

网络入侵防范系统在网络中的作用类似于防火墙，但较之防火墙其访问粒度更细。一般地，其部署位置在边界网关防火墙之后、VPN 之后、DMZ 区之前及内部服务器之前。

### 3. 网络入侵防范系统的设计要求

根据网络入侵防范系统的特点和作用，设计实现 NIPS 时需从性能、准确度和可靠度三方面来考虑。

（1）性能

NIPS 能深度分析从第二层到第七层的网络协议，检查数据包中的每一字节的内容，因此，在高速的网络中，其分析计算量巨大。为了不使它成为网络的瓶颈，在性能设计方面可从硬件和软件两个方面综合考虑：硬件方面，采用更高速的处理器和更大的内存，甚至使用专用处理器（如 ASIC、FPGA）或网络处理器（NP）；软件方面，使用更高效的数据包查询算法。

（2）准确度

NIPS 通常采用基于特征的模式匹配技术来保证入侵检测的准确性。该技术需要一个强大的特征库来描述现有的网络攻击特征。

特征库需具有如下特点：①唯一性。特征具有唯一性，以减少误报和漏报率。②实时更新。特征库能够实时更新，以应对最新公布的网络安全漏洞。③描述语言。特征库具有强大的特征描述语言，不仅能够灵活地描述攻击数据包的特征，而且能够灵活地定位数据包的内部特征以及前后数据包的关联特征。

（3）可靠度

为了保证 NIPS 能检测和拦截网络入侵攻击，保障正常的网络通信，其自身不仅需要具有抗攻击能力，而且需要具有出色的冗余能力和故障切换机制，以增强其可靠度，确保

NIPS 发生故障时，网络依然能够正常运行。

为了能够在发现攻击行为时采取有效的拦截行动，NIPS 必须对网络通信状态进行记录。对于面向连接的协议，要记录连接的状态，如服务器端、客户端、数据包的序号、数据包的流向、统计信息及历史信息等，能够对该连接进行复位，使连接断开，通信终止。

# 第三节  计算机的应用安全设计

## 一、应用身份验证

### （一）应用身份验证概念及其基本要求

1. 应用身份验证概念

应用身份验证是指对登录应用系统的用户身份进行认证的过程。身份验证是对用户身份的证实，用以识别合法或者非法的用户，阻止未授权用户访问应用系统资源。身份验证是任何应用系统最基本的安全机制。

2. 应用身份验证的基本要求

①应提供专用的登录控制模块对登录用户进行身份标识和鉴别。②应对同一用户采用两种或两种以上组合的鉴别技术实现用户身份鉴别，其中一种是不可伪造的。③应提供用户身份标识唯一和鉴别信息复杂度检查功能，保证应用系统中不存在重复用户身份标识，身份鉴别信息不易被冒用。④应提供登录失败处理功能，可采取结束会话、限制非法登录次数和自动退出等措施。

### （二）应用身份验证的方式及措施

1. 应用身份验证的方式

应用身份验证方式主要有下述方式或其组合方式：①口令方式。②智能卡认证方式。③动态令牌方式。④USB Key 认证方式。⑤生物证明方式。

2. 口令安全管理措施

口令方式是应用系统身份验证的重要方式之一，许多应用均采用"口令方式+其他验证方式"的方法来验证用户的身份，如用户使用银行 ATM 系统采用方式"银行卡+口令"、用户访问重要业务系统采用方式"USB Key+口令"等。因此，对口令实施安全管理十分重要。

通常地，口令安全管理主要由管理部门、用户及应用系统三部分构成，管理部门主要负责安全分配用户口令并对口令进行管理；用户安全负责选择和使用口令并承担相应责任；应用系统则提供用户登录模块（或口令管理模块）以支撑口令的技术管理。

## 二、应用访问控制

### （一）应用访问控制概念及其基本要求

1. 应用访问控制概念

应用访问控制是指主体访问客体的权限限制。其中，主体是指一种能访问对象的活动实体，如应用系统的用户、应用系统的某进程等；客体是指接收信息的实体，如文件、应用系统、信息处理设施等。

简单地讲，应用访问控制是指对应用系统的访问应在确保安全的基础上予以控制。应用访问控制主要包括两类"控制"：预防性控制和探测性控制。其中，预防性控制用于识别每一个授权用户并拒绝非授权用户的访问；而探测性控制则用于记录和报告授权用户的行为及非授权访问或访问企图，并对应用系统的使用与访问情况进行监控。

2. 应用访问控制的基本要求

应提供自主访问控制功能，依据安全策略控制用户对文件、数据库表等客体的访问。

自主访问控制的覆盖范围应包括与信息安全直接相关的主体、客体及它们之间的操作。

应由授权主体配置访问控制策略，并禁止默认账户的访问。

应授予不同账户为完成各自承担任务所需的最小权限，并在它们之间形成相互制约的关系。

### （二）应用访问控制的主要措施

应用访问控制的主要措施包括确定访问规则、建立和控制用户访问权限、严格控制特权访问、限制工具软件使用、限制高风险应用连线时间、监控应用系统访问和使用情况等措施。

1. 确定访问控制规则

访问控制规则应该明确规定禁止什么和允许什么，在说明各种访问控制规则时，应注意考虑以下各项：①强制执行规则与可选择或有条件的规则间的区别。②建立规则以"强硬原则"为前提。所谓强硬原则，是指"对所有的事情通常必须禁止，除非明确地表示准许"。③信息标记中的变更，应明确标明是"通过信息处理设备自动生效"还是"由用户

决定其生效"。④用户提出的变更要求，应明确是由"应用系统自动采纳生效"还是"由管理人员采纳生效"。⑤规则在颁布之前需由业务部门（使用应用系统部门）主管领导批准。

2. 建立和控制用户访问权限

（1）建立用户访问权限

①使用唯一的用户标识符（ID）。若用户组共用同一用户标识符，则只能访问其共有的业务系统及资源。②对授权访问的级别进行审查，审查内容包括该级别是否适合业务要求、是否与组织安全策略一致等。③用户访问系统和服务的权限须得到批准方可使用。④给用户一份其访问权限的书面说明，并要求用户在访问权限书面说明上签字，以表明他们了解访问条件。⑤保证服务提供者在授权程序完成之前不提供访问服务。⑥保持一份所有登记人员利用服务的正式记录。⑦对改变工作或离开组织的用户，立即取消他们的访问权。⑧定期核查和取消多余用户的识别符和账户，确保不发给其他用户。⑨如果员工或服务代理人进行非授权访问，应按组织的惩罚规定对其进行惩戒。

（2）控制用户访问权限

①对于具有访问应用系统权限的用户，仅提供其权限访问类的应用系统功能（菜单），以限制其对不该访问的信息或应用系统功能的了解。②控制用户访问权，例如，对读、写、删除以及执行进行限制。③确保重要应用系统（处理敏感信息的应用系统）的输出仅发送给授权的终端。同时，对这类输出信息进行定期评审，以确保超出正常使用的信息已被消除。

（3）定期评审用户的访问权限

①为保持对数据和信息服务的访问进行有效的控制，避免非授权用户或多余用户的存在，访问权限管理部门要定期对用户访问权限进行评审。②特权用户的评审周期比一般用户的评审周期短。一般地，特权用户的评审每三个月进行一次，一般用户的评审每半年进行一次。③对评审发现的问题应采取必要的措施予以纠正，如取消过期用户的账号和标识符。④对评审的结果要予以记录。

3. 严格控制特权访问

特权（Privilege）是指用户具有超越应用系统控制特殊权限。例如，应用系统的维护管理人员便拥有特权，其访问权限高于一般用户，他可以对系统进行配置或对一般用户的权限进行控制。由于"应用系统多余的特权分配与使用""应用系统特权的乱用"是造成系统故障或破坏（如数据篡改、敏感信息泄露等）重要因素，因此对特权进行严格控制十分必要。特权分配原则：①特权分配以"使用需要"（Need-to-use）和"事件紧随"（E-vent-by-event）为基础，即特权设置应以"应用需求、权利最小"为依据。②特权在完成特定任务后应被收回，以确保特权者不拥有多余的特权。③明确业务应用系统、数据库系统的具体操作特权及其特权拥有者。④保持一个授权过程和全部特权分配的记录。在授权过程完成之前，特权不应当被承认。⑤在系统例行的开发与应用过程中，应避免向用户授予特权。⑥若特权者不在岗位（如外出等），应有相应的应急计划（特权交接措施等）。

### （三）应用访问控制的基本功能

在进行应用系统设计时，访问控制是其必备的功能。一般地，一个应用系统应具备下述基本的访问控制功能：①应提供专用的登录控制模块。对登录用户进行身份识别。②应具有访问控制功能。能控制用户访问应用系统的相关功能模块。③能支持单一的用户 ID 和口令。能满足用户单点登录功能即可访问各种应用子系统。④能遏制未授权访问。能防止越过系统控制或应用控制的任何实用程序、操作系统软件和恶意软件进行未授权访问。⑤支持远程访问。授权用户可从异地远程访问应用系统的各种资源。⑥具有日志记录功能。能监控用户对应用系统的使用和访问情况。

## 三、应用安全审计

### （一）应用安全审计概念及其基本要求

1. 应用安全审计概念

应用安全审计是指对应用系统的各种事件及行为实行检测、信息采集、分析并针对特定事件及行为采取相应比较动作。

应用安全审计的目的在于通过对应用系统各组成要素进行事件采集，并将采集的数据进行自动综合和系统分析，以期提高应用系统的安全管理效率。

2. 应用安全审计的基本要求

①应提供覆盖到每个用户的安全审计功能，对应用系统重要安全事件进行审计。②应保证无法单独中断审计进程，无法删除、修改或覆盖审计记录。③审计记录的内容至少应包括事件的日期、时间、发起者信息、类型、描述和结果等。④应提供对审计记录数据进行统计、查询、分析及生成审计报表的功能。

### （二）应用安全审计的基本流程

首先，对应用系统进行事件采集，将收集到的事件进行事件辨别与分析。若辨别和分析结果为策略定义的审计记录事件，则对结果进行汇总处理（如数据备份和报告生成）。若辨别和分析结果为策略定义的需要响应的事件，则对结果进行事件响应处理，如事件报

警。同时，将响应产生的结果进行汇总，并根据事件响应调整审计策略，将策略下发到代理，更新代理的审计采集策略。

**1. 事件采集**

事件采集阶段是指事件代理按照预定的审计策略对应用系统进行相关审计事件采集，并且将形成的结果交由事件处理阶段进行处理。

对事件处理阶段条件的安全策略分发至各个审计代理，审计代理依据安全审计策略对应用系统进行审计采集。

**2. 事件处理**

事件处理阶段包含以下行为。

事件处理阶段对采集到的事件进行事件处理，按照预定审计策略进行事件辨析，决定：①忽略该事件。②产生审计信息。③产生审计信息并报警。④产生审计信息且进行响应联动。

对实时信息与审计库记录的审计信息，按照用户定义与预定策略进行数据分析并形成审计报告。

**3. 事件响应**

事件响应阶段包含以下行为：①对事件处理阶段产生的报警信息、响应请求进行报警与响应。②对事件进行分析以生成各类审计分析报告。③按照预定的安全策略对请求记录与备份数据，写入数据库与备份数据库。④根据用户需求制定安全策略并交由事件处理阶段处理。

## （三）应用安全审计的总体目标

应用安全审计的总体目标可以归结为"333"策略，即审计精度上做到"3审"、审计深度上做到"3看"、审计结论上做到"3给"。

**1. 审计精度上做到"3审"**

"3审"是指"审用户、审角色、审权限"。其中，审用户是指审计使用应用系统的所有用户；审角色是指审计使用应用系统功能的各种角色；审权限是指审计用户的权限，包括用户权限和操作权限。审用户、审角色、审权限三者有机结合，从而对应用安全审计进行了精确定位。

**2. 审计深度上做到"3看"**

"3看"是指"看协议、看程度、看回放"。其中，看协议是指审计相关协议（如HT-TP协议、TEL-NET协议、POP3协议、SMTP协议、FTP协议、NET-BIOS协议、TDS协议、TNS协议等）的使用情况，以判断用户操作数据库和应用系统的具体行为；看程度是指审计对协议的分析深度，以确定出用户对应用系统或数据库操作的具体命令（如 TEL-NET 会话过程中执行的命令、数据库连接过程中执行的 SQL 语句等）；看回放是指通过审计记录内容，能够根据各种协议的不同语义进行回放，从而真实地再现用户操作过程，让应用系统的管理人员可以做到有据可查。

3. 审计结论上做到"3 给"

"3 给"是指"给证据、给分析、给报告"。其中，给证据是指对不合规定的相关操作（如不按规定进行运维操作、不按规定直接访问后台数据库、使用未经许可的软件访问重要系统等）做出翔实的审计记录，为下一步采取措施提供依据；给分析是指根据从各种系统日志里面去分析是否有各类协议行为、操作结果留下来的"蛛丝马迹"来判断是否发生了针对业务的安全事件；给报告是指提供设计一套完善的审计报告，使得用户能迅速地得到自己最关心的信息。

# 第四节　计算机的数据安全设计

## 一、数据完整性

### （一）导致数据不完整的因素

当数据完整性遭到破坏时，意味着发生了导致数据丢失或损坏的事件，首先，应究其原因，以便采取适当的方法予以解决。

一般而言，导致数据不完整的因素主要有以下几种。

1. 硬件故障

若硬件发生故障，则对数据的完整性往往具有致命性的破坏，故应高度重视以防范该类故障的发生。常见的导致数据不完整的硬件故障有硬盘故障、I/O 控制器故障、电源故障和存储故障等。

（1）硬盘故障

硬盘故障是计算机系统运行过程中最常见的硬件故障，由于文件系统、数据和软件等均存放于硬盘上，因此，一旦发生硬盘故障则对系统造成的损失较大。

（2）I/O 控制器故障

I/O 控制器会在读写的过程中将硬盘上的数据删除或覆盖，若一旦发生 I/O 控制器故障，则数据可能因被完全删除而无法恢复，其影响比硬盘故障更严重。虽然 I/O 控制器故

障的发生率很低，但依然存在。

（3）电源故障

电源故障可能由于外部电源中断或内部电源故障引起，因而不可预计的系统断电会使存储器中的数据丢失。

（4）存储故障

存储故障包括硬盘、软盘或光盘等外存储器由于振动、划伤等使存储介质磁道或扇区坏死、内部故障、表面损坏等，从而导致数据无法读出。

2. 软件故障

软件故障也是威胁数据完整性的重要因素之一，通常，导致数据不完整的软件故障有软件错误、数据交换错误、容量错误和操作系统错误等。

（1）软件错误

软件错误是指软件因安全漏洞而出现的错误，会对用户数据造成损坏。

（2）数据交换错误

数据交换表示运行的应用程序之间进行数据交换，在文件转换过程中生成的新文件不具备正确的格式时会导致数据交换错误，威胁数据的完整性。

（3）容量错误

当系统资源容量达到极限时，磁盘根区被占满，使操作系统运行异常，引起应用程序出错，从而导致数据丢失。

（4）操作系统错误

操作系统的漏洞及系统的应用程序接口（API）工作异常均会造成数据损坏。

3. 网络故障

网卡和驱动程序故障。网卡和驱动程序的故障通常只造成用户无法访问数据而不损坏数据，但若网络服务器网卡出现问题，则服务器会停止运行，将可能损坏已被打开的数据文件。

网络连接问题。网络连接一般存在两个问题：一是数据在传输过程中由于互联设备（如路由器、网桥等）的缓冲区容量不足而引起数据传输阻塞，从而使数据包丢失；二是由于互联设备的缓冲区容量过大，信息流量负担过重而造成时延，导致会话超时，从而影响数据的完整性。

4. 人为因素

由于分布式系统中最薄弱的环节是操作人员，因此，人为因素是破坏数据完整性较难控制的因素，一般有恶意破坏和偶然性破坏两种。

恶意破坏是一些怀有不良企图的人通过各种途径对计算机系统或网络传输中的数据进

行篡改、破坏或销毁，如黑客攻击等。

偶然性破坏是非有意的修改或删除数据，如用户操作失误等。

5. 意外灾害

意外灾害通常包括自然灾害、工业事故、恐怖袭击等。由于灾害事件难以预料，并且破坏性极强，摧毁包括数据在内的物理载体，因此对损坏的数据无法恢复，对数据的危害性巨大。

### （二）鉴别数据完整性的技术

1. 报文鉴别

与数据链路层的 CRC 控制类似，将报文名字段（或域）使用一定的操作组成一个约束值，称为该报文的完整性检测向量 ICV（Integrated Check Vector），然后将它与数据封装在一起进行加密，传输过程中由于侵入者不能对报文解密，所以也就不能同时修改数据并计算新的 ICV，这样，接收方收到数据后解密并计算 ICV，若与明文中的 ICV 不同，则认为此报文无效。

2. 校验和

使用校验和是完整性控制最简单易行的方法，计算出该文件的校验和值并与上次计算出的值比较。若相等，说明文件没有改变；若不等，则说明文件可能被未察觉的行为改变了。校验和方式可以查错，但不能保护数据。

3. 加密校验和

将文件分成小块，对每一块计算 CRC 校验值，然后再将这些 CRC 值加起来作为校验和。只要运用恰当的算法，这种完整性控制机制几乎无法攻破。但这种机制运算量大，并且昂贵，只适用于那些完整性要求保护极高的情况。

4. 消息完整性编码 MC

使用简单单向散列函数计算消息的摘要，连同信息发送给接收方，接收方重新计算摘要，并进行比较验证信息在传输过程中的完整性。这种散列函数的特点是任何两个不同的输入不可能产生两个相同的输出。因此，一个被修改的文件不可能有同样的散列值。单向散列函数能够在不同的系统中高效实现。

### （三）提高数据完整性的方法

1. 数据容错技术

所谓容错技术，是指当计算机由于器件老化、错误输入、外部环境影响及原始设计错误等因素产生异常行为时维持系统正常工作的技术总和。具体而言包括以下几种。

（1）备份和转储

用于恢复出错系统或防止数据丢失的最常用方法即为备份，它是系统管理员或数据库管理员最不可或缺的日常工作。备份是将正确、完整的数据拷贝到磁盘、光盘等存储介质上，若系统数据的完整性受到破坏，则将系统最近一次的备份恢复到计算机上。转储过程与备份类似。

（2）镜像

镜像技术是指两个等同的系统完成相同的任务，若其中一个系统出现故障，则另一个启动工作，以防止系统中断。一般地，镜像有两种实现方法：逻辑上，将网络系统中的文件系统按段拷贝到网络中另一台计算机或服务器上；物理上，建立磁盘驱动器、驱动子系统和整个机器的镜像。

（3）归档

归档是将文件从网络系统的在线存储器上转出，将其拷贝到磁带、光盘等存储介质上以便长期保存。此外，为节约网络的存储空间，还可删除旧文件，并把在线存储器上删除的文件转入永久介质上，以加强对文件系统的保护。

（4）分级存储管理

分级存储是指根据数据不同的重要性、访问频次等指标分别存储在不同性能的存储设备上，采取不同的存储方式，它包括在线存储、近线存储和离线存储三种存储形式。所谓分级存储管理，是指将高速、高容量的非在线存储设备作为磁盘设备的下一级设备，然后将磁盘中常用的数据按指定的策略自动迁移到磁带库等二级大容量存储设备上，当需要使用这些数据时，分级存储系统会自动将这些数据从下一级存储设备调回到上一级磁盘上，它是离线存储技术与在线存储技术的融合。

（5）奇偶校验

奇偶校验提供一种监视的机制，来保证不可预测的内存错误不至于引起服务器出错而导致数据完整性的丧失。

（6）故障前预兆分析

故障前预兆分析是在设备发生故障前，根据设备不断增加的出错次数、设备的异常反应等情况进行分析，判断问题的症结，以便做好排除的准备。

（7）电源调节

当负载变化时，电网的电压可能会有所波动，会影响系统的正常运行，因此，电源调节能为网络系统提供恒定的电压。

2. 实现容错系统的方法

容错系统是在正常系统的基础上，利用资源冗余来实现降低故障影响或消除故障的目的，故容错系统通常采取增加软硬件成本的方式来实现。常用的容错系统的实现方法有空闲备件、负载平衡、冗余系统配件、磁盘镜像、磁盘双工和磁盘冗余阵列等。

（1）空闲备件

所谓空闲备件，是指在系统中配置一个处于空闲状态的备用部件，当原部件发生故障时，备用部件将启动并取代原部件的功能以保持系统继续正常运作。比如，为当前打印机在系统中配备一个空闲的低速打印机，在当前打印机故障后该低速打印机将启动完成打印功能。

（2）负载平衡

所谓负载平衡，是指两个部件共同承担一项任务，当其中一个出现故障时，另一个部件将承担两个部件的全部负载。负载平衡常用于服务器系统中采用的双电源、网络系统中的对称多处理等。

（3）冗余系统配件

所谓冗余系统配件，是指在系统中增加一些冗余配件以增强系统故障的容错性，如不间断电源、I/O 设备和通道、主处理器等。

（4）磁盘镜像

为了防止磁盘驱动器故障而丢失数据，利用磁盘镜像在系统中设置两个磁盘驱动器，数据存储时同时写入主盘和镜像盘，并写后读进行一致性验证。当主磁盘驱动器发生故障时，系统可利用镜像磁盘驱动器继续操作数据。

（5）磁盘双工

磁盘双工较磁盘镜像不同之处是增加了一个磁盘控制器，防止唯一的磁盘控制器发生故障而影响系统运行，导致数据丢失。两个磁盘控制器分别连接主盘和镜像盘，当其中一个控制器发生故障时，系统可利用另一个驱动器操作数据。

（6）磁盘冗余阵列（RAID）

磁盘冗余阵列旨在通过提供一个廉价和冗余的磁盘系统来彻底改变计算机管理和存取大容量存储器中数据的方式，故又称为廉价磁盘冗余阵列。RAID 是由磁盘控制器和多个磁盘驱动器组成的队列，由磁盘控制器控制和协调多个磁盘驱动器的读写操作。

# 参考文献

［1］ 李芳，唐磊，张智主编. 计算机网络安全［M］. 成都：西南交通大学出版社，2017.

［2］ 吴朔媚，宋建卫著. 计算机网络安全技术研究［M］. 长春：东北师范大学出版社，2017.

［3］ 严小红，靳艾主编. 计算机网络安全实践教程［M］. 成都：电子科技大学出版社，2017.

［4］ 李冠楠著. 计算机网络安全理论与实践［M］. 长春：吉林大学出版社，2017.

［5］ 谢文著. 计算机网络安全研究［M］. 长春：吉林人民出版社，2017.

［6］ 刘永铎，时小虎著. 计算机网络信息安全研究［M］. 成都：电子科技大学出版社，2017.

［7］ 史望聪，钱伟强主编. 计算机网络安全［M］. 东营：中国石油大学出版社，2017.

［8］ 宋海波主编. 计算机网络安全［M］. 郑州：郑州大学出版社，2017.

［9］ 付忠勇，赵振洲，乔明秋，刘亚琦，李焕春，胡晓凤. 计算机网络安全教程［M］. 北京：清华大学出版社，2017.

［10］ 李响著. 计算机网络安全技术［M］. 北京/西安：世界图书出版公司，2017.

［11］ 姚俊萍，黄美益，艾克拜尔江·买买提著. 计算机信息安全与网络技术应用［M］. 长春：吉林美术出版社，2018.

［12］ 梁松柏著. 计算机网络信息安全管理［M］. 北京：九州出版社，2018.

［13］ 赵睿，康哲，张伟龙著. 计算机网络管理与安全技术研究［M］. 长春：吉林大学出版社，2018.

［14］ 汪双顶，陆沁. 计算机网络安全［M］. 北京：人民邮电出版社，2018.

［15］ 陈世红，周春荣主编. 计算机网络安全技术［M］. 长春：吉林大学出版社，2018.

［16］ 张晓明，孙勇，郭喜著. 计算机网络安全研究［M］. 延吉：延边大学出版社，2018.

［17］ 贾如春编著. 计算机网络安全运维［M］. 北京：清华大学出版社，2018.

［18］ 左红岩，谷金山主编. 计算机网络安全技术［M］. 西安：西北工业大学出版社，

2018.

[19] 陈会云，王磊著. 计算机网络安全技术［M］. 哈尔滨：东北林业大学出版社，2018.

[20] 闫勇编著. 计算机网络安全基础［M］. 北京：兵器工业出版社，2018.

[21] 王海晖，葛杰，何小平主编. 计算机网络安全［M］. 上海：上海交通大学出版社，2019.

[22] 王艳柏，侯晓磊，龚建锋主编. 计算机网络安全技术［M］. 成都：电子科技大学出版社，2019.

[23] 张媛，贾晓霞著. 计算机网络安全与防御策略［M］. 天津：天津科学技术出版社，2019.

[24] 秦桑. 计算机网络安全防护技术［M］. 西安：西安电子科技大学出版社，2019.

[25] 秦桑著. 基于虚拟化的计算机网络安全技术［M］. 延吉：延边大学出版社，2019.

[26] 王晓霞，刘艳云著. 计算机网络信息安全及管理技术研究［M］. 中国原子能出版社，2019.

[27] 温翠玲，王金嵩主编. 计算机网络信息安全与防护策略研究［M］. 天津：天津科学技术出版社，2019.

[28] 李剑主编. 计算机网络安全［M］. 北京：机械工业出版社，2019.

[29] 李楠，李修云主编. 计算机网络安全技术［M］. 长春：吉林大学出版社，2019.

[30] 石志国编著. 计算机网络安全教程［M］. 北京：北京交通大学出版社，2019.